录

简介：DevOps 悖论是什么？

本章译者　刘征　中国

DevOps 社区核心组织者

Elastic 公司首席社区布道师

刘征翻译了书籍 *DevOps Handbook* 和 *The Site Reliability Workbook*；精通 DevOps、SRE、云计算、ITSM 等理论体系和相关技术实践。致力于在开发者社区中推广 DevOps 的理念、技术和实践，推广 SRE 实践的认知和落地。

我喜欢与他人分享。这是我写书的主要动机。知道吗？身为作者的我们，工作的成果可能正在帮助到其他的人，这是一种旁人难以理解的快乐。但是，*DevOps Paradox* 却是一个神奇的例外。

这次我更多是出于服务自我的动机。我写这本书的原因是我自己想知道 DevOps 是什么。如果你对现在的我有所了解，或者阅读过我的 *DevOps Toolkit* 系列（https://www.devopstoolkitseries.com）书籍中的任何一本，那么你肯定认为我应该早就已经知道 DevOps 是什么了，如果我是想通过这些书籍来传播知识的话，更应如此。

事实上，如果说在这个领域多年来的工作给了我什么教益的话，那就是其实 DevOps 并没有明确地定义一套流程，也不存在一组必须遵循的准则。正如我在我的 DevOps 旅程中所发现的，也是你随后将在这本书中看到的，我甚至怀疑诸如"DevOps 部门"或"DevOps 工程师"这些是否存在。这种模糊性正是令我对 DevOps 如此着迷的原因，我希望对我亲爱的读者——你——来说，亦是如此。

我喜欢参加各种会议,但并非因为参会本身。我很少听演讲。相反,我倾向于在会议中心和会议厅的走廊里闲逛,寻找下一个愿意让我向他/她请教的"受害者"。会议最大的好处是建立关系网。那些最有意义的对话并不是在既定的会谈中,而是在走廊对话和会后聚会中。

我认为自己能够将一部分重要时光用于参加这些会议是幸运的,因此我知道我从这些"走廊谈话"中受益匪浅。我想用这本书做与之相似的事情。

本书的名字是 *DevOps Paradox*。可能你们想知道这是什么意思,《牛津英语词典》中关于"Paradox"(悖论)一词的定义为:

> 一个看似矛盾的说法或理论,要通过调研,才可以证明其成立或真实与否。

在这些访谈的过程中,我的目标是对这些关于"DevOps 是什么"的经常相互矛盾的观点进行调研,随着我们的调研,可能证实那些更加有根据的观点。

我们现在所持有的观点是:人们的工作应该更加紧密地融合在一起,我们应该消除那些阻碍我们前进的壁垒。

因此,任何东西都可以是 DevOps。

几乎每个软件公司都将"DevOps"作为营销的卖点,并且"DevOps 工程师"被列为工作排行榜上最受欢迎的职位。更不用说那些"DevOps 部门"也都像雨后春笋般地涌现了。

尽管如此,对于"DevOps 是什么?"这个根本性的问题,我所访谈的每个人给我的答案几乎都是不同的。

DevOps 将理智带回了这个混乱的世界,混乱的根源在于人们误认为软件开发和工厂生产类似。DevOps 在敏捷(Agile)止步的地方继续推进,并且敦促我们消除那些通常甚至意识不到的障碍。

DevOps 的理念在团队成员之间建立了同理心,最终产生了更大的合作。这关乎于文化,但也涉及流程和工具。至少,那就是我最初的想法,尽管我也从与我共事的团队那里收到了不少与此相反的观点。

为了回答这个关于 DevOps 的问题,我询问了不少 DevOps 从业者,想了解他们的看法。他们中的一些人是业内资深人士,而另一些人则是后起之秀。有些是我的朋友,而另一些是我远远仰视的人。

这些对话中有许多是通过远程会话记录的，还有一些则是在酒吧或会议走廊里进行的。只要有可能，我就尽力与某人面对面交谈。

我希望访谈是随意的。我不希望人们回答一堆预先准备好的问题。相反，我的目标是为更广泛的受众带来我通常在会议和作为顾问的公司中与专家进行的类型各异的对话。我确实相信一些最好的顿悟还是来自于走廊上的闲谈。那就是我想要在访谈中也保持的精神。

每次访谈都是以"什么是 DevOps?"或者其他类似的问题开头。这只是为了将对话展开，并深入下去，促进一种无组织的、无准备的、非常随意的交谈，把每次访谈看作我和朋友或者在酒吧里遇到的熟人之间的对话。事实上，其中一些访谈确实是在酒吧里进行的，而且是在几杯啤酒下肚以后！

在这本书中，我想分享那些发生在我与那些 DevOps 的实践者、那些经常塑造 DevOps 的人之间的随意对话。我希望深入了解究竟是什么驱动着这些人，并更好地理解究竟是什么让 DevOps 如此强大。

我采访的这些人唯一的共同点就是他们都对 DevOps 本身很感兴趣。然而，你会看到他们中的有些人对于 DevOps 是什么（或者不是什么），甚至对于 DevOps 是否值得追求，实际上有着截然相反的观点。你可能经常会觉得某个人描述的和其他人的说法是矛盾的。这是有意而为之的，我认为，它反映出 DevOps 所要解决的混乱局面。这也提醒我们，我们尚处于将 DevOps 应用于我们的工作文化的早期阶段，我们还在尝试着解决软件行业的复杂性问题，为解决相同问题而寻找着不同的方法。

综上所述，我敦促读者保持开放的态度。你们肯定都已经听说过 DevOps 了，而且许多人可能正在你的组织中实施着某种形式的 DevOps。我只想请你将你所知道的先放在一旁。本书中的访谈可能会颠覆你以前的认知。他们一定会挑战你之前的假设和经验。然而，这本书并不会告诉你，你应该站在 DevOps 争论的哪一边。这里的答案并没有正确或错误之说。本书也不会告诉你应该如何"做"DevOps，你可以根据你的经验，从这些访谈中汲取一些关于实施 DevOps 的想法。我写这本书的目的只是为你揭示 DevOps 悖论的两面性，并为你打开这扇门，你会做出自己的决定。

设计用来打破组织内部的竖井(silo)并促进跨部门协作的东西在 IT 业界引起了如此多的

争论,这是多么讽刺啊!但这正是 DevOps 悖论的症结所在,不是吗?这也是为何这个话题如此有趣的原因。你可能完全不同意你在这些采访中阅读到的所有内容,但至少在你和你的团队开始你们自己的 DevOps 旅程时,它们应该激起你们的思辨,甚至可能引发辩论。

最后,在我们开始之前,我要感谢那些抽出时间接受访谈的专家们,我再次对你们所做出的巨大贡献表示万分感谢。谢谢!没有你们,这本书就不可能存在!

我会竭尽所能的帮助人们提高他们的技能。你可以随时通过 Twitter(@vfarcic)与我联系,或者给我发送电子邮件(viktor@farcic.com),或者加入 DevOps20 的 Slack 聊天工作区(http://slack.devops20toolkit.com/)。

Viktor Farcic 是 CloudBees 的首席软件交付战略师和开发者,Google 的 GDE 开发者专家,Docker Captains 小组成员,已出版书籍的作者。

他对 DevOps、微服务、持续集成、持续交付和持续部署(CI/CD)以及测试驱动开发(TDD)怀有极大热情。

他经常在技术沙龙和会议上演讲。他出版了 *DevOps Toolkit* 系列(https://www.devopstoolkitseries.com)和 *Test-Driven Java Development*(http://www.amazon.com/dp/B00YSIM3SC)等书籍。

在他的博客 *Technology Conversations*(https://technologyconversations.com/)上有他平时的思索和技术指导文章。

1

Jeff Sussna:
Sussna Associates 公司创始人兼 CEO

Jeff Sussna 简介

本章译者　陈文峰　中国

DevOps 社区核心组织者

珠海 DevOps、敏捷推行者

项目管理老兵，在交通运输、建筑市政、协同办公、手机等行业领域有 15 年软件研发管理、项目管理和过程改进经验，专注于传统项目管理与敏捷项目管理实践融合。

Jeff Sussna 于 2011 年创立了 Sussna Associates，这是一家公司专注于企业工作坊（workshops）、培训和战略设计的公司，帮助客户集成 DevOps。作为 *Designing Delivery：Rethinking IT in the Digital Service Economy* 一书的作者，Jeff 有超过 30 年 IT 从业经验，从软件开发到 IT 系统集成。你可以在 Twitter 上关注他（@jeffsussna）。

Viktor Farcic：你好！Jeff。在我们开始谈论 DevOps 之前，你能先介绍一下自己吗？

Jeff Sussna 我是一名专注于敏捷、DevOps 和设计思维指导的独立顾问。包括我创立 Sussna Associates 公司在内，我已经在 IT 行业工作了 30 年。在此期间，我在整个开发 QA（质量保证）和运维领域都组建了体系并领导了组织。

我在 2008 年接触了设计思维（尤其是服务设计）和云计算，在某种程度上这对我来说是一种顿悟。因为我意识到在 21 世纪，服务确实是云计算和 IT 的核心。无论是基础设施即服务（Infrastructure as a Service，IaaS），还是软件即服务（Software as a Service，SaaS）或微服务，讨论的都是组织的各个层面以用户为中心的服务。

我已经把设计思维作为我咨询实践的核心，以此来帮助 IT 团队，无论是大企业还是初创企业,让他们从其用户、客户、数据库团队、网络团队、应用团队或其他方面来思考问题。这也是我将同理心的理念引入 DevOps 的原因。

在我看来,我所做事情的核心是学习如何能让开发和运维相互思考对方的需求。我把所有这些想法和理念都融入了我写的 *Designing Delivery：Rethinking IT in the Digital Service Economy* 一书中。

DevOps 是什么?

Viktor Farcic:在你看来,"DevOps"这个词的含义是什么? 好像没有人清楚地知道它是什么,或者说至少每个人对它的理解都不一样。有人说这是新的工具,有人宣称这是文化上的变革,而有些人则把它与 DevOps 工程师这个角色联系起来。有些人甚至说 DevOps 这个词根本不存在。就好像 DevOps 是一个阴谋,意在迷惑所有人。

Jeff Sussna:在我看来,"DevOps"的意义就在这个词本身。我们必须开始思考将开发和运维看作一个更大的整体团队的组成部分。我是根据服务的理念得出这个推论的。我们提供服务的方式是数字化的,而提供服务的方式本身就是服务的一部分。

如果你看看过去几年航空业发生的一些公关噩梦,例如预订系统崩溃而导致航班取消。最近还发生了一件事,一家航空公司由于电脑系统出故障而无法为乘客办理登机手续,而他们试图用手机为乘客办理登机手续。

> 在我看来,"DevOps"的意义就在这个词本身。我们必须开始思考将开发和运维看作一个更大的整体团队的组成部分。
>
> ——Jeff Sussna

Viktor Farcic:我认为现在每个人都把软件服务看成是理所当然的。我们没有耐心,希望事情会立刻见效。如果事情失败了,用户就会流失到其他应用。用户不再有忠诚度。

许多人尚未意识到的是,这不仅与软件所提供的功能有关,还与系统的稳定性有关。你同意吗?

Jeff Sussna:现在越来越多的情况是,操作的成功和失败以及特性和功能都对用户的体验有很大影响。我喜欢举的例子是:假如城里有一家新餐馆,你在周六晚上尝试一下。当你周一早上上班时，人们问你感觉如何。你说："嗯，食物很好，但服务很糟糕。"人们不太可能去尝试这家餐厅，因为他们认为食物和服务是整体体验的一部分。在我看来，DevOps 同样反映了这样一种思想，即我们必须同时考虑功能和可操作性。

不管你的网站设计有多好，编码有多好，如果它非常非常慢，或者人们经常碰到 500 错误，他们的满意度就会下降。

你必须考虑系统架构和应用架构。你必须考虑如何部署，并且必须将安全性整体视为等式的一个部分。在我看来，DevOps 是一个混合词，意思是我们把两个词拼在一起，之所以把它们拼在一起是因为我们开始明白它们其实是同一个事物的组成部分。

Viktor Farcic：像是一个整体而不是部分？

Jeff Sussna：是的，对我来说很重要的一点是，将 DevOps 拼在一起并不一定意味着每个人都必须为同一个经理或副总裁（VP）工作。每个人都必须把自己的工作看作更大事业的组成部分。你必须从以下角度来思考你的代码："如何部署这些代码，这些代码的安全性如何，这些代码的效率如何，以及这些代码的可扩展性如何？"

无论情况如何，这并不意味着你必须是将其部署到生产环境或响应请求的人。我合作过的许多企业都有这种职责分离的观念，不允许开发人员将代码部署到生产环境的想法并不意味着他们不能实施 DevOps。如果你们公司是一个有很多层级和很多技术栈的大型组织，无论是跨国保险公司还是 Netflix，那么可能有很多微服务。如果不是，那可能有很多应用。把它们都作为一个拥有一张巨大的桌上足球桌和一张巨大的开放式办公室的大部门的一部分，这种想法真的没有任何意义。

你必须从团队协作的角度来考虑 DevOps。这些团队不一定向同一个人汇报工作，不一定在办公室里坐在一起，甚至不一定在同一个城市工作，这些都不是问题。但当每个小组都认为，"这部分是我的工作，我只关心自己的工作，任何想从我这里得到什么的人都必须排队，而我只管我的那部分问题"时，问题就来了。

> "你必须从团队协作的角度来考虑 DevOps。这些团队不一定向同一个人汇报工作，不一定在办公室里坐在一起，甚至不一定在同一个城市工作。"
>
> ——Jeff Sussna

团队中的 DevOps

Viktor Farcic：我经常看到这样的事情发生，人们说："这是我的工作，那不是我的工作。"话虽如此，如果不同的经理给不同的团队不同的目标，尤其当每个人只考虑自己的那部分问题不关注全局目标时，你如何防止这种思维？

Jeff Sussna：我训练团队的方法是让他们把彼此当作顾客，就像把付钱给公司的人当作顾客一样。网络团队有客户，这真的很有趣。因为在 DevOps 中，我们都有这样一个神奇的想法："嗯，DevOps 的一个关键组件就是云。"云解决了很多问题，我同意这一点，但如果你想想 AWS、Azure 或 Google Cloud Platform，它就成了顶级竖井。再没有比你的组织和 AWS 之间的竖井更大的了。

AWS 甚至不会告诉你数据中心在哪里，更不用说谁在处理你的代码、系统或其他任何情况。这些组织的特点是他们知道自己身在服务行业，他们的工作是帮助你成功，为了帮助你成功他们会不断创新。我认为同样的模式也适用于组织内部，不管它是否是分开的，也不管你是否有跨职能的"双比萨团队"（译者注：two pizza teams，指让团队保持在两个比萨能让队员吃饱的小规模），或是否有部门的突破——这都不重要。问题必须从我们如何运行网络转向我们如何帮助人们使用网络，这是一个非常微妙但非常重要且意义重大的思想转变。

如果你正在思考我们该如何运行网络，而有人想申请更改一个 IP 地址、一个 DNS 记录或者一个防火墙，他们将不得不在你的任务列表后面排队。但如果你以他们为中心，你说，"好吧，我们的工作是确保这些应用程序能在我们的网络上成功运行和扩展"，那么像 IP 地址、DNS 记录和防火墙更改这样的事情将成为你工作的核心。这样一来，你的工作就变成了思考谁需要使用我们的服务，并回答传统的问题："那么，我们如何确保路由器不会掉线呢？"原来的问题不会消失，但它会成为一个实现细节，而不是你工作的核心。

Viktor Farcic：这似乎很有道理。每个人的工作都以用户为中心，不管这些用户是外部的还是内部的。与此同时，每个人的工作都是帮助别人，即使这个人是来自不同部门的同事。

DevOps 中的同理心

Viktor Farcic：你写过和谈过很多关于同理心的东西。我不确定你是否创造了"EmpathyOps"这个词，你能详细说明一下同理心的含义吗？

Jeff Sussna：人们对于它的含义有很多困惑和焦虑，很多人正倾向于误解它。有时人们认为同理心意味着沉湎于他人的痛苦之中。事实上，耶鲁大学的一位哲学家提出了一个观点：同理心其实是不好的，它是世界上所有问题的根源，我们需要的是同情心。

在我看来，这代表了对同理心和同情心的误解。但我最喜欢的是人们说这样的话："反社会者真的很善于利用同理心。"我的回答是："如果你的组织中有一个反社会者，那么你就有一个更大的问题，而 DevOps 不能解决它。"在这一点上，你有一个人力资源的问题。你需要区分的是情感同理心和认知同理心，我在 DevOps 中使用认知同理心的方式很简单，即从他人的角度思考问题的能力。

如果你是一名开发人员，且你思考的是"部署和运行我的应用程序的体验会是怎样的？"，那么你是从运维人员的角度来考虑的。如果你是一名运维人员，你在思考："由于所有的测试环境都部署了其他的东西，所以测试一次需要运行几小时测试服务器。这对我配置服务器的流程来说意味着什么？这是一种什么样的体验？"此时你是从测试人员的角度考虑问题。对我来说，这就是同理心，同理心是客户服务的核心，是设计思维的核心，也是产品开发的核心。我们的客户想要完成什么，他们需要我们提供什么帮助，我们该如何帮助他们？

> "我在 DevOps 中使用认知同理心的方式很简单，即从他人的角度思考问题的能力。"
>
> ——Jeff Sussna

Viktor Farcic：所以，每个人都有客户，不管是内部的还是外部的客户，我们都需要开始思考我们的工作是否让客户的生活更轻松或更好。我们不应该再躲在人为预设的目标后面。

Jeff Sussna：我给你举个例子。事实上，我最近对此感到有点难过，因为我有一点变成 AWS 的狂热粉丝，原因是我认为他们比其他人更理解以用户为中心的创新。

几年前，我在帮助一个客户端将一个应用程序从托管中心移植到 Amazon。它是一个相当简单的应用程序,这主要是一个平滑迁移的工作。它在旧的硬件上运行,但旧的硬件开始出现故障,他们不想再维护他们的硬件了。所以我们说:"好吧,我们就把它放到 Amazon 上吧。"在这种情况下,我们不打算尝试做任何花哨的事情,比如重新构建应用程序或类似的事情,但是我们应该使用一些更基本的 Amazon 功能,比如能够自动扩展地跨多个可用分区运行 Web 服务器。

这是一件很简单的事情,没有理由不去做。然后我们准备迁移我们架构中的分布式缓存 (Memcached) 服务器时,我们不知道如何将它集群化。事实证明,在那些日子里,这是相当困难的。有一种非常昂贵的产品,我们不确定它是否真的有用。所以,我们考虑了一段时间,最后决定我们不去担心。它是一个缓存,如果缓存发生故障,应用程序足够智能,可以回退并直接访问数据库。是的,它会变慢,但它会存活下来,直到我们有机会把缓存备份过来。别紧张,我们继续把工作做完吧。

我们完成了这项工作,大概几周后 AWS 发布了一项新的叫 ElastiCache 的服务,你猜是什么? 跨数据中心运行的集群分布式缓存服务器。你所要做的就是按几个按钮,在控制台中输入一些内容,然后你就可以把它作为一个服务运行起来。我记得当时我想,好像他们一直在看我们的电子邮件似的。

这个故事的重点是,Amazon 并不是躺在自己的荣誉上说:"我们做基础设施即服务,我们做存储、虚拟机和网络。"他们关注的是他们的客户正在与什么斗争,以及他们如何提供帮助来使之变得更容易。我认为这就是我们谈论 DevOps 的本质所在:作为一名开发人员,我如何让运维的生活更简单、更好;作为一名运维人员,我如何让开发的生活更简单、更好?

Viktor Farcic:但是,是什么限制了公司采用这种思维方式呢? 是他们不想采用这种方式,他们看不到这种思维方式的价值,还是其他原因?

Jeff Sussna:就在几天前,我和一个客户讨论了他们流程中的阻塞问题,与将代码部署到测试环境中有关。我以这样一个问题开始这场讨论:"为什么开发人员不能部署他们自己的代码? 这不是生产环境,没有职责分工的问题。"他们只是没有想过。我们谈过了,他们说没有根本的原因阻碍他们做这个。我们需要做一些技术上的改变,但没有规定说他们不应该这样做。这是一个让开发人员的生活变得更容易的简单例子。我认为他是从问题那里开始思考的。

同理心和开发与设计、产品与开发、开发与运维以及安全与开发之间的协作有关。我们都需要从这样的角度来思考："我们如何帮助彼此更好地完成我们想要完成的事情？"同理心能让你做到这一点。但是拥有同理心的人也会这样思考："忘记我在做什么，什么是你想要完成的？我该如何用我的专业知识帮助你完成它？"

大 DevOps 和小 DevOps

Viktor Farcic：当你访问一些公司的时候，你是否发现他们之间有重复的主题或者共同点？他们是否面临着同样的问题，除了一家公司明显规模较小，而另一家公司明显规模较大？

Jeff Sussna：不管公司的规模有多大，问题的普遍程度都让我感到惊讶。例如，我接触的几乎每个客户，无论其规模大小，都存在合规性问题。

也许他们是一家初创公司，但他们是一家医疗保健初创公司，这意味着他们必须应对HIPAA（1996 年的《健康保险流通与责任法案》）；或者他们可能审核信用卡，这意味着他们必须处理 PCI（支付卡行业）；或者他们为联邦政府提供服务，这意味着他们必须遵守FedRAMP（《联邦风险和授权管理体系》），这和你能找到的任何其他合规性规则集一样严苛。关于审计、职责分离和访问控制的问题，所有这些问题在我的客户中都很普遍，不管他们的规模有多大。

> "我接触过的几乎每个客户，无论其规模大小，都存在合规性问题。"
>
> ——Jeff Sussna

我注意到开发和运维之间的挑战是非常普遍的。我认为主要的区别在于，在大公司里，职责不清往往是结构性的。比如，"我不喜欢你的组织，因为我们有不同的副总裁，而副总裁正在争夺权力"，或者类似的事情。也可能他们并不是为了权力而竞争，他们又是相互独立的，以某种方式相互竞争。

制度化的界限把人们分开。在规模较小的公司，这种原因往往更加个人化。例如："我不信任你，因为两年半前，你把事情搞砸了，所以我不希望你再参与到产品研发中去。"令人惊讶的是，这种信任和理解的斗争是普遍存在的。

这很有趣，因为在敏捷和 DevOps 中，我们经常讨论反馈循环以及如何更快地学习。如果你看看 DevOps 的三种方式，你就会发现它们是价值流动、反馈和持续学习。令人惊讶的是，形成反馈是多么的困难。

Viktor Farcic：我认为人们倾向于采用实践，但是他们的问题在于他们没有理解这些实践背后的目标。结果是，我们进行了实践，但是没有与它们联系起来，也未获得任何实际的收益。现在几乎每个人都在收集反馈。但真正的问题是，有多少人利用这些反馈来学习和改进？

Jeff Sussna：我曾经和一个客户一起做过一个研讨会，其中有一个主题专门讨论反馈循环。客户是一个成熟度非常高的敏捷和 DevOps 组织。有一次我给他们做了一个练习，就是把他们现有的一些线性流程重新想象成循环的、反馈驱动的流程，看看有什么不同。他们都咯咯地笑了起来，并理解地朝我点点头。有人举手说："我们没有线性流程了，我们把它们都闭环了。"我说："好吧，好吧，让我来试试，看看会发生什么，这可能是一个非常快速和简单的练习。"

我把他们分成了四组，其中有三组都各自得出了相同的结论，他们在练习后很不好意思地向我报告了这个结论。他们都得出结论：他们非常善于收集反馈，但实际上他们什么都没做。他们意识到他们正在浪费大量的时间和精力，因为他们有整个反馈循环机制，他们从来没有真正关闭过。如果我认为敏捷和 DevOps 都存在一个威胁，那就是我们真正关注的是我们能以多快的速度将产品发布上线，我们认为这本质上是一个推动问题。我看到的关于 DevOps 的一个误解是 DevOps 是关于自动化部署的。

> "如果我认为敏捷和 DevOps 都存在一个威胁，那就是我们真正关注的是我们能以多快的速度将产品发布上线，我们认为这本质上是一个推动问题。我看到的关于 DevOps 的一个误解是 DevOps 是关于自动化部署的。"
>
> ——Jeff Sussna

问题在于这是单向的，你并不是真的在学习。如果你把东西部署到生产环境，然后你要做的就是从你的待办事项列表选择下一个待办事项，你怎么知道刚从你的待办事项列表选出的下一个事项是正确的？除非你注意到了你刚刚部署的东西发生了什么。我想说的是，要真正超越这种工业时代以把产品推出工厂大门为目标的做法，是一个普遍的挑战。

Viktor Farcic：这难道不是一个盲目遵循流程而不理解其背后原因的例子吗？短迭代背后

的理念不是做更多的工作,而是更快地获得反馈,更好地决定下一步该做什么。如果我们只是为了从待办事项列表中挑选一个新项目,我们就本末倒置了。

既然如此,我们还是换个话题吧。当你与团队或公司合作时,你的实施方法是什么?是自上而下,自下而上,还是从中间开始?

Jeff Sussna:我从哪里开始完全取决于客户。我的意思是,一般来说,从 CIO(首席信息官)到运维总监或开发总监。这要视情况而定。有趣的是,我发现在某些时候,这两者必须结合在一起。

有一个有趣的问题是:DevOps 是需要高管的支持,还是需要基层的参与?根据我的经验,从哪里开始并不重要,但在某种程度上,两者都需要。

我见过这样的情况,尤其是在敏捷开发方面,一个 CIO 从一个会议回来后宣布:"我们要推行敏捷开发。"这很好,对一个组织来说,实现它的流程并不需要很多现场活动。其中一些是非常基本的:推广新的行为和活动。我更关注的一个地方是采用过程是什么样子。在我看来,根据我的经验——我认为这是另一个让组织挣扎的地方——改变组织的行为方式和改变你的网站的工作方式,或者改变你的持续集成流水线的工作方式没有什么不同。

这是一件必须随着时间的推移而发生的事情,而且必须以敏捷的方式发生。我的意思是必须有基于反馈的学习,你不能只是扔出一个计划并执行。因为人们会与这个计划产生互动,他们会挣扎、会抗拒、会学习、会犯错,你会发现你的计划可能需要根据你的企业文化做一些调整,这是必须要做的事情。

改变 DevOps 的文化

Viktor Farcic:当你试图改变文化的时候,你有什么方案吗?我记得有人告诉我,你无法真正预测一个复杂的系统,你唯一能做的就是戳它一下,看看会发生什么。

Jeff Sussna:你认为可以使用一些技术将人们引到你的系统,这是正确的。然后你必须了解当人们与这些技术互动时会发生什么。每个人都有点不同。

当我开始一项培训任务时,我总是根据组织的规模,花一周到一个月不等的时间做一个深入的观察来真正了解他们是谁,他们处于哪个阶段。以此为切入点,我开始引入新的技术:

无论是站立会议、持续集成，还是自动的服务器配置，这些都不重要。

当我们引入看板法时，事情就开始变得有趣了。我们认为："这很简单——我们只是向人们展示它如何使用，并解释主要的工具。"但实际情况是，当人们开始用它工作时，取决于他们是谁，他们的个性如何，他们的企业文化是什么，他们的使用方式是非常独特的。这才是工作真正开始的地方，试着把它们联系起来。我不认为你可以真正预测，这是逐渐暴露的问题。

Viktor Farcic：是的，因为我们每个人都是非常不同的，每个公司的文化和我们的项目也是不同的，所以我们不能盲目地采用任何东西。在我看来，认为我们虽然有如此巨大的差异，但希望有一个银弹（译者注：此处指万灵丹、万金油）能解决所有人问题的想法是幼稚的。我们都需要获得经验，了解自己，并利用这些知识来发现什么是最适合我们的。

我对设计思维很感兴趣，你已经提过几次了。你能详细介绍一下吗？

Jeff Sussna：设计思维是一个很简单的概念。你可以参考设计师解决问题的方法，不管是图形设计师、工业设计师还是用户界面设计师。你可以将其提取成一个方法论，然后应用到其他问题。例如，你会如何将 DevOps 介绍给一个新公司？

设计思维的核心是以用户为中心的设计概念，这是基于同理心的，但它有特殊的技术来帮助你理解同理心，这些技术都基于观察和与你的客户互动。

我告诉过 IT 团队的一件事就是，如果你想重新设计一些东西——例如你是数据库团队，你想重新设计应用团队用来获取新数据库实例的流程——首先从观察他们是怎么做的开始，并实实在在地与他们坐在一起观察，然后你会想出一个解决方案，为这个解决方案做原型，并得到反馈。

> "当前的敏捷和 DevOps 实践是不完善的，因为我们没有一个真正的机制去整合来自我们想要服务的用户的真实反馈。"
>
> ——Jeff Sussna

很多时候，IT 团队是这样做的，我们先弄清楚正确的解决方案应该是什么，然后我们构建它，接着我们发出电子邮件说，我们将在未来三个月内通过培训推出它。我们没有做的是花时间去了解我们的解决方案实际上在多大程度适用于它的用户。

设计思维的理念始于同理心的观察。它可以按照它实际做到这一点的方式或多或少地形式化，然后使用一个具有明显迭代属性的流程，包括原型设计、用户测试、重新设计和重新实现，几乎是以敏捷的方式找到解决方案的方法。

我之所以如此频繁地谈论设计思维，部分原因是我认为当前的敏捷和 DevOps 实践是不完善的，因为我们没有一个真正的机制去整合来自我们想要服务的用户的真实反馈。但是可以用设计思维来验证我们的想法、信念、解决方案和策略，这就是为什么我认为把它融入我们所做的事情中很重要的原因。

敏捷和 DevOps

Viktor Farcic：那么敏捷和 DevOps 呢？它们是你采用的不同的东西，它们是相互延伸的还是同一事物的不同名称？因为从你所说的来看，这两者听起来有些相似之处。

Jeff Sussna：DevOps 实现了敏捷宣言中的等式。敏捷经常谈论交付价值和工作代码，但问题是，它本身并没有交付任何东西。反而，当你拥有已编写和测试的代码，但没有人可以使用这些代码时，敏捷就停止了，因为它对任何人都没有任何价值。

这样的原因是敏捷是在产品时代发展起来的，那时你可以把你的代码放到 CD 上，然后把它发送给负责实际部署和操作代码的客户。那个时代已经过去了，所以开发和运维元素实际上是同一个等式的一部分。敏捷实际上不能交付价值，除非代码可以部署，部署环境可以操作，问题可以修复，包括新代码可以在哪里部署等等。

我不认为缺少运维的开发是有意义的，再次澄清一下，当我说"运维"时，我指的是最大意义上的整体运维，所以这不仅包括运行服务器或运行基础设施，还包括安全性，这是其中不可分割的一部分。

如果你的代码或基础设施不安全，这可能比它们不能扩展更糟糕。如果你的代码不能扩展，你的网站很慢，或者你的数据输入应用程序很慢，那是很烦人的。

Viktor Farcic：慢总比因为有人利用某个安全漏洞而导致整个集群宕机要好。如果我的数据在你的系统中被盗，那么我不仅不再是你的客户，甚至还可能起诉你。让我感到困惑的部分是关于 DevSecOps 的讨论，因为我离开时会想，为什么我们还要谈论安全性？安全性不是必需的且是 DevOps 的一部分吗？或者，它不知怎的变成了可选的，现在我们需要把它作为一个单独的实践来讨论？

Jeff Sussna：如果我的个人健康数据、信用卡或社会保险号被盗，那就不仅仅是烦人了。我知道当人们谈论 DevSecOps 时，他们谈论的是可靠的 DevOps，也就是内置了安全性的 DevOps。但问题是，你是否曾经想要提议使用非可靠的 DevOps？我当然不会。

我当然不会去找我的 CIO 说我们不想做可靠的 DevOps，我们只要做非可靠的 DevOps，我们不需要担心安全性。我不认为这能被接受。但是，从这里开始，我想我要说的是，如果我们试图实现敏捷，在这一点上，除非把它融入你的操作方法中去，否则你不可能真正实现敏捷。

我越来越怀疑的是，如果敏捷和 DevOps 没有相互的支持，它们的意义究竟有多大。我期待着有一天，我们会有一个更好的词来涵括所有的事情，我们甚至不再担心是否存在分歧。我的意思是，如果你仔细想想，敏捷和 DevOps 之间的分界线仍然是开发和运维之间的奇怪空间，而这正是我们试图通过 DevOps 来破除的。你可以说，如果你认真对待 DevOps，你就不会真的相信敏捷和 DevOps 之间有根本的区别。

> "我越来越怀疑的是，如果敏捷和 DevOps 没有相互的支持，它们的意义究竟有多大？"
>
> ——Jeff Sussna

Viktor Farcic：根据你的经验，是否有一些专家小组或多或少愿意认同这种思路，或者这对每个人来说都是一个普遍的问题？

Jeff Sussna：从我们能以多快的速度把产品经理大脑中的想法研发为产品的角度出发，我认为越来越多的人愿意将敏捷和 DevOps 结合在一起。我认为反馈循环的背面要困难得多，我认为大多数人仍然在与之抗争，这是一种罪过。正如我之前所说的，我认为敏捷和 DevOps 的讨论经常都有一个共同的问题，那就是我们认为它是单向的。

我给你举个例子：我曾与一个组织合作，那里的开发主管告诉我，在部署之前，他们做了冲刺演示（sprint demo）来向人们展示他们将要部署什么。冲刺演示的重点是信息：收集反馈，确保你在部署之前以正确的方式部署正确的东西。但这位开发主管是在纯粹意义上使用冲刺演示的："好吧，我们已经完成了，我们将在发布之前让你看到它，但是不要期望我们做出任何更改或听取你的反馈。"我到处都能看到这个问题。

Viktor Farcic：这就好像我允许你去看它，但你是否看到它对我来说并不重要。

Jeff Sussna：完全正确。我认为加入设计思维的好处之一是它的核心是你要向别人展示它，然后你要根据他们对它的反馈做出改变。

Viktor Farcic：如果我的理解是正确的，这意味着即使我们回到几年前，敏捷在很多地方并未奏效。如果它奏效了，那么至少在组织的某些部分，这种思维方式应该已经根深蒂固了。

你提到了复杂的系统，我认为这确实值得讨论一下。

你说复杂的系统是你无法预测的，真是一针见血。所以，从这个意义上说，你不能为他们做计划，你只能真正地探查他们并根据你从探查中学到的东西与他们互动。

Jeff Sussna：我们正在构建的是复杂的系统。即使在遗留环境很多的企业中，我也越来越频繁地看到由于应用程序、数据库、网络、负载均衡器和防火墙之间的交互导致的宕机。

为了理解宕机，你必须了解所有组件之间是如何交互的。如果其中任何一个组件是不同的，那么宕机可能是不同的，或者根本就不会发生。数字商业、数字经济以及所有这些有趣的东西所做的就是打破这些不同系统之间的界限。

Viktor Farcic：当我看到双模 IT 这样的想法时，对我来说，它实际上并没有与现实相联系。因为我看到的是面向客户的应用程序，为了正常工作，必须与 ERP（Enterprise Resource Planning，企业资源规划）系统交互，而 ERP 系统中敏捷性的缺乏成为前端系统敏捷性的阻碍。

现在，我们必须把我们的整个组织和所有的系统看作一个复杂的系统。

Jeff Sussna：如果我们不能预测或控制复杂的系统，我们该怎么办？我们就这样放弃了吗？不，我们必须有持续学习的能力。那么，为什么我们需要敏捷呢？为什么我们需要 DevOps？为什么我们需要设计思维？

因为当我们正确地应用它们时，它们让我们能够非常有效地、不断地互相学习，从我们的客户，从我们的系统，从我们的事件中学习，我认为这是我们最终试图通过所有这些新的实践来实现的。

Viktor Farcic：根据我的经验，当我挖得深一些，超出人们告诉我的范畴，我发现不知何故，责任永远是最大的障碍。因为当这些事情发生，就像你说的——例如，宕机，需要有人承担责任，这意味着没有人会给我足够的信息让我可以从中学习。

Jeff Sussna：除此之外，追责的概念基于假设你可以找出原因这个前提。

Viktor Farcic：对，这把我们带回了复杂的系统。

Jeff Sussna：没错。

Viktor Farcic：我认为这是一个很好的地方来结束这次的谈话，除非你还有什么要补充的，Jeff？

Jeff Sussna：没有，我没有补充。Viktor，和你谈话很愉快。我迫不及待地想知道其他人是如何看待 DevOps 的。

2

Damien Duportal：
Træfik 的开发者、布道师

Damien Duportal 简介

本章译者　张　扬　中国
DevOps 社区核心组织者
ThoughtWorks 咨询师

从事面向企业客户数字化转型中 Cloud 和 DevOps 相关的咨
询、培训和项目交付等工作；中国 DevOps 社区核心组织者，
热爱技术交流和分享，是开源和社区文化的拥护者。

按照 Damien 的说法，DevOps 工程师从事的是与人员、文化和工具相关的工作。在 Træfik
工作的同时，他还是 CloudBees 的培训工程师，负责 CloudBees Jenkins Platform 和 Jenkins
OSS 两款产品的培训。你可以在 Twitter 上关注他（@DamienDuportal）。

Duportal 的 DevOps 定义

Viktor Farcic：我想问你一个问题，以此引出此次关于 DevOps 的讨论。简单来说，你对于
DevOps 的定义是什么？

Damien Duportal：DevOps 在如今是一个流行词，它被用来尝试实现对价值的关注，而不仅
仅是技术或成本问题。DevOps 的核心是关于我们应该如何在 IT 行业中协同工作。我谈
论的不仅仅是流程，还有文化、工具和涉及的人员。这就是为什么我说它是一个流行词，因
为你很难对 IT 服务管理相关的概念有一个很严格的定义。

　　"DevOps 关注的不是工具本身，而是这些工具所带来的新型工作方式，或是打破

部门间壁垒的方法。这就意味着我们需要通过相互沟通合作来建立跨团队共赢的意识。"

——Damien Duportal

最近,DevOps 被赋予了很多不同的含义。但是对我而言,它最初就是围绕工具化这个概念而发起的一场运动。DevOps 关注的不是工具本身,而是这些工具所带来的新型工作方式,或是打破部门间壁垒的方法。这就意味着我们需要通过相互沟通合作来建立跨团队共赢的意识。

所以我将 DevOps 定义为同理心,我认为这是它的关键所在。DevOps 是一种将同理心带回到我们工作中的方法,而工具(Docker 是最著名的,但并不意味着只有它)可以帮助你做到这一点。在这里需要着重理解的是,我刚刚提到的同理心指的是和你所有的同事建立同理心,而不是仅仅局限于 DevOps 里的开发和运维两种角色。在工程师和销售人员之间、高管和员工之间同样需要建立同理心,而且组织里的所有部门都应该关注全局优化,而不是只顾自身的局部优化。你需要意识到其他同事可能面临的问题,而不仅仅是那些影响你自己或你所在部门的问题。工具正是带回同理心的一种途径,这对工程师很有吸引力,因为工程师都喜爱工具。

DevOps 能带回同理心吗?

Viktor Farcic:那么,DevOps 是真的在借助工具来带回同理心吗?

Damien Duportal:是的!如果有一个工具可以帮你分享同理心,那么你就为对话的开展奠定了很好的基础。即使这么做对工程师来说似乎很无聊,但至少他们会开始相互交谈和倾听。我的意思是,一旦他们停止关于 Tab 键和空格键哪个更好或者 JavaScript 和 Java 谁更具优势这样的枯燥乏味的辩论——或者任何枯燥乏味的辩论——他们就会关注他们所能提供的价值。所以,这就是我对 DevOps 的总结,再次强调下,它是关于如何带回同理心并聚焦于 IT 中的价值创造和多方互动。

"我将 DevOps 总结为如何带回同理心并聚焦于 IT 中的价值创造和多方互动。"

——Damien Duportal

Viktor Farcic：同理心为何如此之重要？

Damien Duportal：那是因为人们的行为差异。不仅如此，同理心也是用来建立人际互动的最有效途径。试想我们能够达成那么多不同的事情——与不同的人、不同的观点、不同的文化——那是因为作为人类，我们有着高度的同理心。一旦你有了同理心，就会明白你是为了什么而提供价值。如果你没有，那么努力创造价值的意义何在？你所谓创造的价值仅仅是源自你的观点，那世界上还有 70 亿多人呢，这对他们有价值吗？所以归根结底，我们需要同理心来明白，我们要用工具去做什么。

克服对变化的畏惧

Viktor Farcic：这个理念真好。你提到 Docker 是那些工具之一，能展开谈一下吗？

Damien Duportal：在成为自由职业者之前，我曾是一名开发人员。因为我们团队只有几个人，所以我和运维人员很亲近。尽管我作为一名工程专业毕业生，上过 Java 开发的课程，但从很早开始我就一直对基础设施进行编码感兴趣。我不记得是谁说的，但我认为是 Netflix 的某个人说的——你构建，你运行。（译者注：原文为 If you build it, you run it. 这句话是在 2006 年 *A conversation with Werner Vogels* 采访中由 Amazon 的 CTO Werner Vogels 提出的。）我喜欢这种思维，正是它让我接触到了诸如 Docker、SaltStack、Chef、Puppet 和 Ansible 这类配置工具。

我们使用了许多这样的工具来把运维团队关注的事情交给开发人员处理。但值得注意的是，许多开发人员并不想学习这些工具，我很快就发现这是因为畏惧。开发人员之所以被畏惧支配，是因为他们不了解这些新工具，又缺乏许多相关的知识，所以这些新工具就被他们拒之门外。他们被运维知识里的概念吓退了，还没来得及意识到这些工具为他们提供了很多新的东西去学习和尝试。但是开发人员不知道的是，团队中的运维人员同样也心存畏惧，只是不为人知而已。

Viktor Farcic：畏惧变化是一个非常好的视角，那么你曾设法从开发和运维团队中消除这种畏惧吗？

Damien Duportal：我要补充一点，是否全因畏惧变化无法一概而论，但这就是我对我们这边的这些事情和行为的理解。回到你的问题,我花了三到四年的时间试图在双方(开发人员和运维人员)之间架起一座桥梁,说服他们不要害怕。我所说的那座桥梁,是我们可以一起工作,选择结对编程,甚至是做一些像下班后喝杯啤酒或者工作前喝杯咖啡那样简单的事情,或者工作之余一起做运动。这样做有效果吗?好吧,这有帮助,但并不能完全解决问题,因为当时的我缺乏为团队带来同理心的能力。

当 Docker 横空出世,我仿佛看到了隧道尽头的光明。因为我终于有了一个开发工具,它的创造者将运维侧关注的事情分享到了开发侧,这便是我使用它的原因。好的方面是无论何人何时开始使用 Docker,他们都有着相同的学习曲线。为什么这点很重要?因为它让每个人都可以看到,我们全都有很多东西要学习。

Docker 之所以能成为桥梁,是因为它成功地打破了畏惧的壁垒。运维人员不仅看到了他们需要学些什么,而事实也证明他们的确很喜欢学习新工具。现在唯一缺少的就是学习时间,但是时间问题也被视为潜在的投资机会,运维人员在思考,如果他们花时间学习 Docker,后续开发人员也将逐渐支持我们或听从我们的建议。与此同时,在桥的另一端,开发人员开始沿着这样的思路去思考:"嘿!Docker 这工具听起来不错!它能够帮到我们,不但易于使用,而且运行也非常快。"Docker 只是一种将听起来恐怖的技术封装成一个炫酷工具的方式。因此,有了这样的想法,甚至连营销团队都参与进来,帮助在各处传播这种认知(炫酷的工具解决了恐怖的技术难题)。

> "Docker 之所以能成为桥梁,是因为它成功地打破了畏惧的壁垒。运维人员不仅看到了他们需要学些什么,而事实也证明他们的确很喜欢学习新工具。现在唯一缺少的就是学习时间。"
>
> ——Damien Duportal

Viktor Farcic:那除了在两个团队之间架起一座桥梁,Docker 又是如何在他们之间建立同理心的呢?

Damien Duportal:Docker 所做到的是将学习曲线线性化。你可以从仅仅几行代码开始,然后很轻松地完成一些事情。通过这种方式,你当时就能看到代码是否能够工作,这正是它的价值所在。团队能够选择他们想要的学习时机,并都能借助 Docker 实现更高质量或更全面的目标。相较于之前用来寻找缺口的那些工具,这种学习方式可谓是非常线性的。放在以前,你必须学习 Linux 和 Linux 配置,甚至可能还有 Unity 或 systemd——所有的 Linux 发行版——这些都得花大量时间学习。这就是我如何发现并随后确信这些工具能在很短的时间内为团队带来同理心的。

这让我想起了我们的处境,作为一个行业,多年来我们一直被死死地束缚着,比如一名运维人员来到开发团队并说:"嘿! 很棒的应用。你知道这个应用要在文件系统的哪个路径写入文件吗?"这种说法隐含的真实意图是,由于我们的生产环境目前出现了问题,一个性能或安全性问题,或是审计要求,所以我们才需要那些信息,因为它对我们而言是有价值的。但在那种情况下,沟通只是机械的:"我们需要这个信息,给出这些信息是你们的义务。"但是到开发人员耳朵里的却是:"噢,是的。我们想要的是些烦人的信息,而且我们自己也不想去查。"

Docker、容器及采用率

Viktor Farcic:所以,Docker 消除了这个障碍吗?

Damien Duportal:Docker 让沟通的方式和传递的信息完全改变了。通过以 Docker 为基础的沟通方式,我们消除了这一障碍。在 Docker 中,对于上面提到的场景,你可以说:"好,让我们使用只读标志。"在默认情况下,除非你有一个详尽的数据卷列表,否则所有内容都是禁止写入的(译者注:数据卷列表里默认就包含了应用要写入的路径)。这是技术性的东西,但一旦解决了技术问题,你就消除了压力,随之就可以更好地交谈了。我们需要 Docker 是因为我们需要消除这种压力。合理消除工程部分的内容,提前关注到需求的讨论,这就是 Docker 能够成为一个巨大的游戏变革者的原因,但它也是站在了巨人的肩膀之上的。

早些年,这项工作是由 Puppet 和 Chef 等工具完成的,它们已将开发思维带到了运维工作中,运维人员正好是系统的开发人员。例如,所有操作系统内核的开发工作都属于开发人员,而运维人员会提供操作系统的运行支持。所以,不存在运维或开发这回事,因为归根结底,我们都在做相同的工作。只是每个领域所需要的知识量远远超过个人所能掌握的,所以我们不得不对这些知识进行划分。但是日常工作仍然是编辑文本文件、规划和测试在局部变更的内容,之后推进到全局变更,这对每个人都一样。我们只需要谨记这一点,而

Docker 对此提供了极大的帮助。

Viktor Farcic：这相当有意思，如果我理解正确的话，你说的是 Docker 在无需公司计划变革的情况下，便让落地 DevOps 成为可能。基本上 Docker 让这一切自然而然地发生了，你根本不需要对任何人强行灌输建立同理心这样的思维，期望的结果就会出现。

Damien Duportal：我曾经说过，Docker 只是揭开了隐藏在你地毯下多年的灰尘。忽然，你发现可以将 Docker 作为成熟度的指标应用到某些地方。如果将 Docker 应用到某些地方，一切都变得一团糟，你不但不知道如何监控 Docker，甚至不知道如何构建镜像。若是这种情况，那真正的问题是，在使用 Docker 之前你在做些什么？你是否在一边捂着眼睛，一边无脑地将代码部署到生产环境？（译者注：这里的逻辑是 Docker 将复杂的技术封装成了简易的用法，如果简易的用法你都不会，那之前面对那些复杂技术你显然不可能做得很好。）

> "我曾经说过，Docker 只是揭开了隐藏在你地毯下多年的灰尘。忽然，你发现可以将 Docker 作为成熟度的指标应用到某些地方。"
>
> ——Damien Duportal

总体而言，上面的那些问题在于知识被划分到了不同的部门，且没有人去共享。Docker 则是强调并提醒团队这一点，它会说："好吧。如果你遇到问题，那是因为你们无法有效地彼此沟通。其实你们已经具备了相应的知识，也拥有了相应的技能，但是你们需要带上协作意识和同理心。"对我来说，协作意识和同理心就是一个很好的指标。

Viktor Farcic：那么你认为如今容器的采用率有多高？是所有人都在使用它，还是仍没有全盘接纳它？

Damien Duportal：我想说仍没有完全接纳。

Viktor Farcic：是什么在阻碍所有人都采用它？

Damien Duportal：我没有足够的经验来给出一个确切的答案，因为我没有遇到太多的案例。但至少在过去的两年中我发现了一个失败之处——我们没有花时间去拥抱这种变化。通俗来讲，这意味着 DevOps 团队在说："我们害怕变化，因为我们的时间总是很紧迫。请停止关注我们的价值是什么，我们可以带来什么，我们应该解决掉什么。取而代之的是告诉我们，我们应该关注什么。"那么这时你可以说，让我们试试容器，这种尝试能帮到我们。这是一种投资，我们可以现在花一些时间，这样我们以后就不必再花时间了。问题的根源在于人们常常处于忙得不可开交的状态，而且根本停不下来，无法专注甚至难以呼吸。当然，这种情况可能是由很多原因造成的，例如大规模离职、文化问题或工作量的激增，但这样的状态都不应该持续很长时间。

我还看到了另一种情况，主要在较小的公司，或者员工间有着极高同理心的地方，他们通过分享和共情达成一致，他们并不认为容器能为他们带来价值。假设你有三台大型裸机：如果你已经运行了负载均衡器和一些应用程序，那么再安装 Kubernetes 或 Docker Swarm 的意义何在？我很有兴趣在两年后提出同样的问题，因为有些行进中的事情是无法被阻挡的。我不会说容器是事实上的标准，因为容器这个方向上的事情在过去三年的变化实在太大了。但我并不畏惧，因为那意味着你会有这样的思考："我们应该那样做吗？"是的，因为什么什么，或者不是，因为什么什么。如果这些终将发生，那么期待在接下来的六个月，甚至几年里，你能根据你那时所处的环境来合理评估你的选择。

Viktor Farcic：很多观点认为容器将成为事实上的标准，那么我们是否只是需要更多时间，还是仍有其他事情要做？

Damien Duportal：容器不会带来的是以前那样的资源管理方式。我有一个在 CI/CD 领域里使用 Jenkins 的案例，在过去的几年里，用以前的资源管理方式（译者注：类似虚拟机那样持久占用资源，并倾向于纵向扩展资源）使用 Docker 一直是一个挑战。现在仍是，因为你想要的是在需要时分配资源，在不再需要时释放资源。

当时，容器被认为是最佳解决方案。它为你提供了一个不可变的环境，你能够在几秒钟内轻松地启动和停止，并用隐式基础设施（译者注：容器引擎模糊了底层的基础设施）运行它，这些将为你带来横向或纵向扩展的便利。就在此时，云解决方案出现了，他们正是通过这样的方式提供云上的容器运行平台来盈利。我认为这在背后对容器将是一个巨大的刺激，因为从某种意义上说，如果市面上所有的巨头们现在都在销售其容器运行平台，那么其余的人也会紧跟其后，这景象就跟十多年前的虚拟机一样。

Viktor Farcic：出于好奇，你是在怎样的 IT 时代背景下成长的？

Damien Duportal：我还太年轻，不了解到虚拟机的过渡。在我的记忆里，我是从 PowerPC Mac 开始接触虚拟机的，当时几乎所有人都指出我是在浪费资源，因为我在运行虚拟 PC。但是两年后，当我开始工程化 IT 板时，所有人又好像有了新发现："哇，快看，这种设备提供了一个虚拟机,因此在运行期间我更容易对它进行变更。"历史总是那么的相似,虚拟化的概念已经存在40年了,容器只是重用此概念的一种方式,且此技术只是改进了使用体验。

> "要使容器成为事实上的标准,还缺少什么呢? 我认为只需要一点时间,让每个人都相信这个体系对他们有好处。"

——Damien Duportal

要使容器成为事实上的标准,还缺少什么呢? 我认为只需要一点时间,让每个人都相信这个体系对他们有好处。但也有其他的因素,例如,招聘和随后的招聘危机,这将导致很难找到优秀的工程师。优秀的工程师不仅仅是那些科班出身,解决IT领域问题的人,比如IT工程师或软件工程师。这样的人我们已经有很多了,但是仍然不够。不够的原因在于我们需要拥有更多不同背景的人,因为随着容器成为事实上的标准平台,它将为创造产品的所有人构建所需的蓝图,无论你来自何种语言、文化或工作方式。当然,相较其他的因素,我认为更多的还是时间问题。

软件公司、供应商和大会

Viktor Farcic:你提到了公司,我知道你偶尔也会去参加一些大会,所以我很想知道你对如今的软件供应商有何看法? 每当我参加大会时,我总能看到每个产品都被贴上了DevOps的标签。我对此感到困惑,因为这不禁让我思考,它们到底是什么意思?

Damien Duportal:这只是那些供应商在瞬息万变的行业中寻找商业模式的一种方式,就好像一直存在的关于开源和闭源商业模式的争论。如你所说,如今大会上的每个人都在推销DevOps,因为所有人都明白销售单一的软件是不可持续的。这在20世纪80年代或90年代有可能,但在今天却行不通。作为开发人员,你需要不断提升自己所开发的软件的价值;否则,其他人也会创造相同的软件,当他们快速崛起的时候,你就被烧成了炮灰。毕竟在我刚成为工程师的时候,开发周期是按年算的,而现在则是按月。

从你打造的一款经典产品开始,在几个月的时间里,其他人就能更成功或至少以更便宜的价格复制它。而DevOps提供了一种能让你在商业营销方面不故步自封的方法。

通常情况下,营销人员和工程师之间的联系并不紧密,因为他们还不能完全信赖对方,所以就将 DevOps 推到他们之间。维持两个部门间的沟通渠道应带着跨部门协作的意识。因为工程师们有想法，其中一些想法有销售潜力，有一些则没有，但它们都是宝贵的内部资产，而市场营销需要销售东西来盈利。

我不是市场营销人员，但当你需要把产品推销给没有工程背景的人时，你需要和工程师团队之间进行一些信息上的同步。这很像数据库，如果你一直在同步信息或开会，那么你将被锁住，那就无法跑得太快。但如果你跑得太快，全局和局部间又会失调，你所处局部的优化无法带来组织上的全局优化。因此，将 DevOps 紧密关联到市场营销中，你会说："好吧，让我们加入阻塞关键字，然后我们再一起来看看。"

Viktor Farcic：你花了很多时间来教学。这让我想知道，当你试图教别人一些东西时，会面临什么样的挑战？

Damien Duportal：一切与多样化的混淆词（block word）有关。我说"混淆词"，是因为根据你不同的意图，它能有不同的含义。但主要阻碍是我们迫切需要有技术的工程师，而现在，我们有一些方法来教人们如何成为合格的工程师和解决问题的人。但我们需要的是开发者，不是那些连工程师水平都没达到的人，而是能够创造出东西的人。

我经历了一次非常酷的变化，看到了公司的前端 Web 开发人员与后端 Java 开发人员开始并肩作战的情景。你有足够多的案例来说明，他们之间肯定会争吵起来。前端开发人员使用他们认为够用就行的类型化语言 JavaScript 进行开发，在 JavaScript 里你能随心所欲地做自己想做的事情（译者注：这里主要指定义和使用变量时无须声明类型），但那些大量的无类型变量也是灾难性的。每个人都在关注他们何时会争执起来，但在绝大多数情况下，他们是在互相学习。

> "虽然 JavaScript 走的是无类型路线，但它同样吸收了其他语言的很多优点。这也是我们真正需要的：吸纳来自不同背景和不同工作文化的人。"
>
> ——Damien Duportal

虽然 JavaScript 走的是无类型路线，但它同样吸收了其他语言的很多优点。这也是我们真正需要的：吸纳来自不同背景和不同工作文化的人。如果能够开展"好吧，你之前是那样做的，但是我会这么做"这样的对话，我们就可以从彼此身上学习到很多，因为这不仅仅关乎谁知道和谁不知道，更是关乎人的不同思维。这些不同的思维能够帮助我们再次聚焦到价值上,因为我们的大脑是不同的,教育中更大的一个阻碍就是针对不同人群进行教学。

教育体系

Viktor Farcic:那么,你对教育体系有何看法? 我们如何才能教导这么多不同的个体?

Damien Duportal:相比看书学习,有些人更喜欢动手实践。比如,如果有人说他们不理解你的幻灯片里关于网络 OSI 模型的内容,那没关系。你要做的是为他们提供树莓派和键盘,让他们通过配置 TCP/IP 来实操学习,然后再回头学习 OSI 模型。我们知道具备一定的基础知识是必要的,在这个例子里,这样是可行的。但是对于这些基础知识,你是在从事 IT 或者网络方面的工作数年后才需要,还是在开始做其他任何事情之前就需要? 这得视情况而定。如果认为都应该像上面例子里的方式教导所有人,那我们就错了。

我认为最大的挑战还是找到能随机应变的老师,能够对站在他们面前的人说:"好吧,你不明白我在说什么? 我需要找点别的东西来说明,或者你们谁能够帮助我,也许能帮助我的人就在这个团队里。"这不仅关系到老师或学生两种角色,更关系到知识分享和相互学习的方式。我认为我每次和我的学生一样,都学到了同样多的东西,这是非常好的,我们需要那些不害怕这个事实(译者注:老师在教学过程中也在学习知识)的人。

你只要看看在我成长和生活的西欧正在发生着什么就知道了:教育体系造成了这种害怕。你是老师,那么学生必须把你作为一个长者的身份来对待,而我就根本不会,也永远不会这样。但对于很多人来说就是如此。我发现人们学习和分享知识的最佳场所是在非正式的环境里,但为了保障这一点,我们需要做些工作。只有时间和试验才有助于解决这个问题,因为几乎所有的老师都有相应的知识和技能,但他们分享知识的能力却因害怕而受到限制,他们害怕自己不是所有事情都知道,害怕自己不能给出正确答案,羞于说出自己不知道什么或需要他人的帮助。其实,很多时候我们只需要一起找出解决方案就好了,这一点也不丢人。

Viktor Farcic:在我看来,你现在对教育的描述与你最初对公司所面临的同理心问题的描述非常类似。

Damien Duportal:是的,的确如此,因为一旦你适应了跳出你所学习的知识,你就能开始通过这样的方式来解决问题:"好吧,让我们深呼吸,专注于需要解决的问题。"你可以尝试不同的方法,直到你解决它,或者最终你并没有解决它。但是无论你做了什么,你都至少学到了一些东西,也许在这个过程中,你解决了这个问题。我想表达的是,这是人类的自然认知模式。正因如此,我们需要在教育和工作中都应用到它,而不仅仅局限于 IT 领域。

我是说,我们知道农场主的工作方式,这就像一名农场主无法四十年如一日地过着一成不变的生活那样。因为气候总在不断地变化,你不知道明年会不会有冰雪,天气会不会太过晴朗,或者是否有足够的水源。因此,你必须去适应,这是自然法则。

Viktor Farcic: 有人曾请求你教他们如何成为 DevOps 工程师吗?

Damien Duportal: 不,从来没有。我的意思是,我该怎么回答这个问题呢? 和他们交谈,并对他们说"嘿,你差不多就是个 DevOps 工程师了"?

Viktor Farcic: 我问这个问题的唯一原因是我并不真正了解什么是 DevOps 工程师。我到处都能看到这个词,事实上,我也一直都在获得 DevOps 工程师的工作机会。但平心而论,我仍然不知道他们期望我做些什么。

Damien Duportal: 在我的第一家公司,我担任了一年的 DevOps 工程师,但我仍然不知道自己是什么角色。因此,我同意你的观点,没有所谓的 DevOps 工程师,更没有 DevOps 团队。DevOps 的主要目标是聚焦价值,经此找到全局最优解以及它将带来的价值。

> "在我的第一家公司,我担任了一年的 DevOps 工程师,但我仍然不知道自己是什么角色。因此,我同意你的观点,没有所谓的 DevOps 工程师,更没有 DevOps 团队。"
>
> ——Damien Duportal

所以,如果你建立一个只支持聚焦于价值的组织,那么剩下的还有哪些工作? 它们要做些什么? 你想用什么词形容都行,但事实上,你需要的是一些具备沟通技巧和同理心的人。因此,称之为"共情工程师"也许是一个好的尝试?

DevOps 之后是什么?

Viktor Farcic: 每当新事物出现并流行起来时,总会有炒作围绕着它。然后,甚至在这种炒作降温之前，后面就出现了一种新的产品或工具，进而产生更多的炒作。但此刻，我不知道接下来会发生什么。下一个大事件是什么？DevOps 之后会有什么发生呢？

Damien Duportal：还没有，但老实说，在我的职业生涯里还没有积累足够的经验来做出这样的预测。我无法预测 Red Hat（红帽）会被其他人收购。当 Sacha Labourey（译者注：CloudBees 联合创始人兼 CEO）那样预测时，我就想：那家伙完全疯了，尽管事实上，他的经验比我多。

如今，在技术领域，我们有了物联网，那么安全工程师可能是下一个大事件。因为当任何人的智能冰箱被黑客入侵时，冰箱里的所有牛奶和啤酒都将被毁掉。所以，也许这是新趋势？好像《捉鬼敢死队》（译者注：一部 1984 年的美国奇幻电影，三名研究鬼怪灵异事件的大学教授成立的一支捉鬼大队，在开始的时候被视为江湖骗子。但当一群真正的恶鬼出现的时候，捉鬼大队拯救了整个纽约市。）一样，正因为你的冰箱被黑客入侵，所以安全工程师才会出现。

Viktor Farcic：当物联网来临时，更进一步说，当物联网完全围绕我们时，我们可能会看到同样的模式。很早以前，我们会找人来家里修电脑，而现在我们不这么做了，因为我们有笔记本电脑，当它不工作时我们会扔掉它。但那种情况也许会再次回来，就像是一个修缮房屋的人，用复古的方式带回了那些老派的东西。

Damien Duportal：那些被强行扔到 IT 世界之外的人——比如建房子的人——可能会回来再次大肆炒作。因为你，Viktor，可能需要有人来破坏你家里的墙壁，因为没人能打开你家的门。所以你需要有个人拿着锤子把墙给拆了。

Viktor Farcic：让我出去！我出不了门！

Damien Duportal：哈！我想新趋势会给我们带来很多欢乐。

关于 Amazon、Microsoft 和 Google

Viktor Farcic：这次交谈结束前我还有最后一个问题，有关于 Amazon、Microsoft 和 Google 等公司的工作方式。他们是否正在蚕食对技术人才的需求？我的意思是，我们已经进入 2019 年，你已不需开发自己的机器学习平台，因为 Google 已经有现成的给你了。同样，你也不必做语音转录，因为 Google 也都为你做了，这可能只是多个例子中的两个。那么，这些现成的服务和我们正在做的事情之间是什么关系呢？

Damien Duportal：对我来说，这就像在抽干一条河。这些公司需要技术人才，而且他们目前也为雇佣的这部分人才给出了很高的薪水。但现在问题来了：为什么这些人是技术人才？因为他们多年来积累的知识和经验。那他们是怎么做到的呢？因为雇佣他们的公司给他们提供了机会。

这就像 COBOL 时代（译者注：大约 60 年前）。在这个时候，一名技术人才——除非他制造出新的终结者或者超级计算机——在退休前会专注于生活中的其他事情。但是当他们停下来时，我们该怎么办？因为假如我们把河水抽干了，我们就没有水了。我认为这样的事情实实在在地正在发生。

但由于情况发生了很大的变化，我认为将会出现越来越多的红帽型公司或新公司。因为从另一方面来看，我们已经提升了创造自己想要的任何产品的能力。那么，大量新的、不同技能的工程师将会出现，并打造出其他的可选项。我确信人的本性就会这样做。

> "但由于情况发生了很大的变化，我认为将会出现越来越多的红帽型公司或新公司。因为从另一方面来看，我们已经提升了创造自己想要的产品的能力。"
>
> ——Damien Duportal

但我最后要说的是，阻力总是存在的。我们之前谈论过这次采访的文字记录。就我而言，我愿意付你点钱让你做这件事，因为我不想把时间花在这上面。但是与此同时，我知道还有一群人，他们会说："哦，不，我要使用 AWS！我打算去买一台树莓派，在没联网的情况下也能搞定笔录。"

我敢肯定，如果你走遍世界各地的 DevOps 部门，你会发现有人在创造自己的东西，而其中一位将会是 Alphabet（译者注：由 Google 公司组织分割而来，并继承了 Google 公司的上市公司地位以及股票代码，Google 公司重整后则成为 Alphabet Inc. 最大的子公司）的下一任高管。问题是，现在这种现象有些缺乏，但这只是短期的，我们有足够的韧性来解决这个问题。

Viktor Farcic：我们就聊到这里吧，与你交谈真是太棒了。

3

Kevin Behr：
PraxisFlow 首席科学官

Kevin Behr 简介

本章译者　朱婷　中国

敏捷教练&DOM

中国 DevOps 社区理事会成员及社区活动组织者,在金融行业从事敏捷教练和 DevOps 工具落地实施工作。致力于探寻企业敏捷及 DevOps 转型之路,宣传和传播 DevOps 文化,帮助企业落地实施 DevOps 的贡献者和实践者。

Kevin Behr 是 PraxisFlow 公司的 CSO(首席科学官),他把时间都花在了与客户一起探寻提升 DevOps 流程的工作上。他拥有 25 年处理大型 IT 组织面临的复杂问题以及如何使用 DevOps 解决这些问题的工作经验。你可以在 Twitter 上关注他(@kevinbehr)。

DevOps 之旅

Viktor Farcic:嗨,Kevin,自你小时候和你父亲一起工作以来,你已经参与了很多成为 DevOps 中心的话题的分享和讨论。你父亲的工作为你做 DevOps 做好了哪些准备?

Kevin Behr:嗯,自我第一次正式参与到计算领域已经整整 30 年了。早年,我有幸在父亲 Harold Behr 身边长大,他是现场服务经理协会(Association of Field Service Managers, AFSM)的联合创始人之一。对于那些不知道的人来说,AFSM 是首批致力于全球服务经理的跨国集团之一。AFSM 经常讨论与 DevOps 相关的话题,例如如何为大型计算机提供服务,以及客户价值的可用性和连续性。

我 7 岁时就开始制造小型数字计算机,做真空管设备相关的工作。大约 10 岁的时候,我开始做中型和大型机的维修工作。我父亲管理着一个团队,他们会在他们客户的大型机出现故障时租用飞机飞到客户那里,在晚上进行维修,这样他们就有希望在清晨来临时做好准备,让设备工作起来。如果设备在星期五发生中断,我通常会和他们一起在当天晚上就飞过去。即使在那时,和我的父亲一起做与计算机相关的事也是很有趣的。

Viktor Farcic:你 10 岁时就在修理大型机了?

Kevin Behr:我的工作是握住焊料和散热器,实际上就是在服务和修复这些"野兽"!一个人会给 IBM Armonk 公司或其他合作的大型机公司打电话,他们会测试部件的电压和阻抗以寻找故障点,并更换掉焊接不良的部件。我比他们中的大多数人更擅长焊接,因为我的手小,可以伸进很多地方,但他们通常让我握住散热器,做 RS - XXX 电缆,而他们则一根接一根地抽烟,嘴里嘀咕着流行的脏话,透过老花眼镜,眯着眼焊接。

Viktor Farcic:到你高中毕业的时候,你就和你父亲一起做大型机服务的生意了。这一切是如何与你的学业生涯相衔接的?

Kevin Behr:是的,大约 18 岁的时候,我们在犹他州的莫阿布度假。但是,就像你去度假的许多地方一样,这里没有与工作相关的事情。对于我们而言,这意味着没有计算机服务或咨询公司或类似的东西。所以,父亲和我就在那成立了一家小型计算机咨询公司。我们去了企业、政府机关和学校,还制造了计算机!那时个人制造克隆计算机已成为可能,因此我们开始着手制造我们自己的计算机。我们为这些计算机以及该地区需要维修的任何大型机和小型机提供维修服务。我还与一家与州政府有合同关系的公司进行了合作。我有一个寻呼机,他们给我打电话时,我会过去修理主机和 Wang OIS 系统。

几年后,我的 CS(计算机科学)教授问我在那些年里赚了多少钱,我告诉他,介于 35 000 到 40 000 美元之间,这在 20 世纪 80 年代已经相当不错了。我的教授听后抓住我的胳膊说:"离开,出去!"当我问他为什么时,他对我说了一些很重要的话:

"我这样说并不是因为你是一个坏学生,Kevin,你是一个模范学生。我这样说也并不是因为你问了很多有关谁来管理我们正在教育的这些人的问题。我这样对你说,是因为,Kevin,你是对的:需要有人去写这样一门课程。但是要做到这一点,他们必须从实践经验开始做起。Kevin,不管怎样,你必须在这些组织中摸索并写下你的经验教训。"

尽管我不是出于这个目的开始的,但我确实退学了,我走了我的CS教授建议的正确道路!

Viktor Farcic:那从大学退学后你做了些什么?

Kevin Behr:在接下来的几年中,我做了IT运维部门的每项工作。我开始了解做网络工程师、系统管理员是什么感觉,以及做检查磁盘阵列故障灯、风扇和空调过滤器的底层维修工是什么感觉。从旋转备份磁带到为防火墙编程,我做了所有的这些工作。

我还去了学校开发软件。我是一个懒惰且缓慢的开发人员,但我确保自己理解从堆栈的底部到堆栈的顶部的所有东西。我从B语言开始,就像我们以前开玩笑说的那样——就像汇编语言一样,这意味着要盯着大量的二进制代码,而这对我们这些阅读困难的人来说很难。

在此期间,我发现随着工作的累积,我对技术管理人员越来越感到失望和困惑。公司似乎只会提拔那些在公司工作了一段时间的技术人员到管理岗位。但在很多情况下,这些人并不擅长他们所做的事情。他们没有接受过处理这些事情的训练,他们通常也不想管理这些事情。

> "随着工作的累积,我对技术管理人员越来越感到失望和困惑。"
>
> ——Kevin Behr

Viktor Farcic:但是,如果你要加薪,你就需要成为一名管理者。也许你在很长一段时间内只想继续当一名程序员,但5年后,当你需要更多的钱时,你会考虑成为一名管理者。

Kevin Behr:但是在那时,对于要担任技术管理职位的人来说,几乎没有任何外在帮助或支持。没有人指导这些技术经理,没有人回答他们的问题,也没有可供他们阅读的文档。他们根本没有任何东西,而我觉得这很奇怪,尤其是当你思考一下,大多数担任高管职位的人非常重视证明其能力、教育和经验,并提供培训和文件以确保达到了专业水平。

这是很奇怪的事情,并且深深地影响了我对CIO们的看法,因为我没有看到CIO自己做出任何决定。我不再认为CIO和CEO之间是平等的伙伴关系,都是公司的家长了。CIO的工作看起来更像是保姆,而不是父母。

Viktor Farcic:这样描述很新颖。

Kevin Behr:在我看来,在上世纪八九十年代的大多数公司中CIO都没有真正的地位,基本上都是在为其他人工作。

20 世纪 80 年代初期,信息系统的管理涉及很多财务人员,当然技术最初也是通过财务部门进入企业的,以帮助他们计算数字、创建账簿和记录账目。IBM 的第一台计算机是一个时钟,用于跟踪人们的工作时间。技术解决方案的实施一直得到财务团队的支持。

因此,在 20 世纪 80 年代和 90 年代,当财务人员将技术问题脱离了财务因素考虑时,这变得非常有趣、非常稀奇! 我记得 PC(个人计算机)刚问世时曾发生过这种情况。那时,我是大型机追随者,因此对此有点偏见。但是,就像当时 IBM 的许多人一样,我认为那些台式PC 只是大型机的商业名片。所以,我每天只是坐在它们面前。每天,计算机、IBM、计算机、IBM 这样转换。我认为 PC 不会在市场上占有多大份额。

然后,突然之间,在 20 世纪 80 年代和 90 年代我们有了客户机-服务器计算。在我看来,客户机-服务器破坏了计算水平,使我们倒退了 40 年。客户机-服务器的问题在于我们已经在大型机中拥有了所有这些计算能力,但是只有当你计算你需要的所有人员、千奇百怪的承包商和供应商数据时,大型机运作得更好、更快并且实际上更便宜的优势才能凸显出来。然而财务部门犯的一个错误就是只看计算机的购买价格。

Viktor Farcic:你是说财务部门成了它自己最大的绊脚石? 但是大型机的成本比 PC 高得多,因此客户机-服务器的理念一定更有吸引力吧?

Kevin Behr:是的,当然,但是还有另一个错误的假设:你可以自己运行 PC,因为……它是个人的。但事实是,当您拥有 100 000 台个人计算机时,它就不再是个人的了。然后,你需要管理所有这些 PC,并且它们都是分布式的!

因此,我一直看到技术和组织之间的脱节,以及 CIO 和 CEO 之间的脱节变得越来越严重。直到几年后,21 世纪初,DevOps 才努力地修复这种脱节。

弥合 CEO 与 CTO 之间的鸿沟

Viktor Farcic:有趣的是,你职业生涯的第一阶段是如何与 DevOps 之前的历史联系在一起的? 包括刚才你谈到的 DevOps 试图解决的那些紧张关系与脱节问题。作为 IP Services 公司的 CTO(首席技术官),你职业生涯的下一阶段是否让你更接近了我们今天讨论的DevOps?

Kevin Behr：是的，在 20 世纪的头 10 年，我是 IP Services 公司的 CTO，这家公司可以被描述为一个早期的 MSP 或基础设施外包商。它为大型财富公司和全球 500 强公司提供关键任务的基础设施。当我在 IP Services 时，我们必须研发出跨多种控制系统的管理方法，因为我们会有来自不同客户的审核员来检查我们的运维系统。

在这个时候，我开始与 Gene Kim 进行合作，他是另一个 DevOps 思想的热衷者。我们都是向一个 CEO 汇报工作的 CTO，我们都经历了采用和调整我们的思维以迎接工作中的挑战这样一个非常具体的过程。

Viktor Farcic：这种经历是否有助于弥合你前面提到的组织中 CTO 和 CEO 之间的脱节？

Kevin Behr：是的，我们注意到 CEO 们经常用文字图片、原色以及 0～9 的数字来描述事物。从表面上看，CEO 语言会让人感到超级还原或过分简化，这当然也是 Gene 和我有时的感觉，因为我们内心都是工程师。这里的重点是，作为 CTO，我们花了很多精力来学习这种 CEO 语言及其相关的 CEO 理念框架。但有时这是需要的。

我也记得 Gene 和我一致认为幽默会有助于弥合脱节。Gene 找到了 Stanley Bing 写的 *Throwing the Elephant* 这本伟大的书，我们一起开始欣赏 Bing 如何从禅宗的角度，以一种像幽默一样的半开玩笑的方式讨论"向上管理"。

倾听并寻找与他人的共同联系是那段时间我们学到的另一个重要经验。Gene 和我经常在俄勒冈州波特兰市一家名为 Pazos 的餐厅酒吧见面。在那里，我们会彼此说一下各自遇到的高管和客户的常见情景。我们发现彼此都对这个行业充满了热情，同时遇到了许多行业里的常见问题。

Viktor Farcic：比如？

Kevin Behr：嗯，我们会问"客户 A 怎么会有这些问题？"他们与客户 B 拥有同样的资金和人才；但是在我们这里，客户 B 的表现要好得多。为什么？

Gene 和我对这类问题非常热衷，我们说服了老板，得到了授权。正如 Gene 过去常说的那样，我们就像古老的探险家第一次对植物和动物进行分类一样开始探究这类问题。当然，我们的世界是商业化的，所以我们研究了表现出色公司，看看他们有什么不同之处。

我们分享了在 Gene 和 Stephen Northcutt 主持的 2003 年第一届安全与审计控制（Security and Audit Controls That Work)工作坊上学到的很多知识;我还作了 *Blood*, *Sweat and Visible Ops* 的主题演讲,后来被收录在与 Gene Kim 和 George Spafford 合著的 *Visible Ops* 一书中,这本书于 2004 年底问世。

Viktor Farcic:你们为什么决定在 *Visible Ops* 一书中使用 ITIL?

Kevin Behr:我们决定使用 ITIL 的语言,是因为 ITIL 是一种许多人都能理解的标准过程语言。我们还将我们观察到的那些不同公司正在执行的所有操作映射到 ITIL 中。

我们的目标是能够对使用 ITIL 的成功公司与未成功公司之间的活动模式进行比较。我们发现,许多公司做事的方法与其他公司完全不同,尤其是在如何管理风险和变更方面。更加成功的公司通常具有更加有效的变更管理流程。

好的变更管理的积极效果的一个很好的例子是,在一个客户那里,我们变更了所谓的 WAR,即工作授权请求(Work Authorization Request)。该客户的管理层不喜欢变更,因为这很危险——而且他们碰巧经营着最大的金融机构之一。但有趣的是,与低绩效的客户相比,该客户进行了更多的变更,我当时就想,哇哦! 他们面对的风险要大得多,然而,他们几乎没有失败的变更。或者,即使有,也可以很快被逆转,那对生产来说几乎没有影响。

我们看到了像这样的高绩效客户,也看到了低绩效的客户,他们都具有相似的技术,并且预算相近。ITIL 分析结果表明,发布和事件过程与变更流程都集成在一起,关键的区别在于不同客户管理变更流程的方式。事实证明,80% 的失败是由人为操作造成的,所以事件成了结果,而变更正是我们可以预期的。因此,我们开始度量一些诸如变更成功率之类的东西,你如何知道你的流程是有效的? 它是成功的吗?

但是,我们发现,与低绩效者相比,高绩效者往往拥有更少的控制。那真是个大惊喜,我们当时就想说"嘿! 在这里等一下!"

Viktor Farcic:您是说要减少对人的控制?

Kevin Behr:不,这意味着更少的过程控制,比如从维度或审计的立场来看。所以我们认为我们的客户在这儿有 15 个控制项,而另一个客户则有近 40 个来自 COBIT 的控制项。我想……这根本没有任何意义!

当我们更加仔细地研究时,我们看到控制较少的人正在建立专门构建的流程:他们知道流程必须执行的操作步骤以及真正的风险所在。与此同时,低绩效者正在阅读最佳实践,他们认为更多的控制对审计人员来说更好。低绩效者对待每一个变更的方式都是一样的:他们会在会议室里找一群人,他们会谈论这件事,但这并没有使其产出的结果更加可靠。

高绩效者将变更视为发布。他们将整个基础设施视为一个平台,就好像他们正在向该平台发布一个新产品。他们从整体上看待所有事情,因此他们会追踪相互依赖关系。他们所做的很多事情实际上只是在变更流程、事件管理流程、发布流程中的简单执行。他们以这样一种方式集成了这些流程,你可以知道每个步骤的产出结果,并且所有流程都非常紧密地集成在一起。

> "(高绩效者们)从整体上看待所有事情,因此他们会追踪相互依赖关系。……他们以这样一种方式集成了这些流程,你可以知道每个步骤的产出结果,并且所有流程都非常紧密地集成在一起。"
>
> ——Kevin Behr

因此,假设你发生了一个事件。你可以看到记录票单上某人遇到的最后一个问题,也可以看到记录票单上所做的最后一次更改,因为80%的宕机都是由变更引起的。但是,解决一个问题所花费的时间中有80%是花在弄清楚发生了什么变更上,而剩下的20%则用于真正解决问题。我们发现,许多高绩效者在问题发生后的前几分钟就会消除掉触发问题的变更,这使他们有更大的机会以非常短的平均时间恢复服务,并拥有更高的几率将事件影响锁定在他们的SLO错误预算范围内。

确保安全失败

Viktor Farcic:所以,你发现了第一个DevOps模式?

Kevin Behr:对!杰出的高绩效客户与他们在这些情况下失败更少无关。我们发现,正是企业应对失败的方式可以检测这个组织的弹性。更重要的是,他们在小团队中会有怎样的弹性。

因此,现在,我们开始在研究中注意到这些DevOps模式,例如,人们愿意集中精力一起学习,而不是指责或共同设计组织弹性。设计安全失败(safe to fail)的系统是借鉴飞行模拟器的思想。在实际生活中,飞行之前,普通学习者需要在模拟器中坠毁几架飞机。关键是要使部署与活化因子脱钩,以便我们可以在不影响客户体验的前提下免费学习。

当你查看持续部署和持续交付时,我们正在更快地发布代码。在某些情况下,代码进行单元测试,然后提交,再通过静态代码分析、集成测试、快速回归堆栈,然后——哇!生产!为什么我们会这样做?因为我们知道我们还有以下选择:蓝绿部署(blue green deployment)、暗部署(dark deployment)、功能切换、打标签和功能开关。因此,我们可以在生产环境中关闭一些本身引起问题的东西,并有效地让它退回到原始状态。许多人采用了蓝/绿部署,这使团队可以在同一数据库环境下同时运行旧系统和新系统。在新系统正常工作且零宕机后,他们再全部切换到新系统。

通过这些新模式,可以为工程师带来安全失败的想法。这与业界以前一直说的——我们必须依靠防御,例如冗余数据中心——完全相反。当然,所有的金属(即大型服务器)都可以使我们感觉良好,因为一切都是可容错的。但是 DevOps 一代认为一切都会失败。因此,给我一个允许安全失败的弹性系统,我们就可以随意行动,打破常规并快速学习!

> "给我一个允许安全失败的弹性系统,我们就可以随意行动,打破常规并快速学习!"
>
> ——Kevin Behr

Viktor Farcic:说一切迟早都会失败就是承认真相!

Kevin Behr:对,那么当它失败时你该怎么办?你能以多快的速度消除它?不过失败也没关系,因为 Cobb 的思想,连同 DevOps,开始使另一种可能性出现!

DevOps 的核心是民主化工作

Viktor Farcic:你是说 DevOps 模式是 DevOps 的核心吗?

Kevin Behr:尽管这些 DevOps 模式对 DevOps 至关重要,但我确信 DevOps 的核心,也是我认为我们当今缺失的,就是二十世纪四五十年代的一个被称为 STS(Socio-Technical Systems,社会技术系统)的运动和学科。

社会技术系统是第二次世界大战后由一些社会学家发起的获得了巨额资助的项目之一。

我确实作过一个关于 STS 的演讲,题为 *DevOps and Its Roots in Coal Mining*。这有点像在开玩笑,但是他们在第二次世界大战后要做的一件大事就是找到生产更多煤炭的方法来为战争恢复提供动力。那时存在一个冲突,因为所有的煤炭公司都希望将煤炭价格保持在较高水平,而英国政府则希望降低煤炭价格,以便煤炭和石油能够为战后重建提供动力。那时尽可能多地开采矿藏是符合国家利益的。

为了帮助实现这一目标,英国政府聘请了两位社会学家——Eric Trist 和 Elliott Jacques,对所有煤矿进行调查,找出哪些煤矿的生产率最高和使它们生产率更高的原因。Trist 和 Jacques 发现,所有低生产率的煤矿都是高度自动化的,而自动化并没有创造出预期的高生产率。在许多不同管理模式的煤矿中,他们发现一种煤矿设计非常突出,因为与其他任何设计相比,它每天产出的煤炭量要多得多——多很多倍。与任何其他类型的煤矿相比,这种最高效的煤矿设计出现的重大伤亡也更少,并且有钢铁般强大的团队士气!

Trist 和 Jacques 还发现,这种高生产率煤矿的出勤率达到 100%,每天都有人来。这很奇怪,因为对于大多数煤矿而言,每个工作日都会有 30% 的劳动力缺勤,因为煤矿开采很危险,而且战后的英国大多数时候还有很多其他的工作机会。

为了找出这个高产能煤矿有 100% 的出勤率的原因,Trist 和 Jacques 在工人们下班后与他们进行了交谈,但他们仍然找不到任何不同之处。因此,他们和煤矿工人一起下了矿井。在最高层,班组长会和所有煤矿工人会面,讨论他们应该做的一切。随后,当他们与矿工一起进入矿井时,Trist 和 Jacques 立即注意到了一些不同之处:这个小组工作已经民主化了。

Viktor Farcic:好的,那是一个转折。

Kevin Behr:矿工们关心的是:"整个任务是什么?"而不是我应该做什么事情,你应该做什么事情……但什么是我们应该完成的全部事情?

在一种特定的情况下,这可能意味着我们需要有人来做炸药,或者我们必须在这里炸出一些洞,并且我们需要一名安全人员来确保一切顺利,又或者我们需要有人来做手提钻。他们每个人都扮演着不同的角色,所以他们的交谈听起来是这样:"嘿,昨晚谁没喝酒?你?没有?好吧,你今天进行爆破。"

通过这类对话,他们会弄清楚如何将整个任务划分为基于个人角色的工作。他们会根据当日最能胜任每个重要职务的人选来进行自我组织和自我调节。

此外，他们还有另一个重要事项，就是要就彼此的工作相互传授足够的知识，这样，如果他们在事故中受伤，团队可以继续前进并尽一切努力来救助每一个人。因此，他们都对彼此的工作了解了一点点，这足以完成他们的工作。Viktor，我想问你的问题是：你在这里看到现代 DevOps 的雏形了吗？

Viktor Farcic：你是在说自给自足的团队？

Kevin Behr：是的，你知道吗？他们做到了！有趣的是，他们的老板从来不知道区别何在，因为他们的老板位于安全的地面上，他们永远不会下到真正的矿井里。因此，当矿工知道了整个任务是什么时，他们实际上是可以根据能力进行自我组织的。就像真正的工作民主化一样。

但不仅如此，他们也互相交叉训练。您熟悉帕累托原理（Pareto principle）吗？

Viktor Farcic：是的，对我们大多数人来说，这是 80/20 规则。

Kevin Behr：现在，逆帕累托原理非常强大。它说的是，你学习 20% 的东西就可以完成近 80% 的任务。逆帕累托原理通常双向起作用，因此我推断，这些煤矿工人正在做的事情是，他们正在学习彼此工作的逆帕累托原理。这就是 DevOps！

我们谈论的是全栈人员，但是我们很少会找到真正能胜任所有工作的人。那么，为什么不把它传播出去呢？真正重要的不是他们使用的工具或技术，而是他们决定在日常工作中进行互动的方式。

> "DevOps 是……帮助彼此充分了解彼此的工作，以便我们可以考虑下一步要做什么。"

——Kevin Behr

我听了 Patrick Dubois 的演讲，关于他在一个合同上的工作，我相信那是与政府机构的合作，他开发了一段代码，需要投入生产。他谈到那有多难。有一件小事要做，但是操作人员让它变得很难做到。Patrick 说："我们为什么不能一起工作？"对我来说，这就是 DevOps。

DevOps 是跨领域开展工作，以帮助彼此充分了解彼此的工作，以便我们可以考虑下一步要做什么。但关键是同理心。跨界关怀。

组织中的同理心和文化

Viktor Farcic：你不是我在这本书中接触过的第一个说同理心对 DevOps 如此重要的人。

Kevin Behr：当我们谈论 DevOps 中的同理心时，我们是什么意思？我们是说，我们理解做你正在做的事情的感受，我再也不会那样对你了。那么，让我们一起构建一个系统，让这种事情不会再重复发生。

对我而言，DevOps 已经发展成为许多工具，因为我们是人类，而人类喜欢各种各样的工具。作为一个物种，我们已经通过自己的工具和技术定义了自己。作为一个物种，我们也经常谈论文化，但是在我看来，文化就像后视镜。文化就是我们所做的一切：我们的组织性格。

改变文化的方式就是以不同的方式做事。我们不要等文化变化，因为文化是在后视镜中的：它是过去。如果你处于一个转型阶段，那么你的转型方向是什么，如何行动对你又意味着什么？

DevOps 非常有趣的一点是，虽然它的使命通常是改变组织的文化，但这种改变所需要的不仅仅是部门协调：它还需要纯粹的合作和共同劳作。鉴于我们此前可能没有与组织中的人员合作过，实现这些可能会特别不便。当这些人因为无法得到他们想要的东西而把对方想象成坏蛋时，情况可能会变得非常尴尬。尽管存在这些挑战，DevOps 流程的目标仍是创建一种新的文化。

Viktor Farcic：是的，DevOps 的一部分难题是我们如何在非常尴尬的情况下与我们不太了解的人进行纯粹的合作。

Kevin Behr：人们不了解 DevOps 有多难。跨越部门界限工作是艰难的。做 DevOps 是可选项，我们不一定要执行，所以在组织中执行 DevOps 很艰难。但是改变文化意味着改变我们在组织中做事的方式。如果坚持以不同的方式做事，那么当我们回头看时，会发现我们的文化已经发生了变化。

Viktor Farcic：的确如此，但是这些事情也需要一些时间。

Kevin Behr：是的，如果我们在两周内以不同的方式做事，然后回头看，我们会得出结论，这并没有改变我们的文化，问题肯定是人们还不了解他们一直以来所做的事情与现在所做的事情之间的关系。DevOps 的同理心会使文化改变,因为它会使行为改变。

Viktor Farcic:而且 DevOps 还可以促进合作。

Kevin Behr:是的,合作对双方都有利。从博弈论的角度来看:如果我最大化了我的效用,那么你也会这样做。但是,从人类的非理性和关系的角度来看,通过多元化来增强实力也是有益的。当我们考察技术团队时,我们可以从 DevOps 的角度来判断他们是作为一个团队在一起的还是分开的。

> "DevOps 流程的目标是创建一种新的文化。……但是改变文化意味着改变我们在组织中做事的方式。如果我们坚持以不同的方式做事,那么当我们回头看时,会发现我们的文化已经改变"。
>
> ——Kevin Behr

Viktor Farcic:你所看到的大多数技术团队是在一起的还是分开的?

Kevin Behr:在美国,许多大型企业都采用了 DevOps,但实际上我们往往遇到的是那些组织内的"特殊团队",或者说是"准军事化组织"的技术团体。这些类型的技术团体不需要像其他人一样遵循相同的规则,由于约束条件较少,因此他们往往会在短期内取得成功。我们当然会为那些自降门槛的 DevOps 客户提供指导服务,通过设置非常简单的条件来让这些团队通过测评。

我与许多 CIO 和企业进行过交谈,他们喜欢 DevOps 具有灵活的基础设施,敏捷性贯穿于他们的价值流。主要问题是这些 CIO 不知道该如何管理 DevOps。我有团队吗?我有 VP吗?我的回答始终是相同的,我说:"听着,我对 DevOps 的看法是这样的:您现在就可以让团队一起做项目了。"

说到志愿消防部门,西班牙有吗?

Viktor Farcic:我知道他们的存在。

Kevin Behr:在美国,有些城镇负担不起专业消防员的工资,因此他们有志愿者。每个志愿者都配备着无线电设备。如果发生火灾,他们的无线电设备会接收到一个非常大声的信号,然后他们会疯狂地开车去消防局,坐上卡车去处理火灾。

这就是所谓的班组,在班组中,有一套非常重要的理解。第一个理解是这些人有一份日常工作，因此一分钟前他们可能在做一些会计工作，但是如果他们收到信号，在下一分钟，他们就会跑起来，因为现在他们是一名消防员。第二个理解是，当他们是一名消防员时，也许就在去救火的路上，他们已经知道该做些什么，他们都是经过预先训练的。就和矿工的情境一样，当他们需要成为消防员时，他们已经知道了自己的角色和职责。

我的意思是，我看到的许多成功交互的 DevOps 团队也涉及组建一个班组。有一些基础设施、一些开发人员和一些安全人员，他们全都加入了团队，他们知道自己的角色，也知道自己的任务。他们做到了。砰！

Viktor Farcic：所以你想开始传播那种团队的成功模式！

Kevin Behr：是的！团队在一起共事超过 5 次，你就应该组建一个班组。一开始他们做得不会很好，但是他们会学习。

这里的主要理念是创建一个信号手册，以便能够让组织知道何时必须要相互协作。当然，你需要一定的能力才能了解周围发生的事情。这意味着，作为工程师，我们有时需要把注意力从键盘上脱离开，抬起头或者摘下耳机，关注周边实际正在发生的情况。

> "作为工程师，我们有时需要把注意力从键盘上脱离开，抬起头或者摘下耳机，关注周边实际正在发生的情况。"

> ——Kevin Behr

Viktor Farcic：你认为 DevOps 具有社交功能吗？

Kevin Behr：是的，社会技术系统的理念是人类先于技术，技术是为人类服务的。这与我们所谈论的技术社会形成了鲜明对比，后者意味着机器决定了我们如何组织、如何工作，甚至如何部署我们工作的方式。

我观察到，DevOps 植根于社会技术同理心。这是来自个人看法，如 Patrick Dubois 说："为什么我们不能一起工作？"同样，还有一些像 Andrew Clay Shafer 这样的个人建议我们所有的基础设施都应该是敏捷的，并且代码化。

我与 Andrew 保持着密切的关系，很久前我在 Twitter 上与 Patrick 进行了简短的交谈。对我来说，他们的工作当然是社会技术系统的一部分：人们可以一起工作并共享信息。我们将使机器上的东西自动化，这样我们就有更多的时间来对重要的事情进行试验、学习和合作。

Viktor Farcic：从这个意义上说，工具在你的理念中占有一个重要的位置，即 DevOps 有助于创建一个社会技术系统吗？

Kevin Behr：是的，显而易见，工具在 DevOps 中已经变得相当重要，其原因是人们正在从持续交付、持续集成、持续部署或自动化测试中学习如何运行 DevOps 人员所喜欢的多种技术。在许多案例中，我们已经在人们面前实现了这样的工具化。

所以今天，当你看到人们谈论如何做 DevOps 时，他们提到的第一件事就是工具链。我对自己说："那么现在你是在围绕工具组建团队吗？"这似乎不正确。

Viktor Farcic：这是对什么是 DevOps 的最根本的误解吗？

Kevin Behr：是的，就像白兰地（Brandy）和库瓦西耶（Courvoisier）的区别一样。所有的库瓦西耶都是白兰地，但并非所有的白兰地都是库瓦西耶。

你可以与一些跨领域的团队一起完成一个技术性很强的项目。甚至每个人都按 DevOps 模式进行合作。但是团队通常过于关注工具，而工具决定着团队如何合作，甚至可能使组织开始产生分裂。

有时，当我与一个组织合作，谈论原型或定型设计时，我会使用小熊维尼的故事。我相信 Christopher Robin 的所有朋友……维尼熊、兔子、跳跳虎，所有这些都是 Christopher Robin 本人的不同表现。这是一种探索 Christopher Robin 个性中不同部分的有趣方式。产品经理就像跳跳虎，因为他们对团队要做的事情感到非常兴奋；开发人员更像兔子；而基础设施人员更像 Eeyore，因为他们走来走去，说"感谢你注意到我"。我的观点是，团队是不同个性的混合体。

在大多数团队中，你会找到有一群对新事物感到非常兴奋的人，以及一群没有那么兴奋的人，因为所有这些新事物似乎都会伤害他们。例如，运营人员通常都很怀疑，因为他们已经被告知了很多关于一切将会多么美好的事情，然而他们却会在凌晨 2:30 接到寻呼电话，要去修复他们刚刚部署的东西。自然，随着时间的推移，运营人员往往会持怀疑态度。

当你设法将同理心引入团队时，开发人员和运营人员最终会团结在一起。你突然听到运营人员说："哦，我们能用不同的方式做吗？你上次把那东西扔给我时，它给了我黑眼圈，我不得不连续熬了四天!"开发人员就会说:"真的吗? 它是怎么发生的? 下次如果发生什么情况,请给我打电话,我想过来提供帮助。"这种找出问题所在并为之共同努力的同理心可以建立信任。

信任是 DevOps 成功的关键

Viktor Farcic: 那么信任对实现成功 DevOps 团队的愿景至关重要吗?

Kevin Behr: 是的,信任至关重要。例如,我坚信美军的行动原则是你会以集体信任的速度行动。你会在公司内部或自己的团队中看到相同的原则。当你对无法完成工作而感到沮丧时,你应该立即评估你周围的信任度。问问你自己:"事情在这里都意味着交易吗?"例如,是你下了订单,我才会给你盘子吗? 还是我们是有关系的,我们之间有信任吗?

> "找出问题所在并为之共同努力的同理心可以建立信任。"
>
> ——Kevin Behr

我有一个故事是探讨信任的。我读过一篇文章,其中一位身处异国的美国将军和一位来自那个贫穷国家的将军进行了一次对话。来自贫穷国家的将军对美国将军说:"你不是一个好将军!"这位美国将军很想知道为什么他这么说,于是对话就这样展开了:

美国将军:"你为什么认为我不是一个好将军?"

第二位将军:"因为当你给你的士兵武器时,你知道他们不会向你开枪。"

美国将军:"是的,我们建立并拥有信任。"

第二位将军:"当你给人们 30 辆战车时,他们不会在 eBay 上出售它们。"

美国将军:"是的,我们有信任。"

第二位将军:"因此当你不能行使'不得不'的权力时——你也必定不能很好地管理他们!"

Viktor Farcic: 我喜欢这个故事!

Kevin Behr: 那你知道将军说了什么吗? 他说:"我想你是对的!"因此,现在,美军以不同的原则行动:任务指挥。它不再是每个层级的命令和控制。通过执行任务指挥,领导者说出他们想要的结果是什么,而不是我们如何去做到。领导者定义成功和失败,然后让他们的下属向他们汇报，以便他们保持同步。

当然，保持同步至关重要，因为当情况发生变化时，计划不一定会保持不变。团队之所以能够即兴发挥是因为他们理解指挥官的意图，因此他们可以找到实现该目标的新方法。

Viktor Farcic：那真是太棒了。

Kevin Beh：是的，因此，当我们使用一种意图式管理时，它使 DevOps 团队能够自己想办法弄清楚如何做事。他们的知识积累越来越多，因为他们受目标、成功或失败经验的指导，而且最清楚具体工作现状。

凭借一种意图式管理风格，我们还正在做 Netflix 的 CEO Reed Hastings 谈论的事情，就是提升团队的判断力。我们不仅要告诉团队该去这里或那里，还要让他们能判定是否已经到达目的地。如果团队只是在有人朝他们开枪时才停下来，或者直到他们的领导告诉他们要移动时才动起来，那样的团队是不会学习成长的。

Viktor Farcic：当然，团队要提高效率会面临很大压力。管理者想要的是确定性，而我们从军事战场上知道，任务命令确实减少了事情的不确定性，但是最好的计划不会总是按预期进行。这就需要一种尝试处理不确定性的方法，对吗？

Kevin Behr：是的，管理者想知道的是该计划何时生效！当然，在基于弹性工程能力的组织中，人们的预期当然是事情的常规会打破。先要承认事情的常规已经被打破，继而认识到在常规打破时（无论是在过程中还是之后）我们如何处理是非常重要的。

首先，我们如何解决摆在眼前的问题？其次，当我们修复打破的东西时，我们会恢复士气和力量。有时，这需要在我们连续两晚没睡的情况下休息几天。

下一步是，如何找回我们的激情？我们需要运用这种激情来确保类似的事情永远不会发生。这是一个不断庆祝、失败、胜利、庆祝、失败的过程。

在美国，这样的过程往往会让人倦怠。我们给人们施加了很大的压力，他们额外工作了很多时间。技术类工作不仅是技术上的困难，也意味着一种困难的生活方式。如果你独自一人艰难地工作，不与人交流，并且没有人与你合作，这种日子好像没有尽头，同事们也不可理喻，你会感到很沮丧。在这种情况下你不会尽最大的努力去做好工作，而是想着要离开公司……这会导致更大的问题，因为我们都知道很难找到合适的软件开发人员和优秀的基础设施人员。

Viktor Farcic：这些人一周后就能找到另外一份工作，所以他们会离开。

Kevin Behr：我试图向公司领导解释这一点，他们就会说："嗯，我们会削减成本。"但是有很多方法可以降低成本。首先是要更有效地工作，因为只有这样，你才能真正提高效率。如果你想跨过有效的工作而妄想提高效率，那么从长远来看，最终会花费更多成本。

其实企业不必一定要以这种方式提高效率。我发现，当这些团队开始合作时，随着人们进入合作与协调的新阶段，那些孤独的人、沮丧的人以及过去太努力工作的人会获得周围人的同理心。突然之间，你开始听到这样的话："哦，我知道那种感觉"和"哦，我知道那个女人，下次她遇到这样的事，也许我们可以一起去喝杯咖啡，这样我们才能鼓励她坚持下去。"

> "……随着人们进入合作与协调的新阶段，那些孤独的人、沮丧的人以及过去太努力工作的人会获得周围人的同理心。"
>
> ——Kevin Behr

Viktor Farcic：当我是开发人员时，我想我从未见过基础设施人员。当我都不知道是否有这样一个人存在时，我怎么可能对他产生同理心？而我所知道的，可能只是运行了一个脚本，而这让我等待了很长时间！

Kevin Behr：人为的"for-next"循环！

Viktor Farcic：是的，就我而言，我还从没有见过基础设施人员。

Kevin Behr：这是一个很好的观点，如果我们都不认识这个人，如何建立同理心？仅在有问题的情况下或在电话会议上与这些人见面是不够的，因为那不是建立同理心的地方。

赢得被倾听的权利

Viktor Farcic：我遇到过一些人，他们只会冲我大吼大叫。

Kevin Behr：是的，这会产生很强的负面作用，而且降低了社会资本价值。在新场景下，你要做的第一件也是最重要的一件事就是要求关键供应商为团队的社会活动提供支持。你会感到惊讶——很多团队都希望参与其中。组织可以找到创造性的方式把人们凝聚在一起。

让人们凝聚在一起的一种非常颠覆性的方式是在会议中采用精益咖啡(Lean Coffee)方法。如果你可以说服屹耳(译者注：Eeyore,动画角色,是一头十分悲观的毛驴)来参加你的精益咖啡会议,在会上你只是询问和倾听,那么你已经在创造改变了。这样做时要解决的改变问题是,人们都希望让别人倾听自己的心声,并且他们想在别人听到自己的声音之前先感受到别人的兴趣或同理心。但重要的是,在改变过程中,通过先倾听来赢得彼此倾听的权利。

> "重要的是,在改变过程中,通过先倾听来赢得彼此倾听的权利。"
>
> ——Kevin Behr

如果与运维和基础设施打交道的人可以来参加精益咖啡会议,那么每个人都能听听运维人员在说什么。起初,开发和运维团队的人员可能会冷嘲热讽。为了改善此情况,人们必须能够开始相互信任。团队成员必须先建立信任,然后倾听、倾听、继续倾听。人们需要拆除自己内心的过滤器,想象其他人说话时都是抱持着积极的意图,即使一开始听起来可能并不是这样,这会对建立信任有所帮助。大多数精益咖啡会议都能达到这样的效果。你将所有主题都提出来,然后进行投票。如果我们有新成员加入,则我会格外留意新成员,以确保他们能够畅所欲言并领悟到精益咖啡的精神。

如果这是你第一次参加精益咖啡会议,那么你可以谈论自己想要什么,每个人都会倾听。当人们意识到自己被倾听时,他们也更愿意去倾听你所说的。老实说,你是否曾注意过人们互相深入交谈的程度? 我们都忙于向对方展示我们知道自己在谈论什么,我们很聪明,却常常会忽略这一点。我看到很多事情都有这种感觉。所以,Viktor,你是对的,在没有问题的时候聚在一起非常重要。

Viktor Farcic:我们还能怎样帮助人们进行合作?

Kevin Behr:我喜欢使用 Toyota Kata 来帮助人们学习如何进行合作。Toyota Kata 是 Mike Rother 于 2009 年创建的。这是一种改善问题现状的简单方法,也是我们科学解决问题的方法。

在使用 Toyota Kata 方法之前你可以先定义一个合理的目标,以获得最佳或正面的结果。只有这样,你才能看到你开始时的实际情况。

接下来,你说:"如果我们要解决这个问题,在我们努力达到目标的过程中遇到的第一个障碍是什么?"你列出一个小清单,然后考虑与该问题有关的人员。

我经常做的就是将基础设施人员和软件开发人员召集在一起,抛给他们一个常见的问题。我们要求他们一起使用 Kata 来解决此问题。然后他们会一起进行试验,通常第一次试验不会做得很好。第二次试验——嗯,第三次试验——不打架。

Viktor Farcic:没有受到伤害。

Kevin Behr:对!他们开始一起解决问题,并且开始欣赏彼此解决问题的能力。运维和开发团队可能会使用不同的语言,但是我发现 Kata 使关于问题的语言和模式标准化。由于语言障碍较小,因此这使运维和开发团队步入一个协作解决问题的轨道。

改进 Kata(Improvement Kata)是向基础设施人员传授有关敏捷和精益的知识的好方法。我曾经与一群产品经理和软件开发人员一起使用改进 Kata 方法。当时问题在于产品经理只是在排计划。这导致开发人员认为计划就是"这个任务必须在这时完成,而那个任务必须在那时完成"。另一方面产品经理认为开发人员为了保护自己的利益而高估了一切——这是一个非常普遍的问题。

当我与该小组一起工作时,我对他们说:"你们的目标是想要一个可衡量的目标。你需要定义 story 完成的平均周期,并且 story 的平均大小是一天的规模。"然后我说:"你把冲刺的周期时间再减少 20%。"基础设施人员会说:"那与我们有什么关系?"而产品经理说:"我们怎么提升效率?这取决于他们!"开发人员回答说:"是你制定的截止日期!"

于是,团队立即陷入冲突。我就告诉他们,这些都不重要,因为事实是两个团队都为目标达成做出了贡献。因此,使用改进 Kata 方法,我们先识别了一个障碍,弄清楚障碍是什么以及我们首先要做的事是什么。

工程师通常非常擅长发现问题,因为他们会告诉你所有你会遇到的问题。一旦你让他们专注于解决这些问题,他们就一定会消除它。如果工程师脑子里想着问题,他们会带着问题回家,无法停止思考,直到他们解决了为止。

Viktor Farcic:从我以往当工程师的经验来看,我同意这点。

Kevin Behr:工程师们脑子里想着问题时,他们会带着一个想法回来,然后说出来与人讨论。但是,尽管很多时候这与个性有关,外向的人更乐意与人交流,但我们仍要为内向的人留点空间,让他们说出想要说的话。

在我刚提到的与产品经理和开发人员一起使用 Kata 的案例中,产品经理最终改口说:"听着,我意识到我们一直在做的事情是要你们估算进度,然后把你们的估算结果转化为承诺。这是不公平的,如果人们这样对我,我也不喜欢。"

那看起来不公平,不是吗? 当他们以前从未做过被要求做的事情时,让某人对某件事做出估算。在这种情况下,我问你:"如果一切顺利,要花多长时间?"然后在那天到来时,我与你一起核实,是不是公平一点? 这样一来,你就不用留足缓冲时间,而我是不会强迫你这样做的,我要做的就是与你一一核实。那么,那会怎么样呢?

让我们再考虑一下。如果项目经理像过去那样对你说:"你做这个需要花多长时间?"你可能会回答:"嗯,我以前从未做过。但是我做过一些类似的事情,花了我两天时间。你今天要我做的事情有点难,所以也许我应该说三天。然后,为了保险起见,我就说需要五天。"在过去,与你谈话的人会对你说:"好吧,那星期五我过来看。"他们会认为时间到了就表示你完成了工作。因此,项目经理在星期五回来,你对他们说:"啊,我还要再花一天,哦,可能得两天。"此时,项目经理就必须回去更改项目计划中的所有内容。进度延迟了,这常常会引起很多人的恐慌。

现在,让我们尝试用不同的方法。这次,项目经理对你说:"告诉我,如果一切顺利,你可以做什么,我会与你确认,不需要任何承诺。"第二天,项目经理过来问你:"进展如何?"你可能会说:"哦,我还需要一天半就能完成。"项目经理回答:"好的,听起来不错,但是你确定吗?"你会说:"是的,这是一个承诺。现在是我该兑现的时候了,我知道我在做什么。"项目经理再过来时,工作完成了。请注意,在第二个方法中,项目经理是在第二天而不是第五天才发现你需要申请更多的时间!

Viktor Farcic:没错。

Kevin Behr:如果你是项目经理,或者你正在进行一个冲刺并且你是一个流程管理员(scrum master),那么很自然地,你几乎会在每个人的合并任务计划中添加一些缓冲时间。只要截止日期还未到,那么你需要做的就是整合项目任务的剩余时间来弥补耗时很长的任务需要。

你按此规则做事势必会提前完成! 这就是 Goldratt 发明的关键链法(Critical Chain)法。关键链法要求你确定项目中最受约束的资源,然后将所有其他项目元素从属于该受约束的资源。

在 *The Phoenix Project* 一书中，我们将其称为 Brent 悖论。我们遇到的是一种非常幸运的情况，其中一位产品经理阅读了 Goldratt 的 *Critical Chain* 一书。这位项目经理说："这太不公平了，当开发人员无法达到估计值时就会被骂。"突然之间，我们看到了所有这些我们从未见过的东西：我们没有估计，我们有不同的人群对这个问题都做出了反应。我们也有不同的人以不同的方式思考他们的管理风格，有不同的人以自己的方式解释我们试图承诺的目标！

Viktor Farcic：你所描述的情况是非常极端的情景。

Kevin Behr：是的，当然，因为当发生意外情况时，所有这些群体都会因为要承担责任或荣誉而感到有压力。

当然，还有另一种选择，那就是你可以通过共同工作的经历，让人们能够相互信任。当问题真的发生时，人们更能承受问题的打击，因为在社会分工上，他们对谁可以做什么有基本的了解。他们会知道你擅长的领域，我不擅长的领域，然后开始合作。我不知道你怎么想的，Viktor，但我宁愿与我认识和信任的人共同面对可怕的问题！

Viktor Farcic：不仅仅是你，Kevin！我认为每个人都是如此。除非你精神出问题了，才能与不认识或不信任的人共同面对问题。

Kevin Behr：对！管理人员就需要你这样的，因为归根结底，很多高层管理人员没有同情心或同理心，他们不知道自己所做的许多事情给下面的人带来了什么困难。

> "在 DevOps 中，我们会问自己，如何才能创造一个具有弹性的环境。"
>
> ——Kevin Behr

在 DevOps 中，我们会问自己如何才能创造一个具有弹性的环境。我们不需要都成为最好的朋友，但是我们确实需要一个共同的工作关系，并且不要把重点放在责备上。

建立无责备文化的一个关键部分是如何进行事后调查。你如何正确地进行回顾，使责备不成为一个问题？你如何创造这样一个环境：如果有人犯错并造成中断，他们会举手说："嘿，那是我，是我做了那件事。我需要从那件事的发生中吸取什么教训？"通过这种态度，整个团队都会学有所得。

你在事后调查中需要做的是留在房间里，因为团队成员相互信任，他们会解决问题。我发现许多组织并没有以这种方式建立信任，而这些组织中的人们往往专注于为自己的工作建立安全感。结果是这些人有时会互相对立。

DevOps 的阴阳面

Viktor Farcic：这肯定与你在讨论开始时所说的有关：公司过去或现在仍然过于关注如何防止问题发生以及如何解决问题？依我看，你刚才所说的是人性化的一面。

Kevin Behr：完全正确。事情都有阴阳面。对我来说，观察组织实施 DevOps 都发生了什么以及人们对其含义的困惑是令人震惊的。我最近读了一篇调查报告，80％的 IT 经理对 DevOps 感兴趣。然后问那些人是否对 DevOps 的含义感到困惑，那 80％的人再次举手了！这是一个糟糕的组合——但是，你知道，我们在生活的其他各方面也都这样；这是人类的素质问题！

Viktor Farcic：是的，无论我走到哪里，在大多数情况下，我都看到了对 DevOps 的完全误解，至少从我的角度来看是这样，而且和你一样，我也认为问题出在人性本身上。

DevOps 并不像 Scrum 这样的概念容易理解，因为有了 Scrum，你只需每天都在 9 点钟进来，进行 15 分钟的站立会议就可以了。Scrum 的定义非常精确，你要做什么，何时做，如何做。

当谈到 DevOps 时，你会听到人们说："你们需要一起解决问题才能进行 DevOps。"他们就是这么说的，这使每个人都想知道解决这些问题的真正含义何在。然后你会听到："我应该买 Jira 吗？这是你想告诉我的吗？"因此，他们去买了 Jira，然后说："现在我们在做 DevOps。"

Kevin Behr："现在我们在做 DevOps。"那真是个笑话！我在德国参与了一个项目，他们遇到了同样的问题：那些人以为他们在做 DevOps！他们有一个非常非常详细的计划，包括按程序和政策每件事应如何进行。但是当我问他们："当你们说你们正在做 DevOps 时，发生了什么？"他们回答说："哦，那就是我们在没有剧本时做的事情。"就像你描述的那样，Viktor——他们完全误解了 DevOps 是什么。

Gene Kim 和他的团队写了一本书，*The DevOps Cookbook*，向人们展示了如何在 DevOps 中做一些新事情，同时也介绍了 DevOps 背后的一些思想。正如我已经说过的，我的感受是缺少了基本的同理心和同情心，如果你去参加 DevOps Days 会议，就会听到同理心。同理心仍然是我们的头等大事。

因此，如果你正在做 DevOps，那么领导者的工作就是激发同理心、学习和判断力。如果你正在做 DevOps，那么领导者可以花更少的时间来管理人们如何工作，花更少的时间来寻找人们做事和思考工作的证据。如果我是领导者，我能帮助你拓展思路，那么我就不必一直监督你了。我宁愿更少的人使用更少的规则，同时拥有更好的判断力。你需要的规则越多，就表明你可能越不信任别人或不信任别人的判断。我们已经讨论过信任的重要性了。

> "如果你正在做 DevOps，那么领导者的工作就是激发同理心、学习和判断……那么领导者可以花更少的时间来管理人们如何工作，花更少的时间来寻找人们做事和思考工作的证据。"
>
> ——Kevin Behr

Viktor Farcic：关键是我们使人们能够使用他们的大脑。就像他们会说："从现在开始，我会让你真正解决问题——而不是仅应用步骤 A、步骤 B 和步骤 C。"

Kevin Behr：是的，因为这样你就可以使人们把大脑中更全面、更解决问题的那部分调动起来。你不只是想要激活他们的蜥蜴脑或边缘大脑——因为这不仅仅与生存有关。

实际上，社会技术系统方法的早期开拓者之一，Eric Trist，甚至说在工作中学习是一项人权，如果你不实践这项权利，那么你就是一台机器，你就真的应该被机器所取代。但是，如果人们无法在你工作时为你提供学习的环境，那么你最好再找份其他工作。

好消息是，从这个意义上讲，许多技术专业人员都非常幸运。当然，并不是每个人都那么幸运，但是无论你身在何处，都有很多方法可以学习，即使公司或公司经理阻碍了你，你仍然可以学习。如果公司为你提供帮助，并且你也渴望学习，也许碰巧你可以与他人合作，那么——你突然就有了一次真正的学习机会，也许可以一起解决问题。

你在组织中的职位越高，就对他人越不理解。正如 Russell Ackoff 所说的，我的理解是：在组织中，你越靠近一线工人阶层，对更少的事情本身了解得就越多；然而，你越靠近组织高层，你对更多事情的了解就越少！

工程师总是喜欢那个笑话,但这是真的。随着你在组织中职位的提升,你必须掌握更多的知识并进行总结概括。但另一件事是,当你是单一个体时,在许多情况下你可以自己解决问题——因为你可以一个人从事某些工作。当你是经理甚至是董事时,你会发现必须建立共识、协作和团队来解决问题。你意识到你的问题不是仅靠自己就可以解决的。

例如,如果我从事销售工作,想进行促销活动,就必须去和市场营销人员沟通,因为我需要他们告诉客户相关的信息。而且我需要获得 CEO 的许可,但我也需要与 CFO 交谈,以确保我们有钱。这有一种自然的合作完成任务的方式。

丰田、泰勒原则和看板法

Viktor Farcic:这让我想起了 20 世纪 80 年代末 90 年代初的泰勒原则(Taylor Principles)。

Kevin Behr:是的,劳动分工,对吗? 现在 Taylor 带我们走了很长一段路。Taylor 将我们带到丰田,而丰田也从泰勒原理开始。许多人并没有意识到丰田的管理体系究竟在多大程度上是科学管理。

Viktor Farcic:让我感到惊讶的是,竟然没有人停下来思考将泰勒原则应用于软件开发是否真的是一个好主意。因为如果我今天和昨天做相同的事情,这是应用泰勒主义的唯一方法,那我的工作就糟透了。

Kevin Behr:哦,我并不是说它很好。我想说的是,即使它是围绕批量生产的概念进行优化的,它也比以前更好。

Viktor Farcic:没错。

Kevin Behr:现在,我们处于一个不同的大规模定制时代,有着完全不同的思维方式。但是你说得没错,当泰勒的管理风格风靡之时,人们的思维方式与今天截然不同。尽管如此,泰勒主义确实让我们进入了丰田的初期,以及我们在福特看到的大规模生产。

很多人不知道的是,丰田的整个生产系统(TPS)来自破产时期。1950 年,丰田雇用了 Taiichi Ohno,当时银行拥有丰田。银行对丰田说:"除非你有订单,否则你不能制造汽车。" 丰田回答:"为什么不能呢?"银行的观点是,丰田生产了太多汽车,没人愿意买,现在他们花光了所有钱,破产了。银行告诉丰田说,他们知道自己制造的汽车能卖出去的唯一方法是这辆车已经被出售。那么，丰田做了什么？他们开发了拉动系统和单件流，作为一个系统目标。

Viktor Farcic：当然，这是思考这个问题的一个角度。

Kevin Behr：但是重要的是，丰田以最低的成本完成了所有这些工作，因为单件流在开始时并不便宜。最终，他们找到了降低成本，不断降低成本，越来越低，越来越低的方法。丰田在此过程中没有任何大爆发的时刻——他们通过每天使用改进 Kata 方法实现了一切。

Viktor Farcic：包括看板法（Kanban）的发明吗？

Kevin Behr：我的意思是，在 20 世纪 70 年代，Taiichi Ohno 四处奔走，说"看板法的重点在于不需要看板"，而人们的头脑正在爆炸！他的观点是，如果你一直盯着看板或卡片，那么你就不会看周围。看板只是一种暂时解决特定问题的方法。丰田使用 Kata 实现了这一目标。

有一天，丰田意识到看板很强大，所以……一切都是看板！所有这些卡片和信号都在丰田工厂周围闪烁，Taiichi Ohno 会说："这有太多多余动作，太浪费了。"最终，丰田找到了减少多余动作和浪费的方法。我认为在各种技术突破中我们都经历了这样的周期过程。

DevOps 的最佳环境

Viktor Farcic：在哪里？如果某样东西是好的，那么越多东西肯定越好？

Kevin Behr：是的，我认为 DevOps 已经做到了。你会看到人们试图将某些东西添加到 DevOps 的组合中，例如 DevSecOps——很快就会有越来越多的东西。

这些都是跨职能的协作，因此管理问题就变成了：你该怎么做才能摆脱困境？如何能让通常不说话的人在良好的环境下说话呢？当他们听到愿景或指示时，你可以将人们带入工作小组，并对基础设施人员说"你将如何帮助开发人员？"或者对开发人员说"你将如何帮助基础设施人员做到这一点呢？"这就是领导力。

Viktor Farcic：但是 DevOps 很大程度上是一场草根运动，领导层还不知道如何处理 DevOps，对吗？

Kevin Behr：是的，管理层不知道如何处理 DevOps。他们在偶然参加了一次会议后回来说："我要三个 DevOps 工程师，快给我！现在我们还需要一个 DevOps 副总裁！"

Viktor Farcic：有趣的是，这还真不是在开玩笑！我真的遇到了其中一个"DevOps 副总裁"！

Kevin Behr：哦，我遇到了几个！当然，我必须尊重他们处于领导地位这一事实，但是我并不一定理解他们为什么存在。DevOps 的理念是，你应该建立具有越来越高的信任程度和判断力的团队，而且这应该贯穿整个组织！

> "管理层不知道如何处理 DevOps。他们在偶然参加了一次会议后回来说：'我要三个 DevOps 工程师，快给我！现在我们还需要一名 DevOps 副总裁！'"
>
> ——Kevin Behr

组织并不了解 DevOps 蓬勃发展所需的环境。在我们的公司人力资源和财务驱动的模型、结构和组织结构图中，我们会感到自己被困在这些职位上。我们必须理解，这些职位是社会建构。

例如，我向人力资源部门的人员指出，他们的组织结构图只是一种假设。我问他们："这是你组织办公室工作的最佳想法吗？你如何知道它有效？测试在哪里？"因为如果一个组织结构图不起作用，那么就应该更改它。

我在组织中寻求灵活性的一种方式是观察这种结构已经持续了多长时间。谁可以在这里更改它？有没有人，比如开发人员，走过来说："我们有一个问题。我们的组织不让我与这个人交谈，但是我需要与这个人交谈，因为我们有一个问题。"当他们这么说时，会有人听吗？

Viktor Farcic：很有可能……可能不会。

Kevin Behr：因为我们喜欢我们的盒子、图片、合规性、工作委员会以及所有这类事情，所以我们感到被迫参与其中。但是我向人们展示的是组织结构图只是一个想法。组织结构图不知道你当前拥有的项目，也不知道你当前面临的问题。如果组织结构图阻止你采取正确的行动，那么也许是时候作为一个团队坐下来，讨论一下是否有更好的做事方法了。也许你不需要批准就可以完成它，或者你可能会说："哦，对不起，我不知道我不能与邻部门合作。"

Viktor Farcic：没错。

Kevin Behr：我想很多时候，我们都认为我们的工作方式是基于框架和图表的，我认为我们需要检验和消除这些假设。控制组织结构的人员需要更加灵活掌握组织的可能性。毕竟，组织总是在朝向某种事物过渡，它们根本不能也不会保持不变。

> "DevOps 社区中的人们开始看到更大的组织系统。而且，一旦你在更大的业务系统图中看到了 DevOps，你对一切的看法就不同了。"

> ——Kevin Behr

Viktor Farcic：你对组织能够因此而改进持乐观态度吗？

Kevin Behr：是的，我对组织中的 DevOps 寄予厚望，因为其他系统中也存在 DevOps 能够蓬勃发展的环境。我相信 DevOps 社区中的人们开始看到更大的组织系统。而且，一旦你在更大的业务系统图中看到了 DevOps，你对一切的看法就不同了。我希望 DevOps 社区开始查找并发现它们位于这个更大的系统中，以及这个系统本身如何成为更大系统的一部分。我希望更多的组织能够认识到，我们引导系统的唯一机会就是一起共事。

4

Mike Kail:
Everest 首席技术官

Mike Kail 简介

本章译者　王磊　中国
中国 DevOps 社区核心组织者
ACT Leader、敏捷顾问

在超过 25 年的时间里，Mike Kail 在 IT 领域拥有丰富的经验，包括可扩展性、网络架构、安全性、软件即服务以及云部署等方面。他在 DevOps 方面的关注领域包括：同理心、正直、团队合作和弹性。你可以在 Twitter 上关注他(@mdkail)。

DevOps 是什么？

Viktor Farcic：嗨，Mike。我想从一个看起来有点蠢的问题开始：什么是 DevOps？ 与我交谈过的每个人都给了我一个不同的答案，有人说它是一个过程，有人说它是一种工具，还有人说它是 DevOps 工程师。你的观点是什么？

Mike Kail：我当然不会将 DevOps 视为一个工具或一个工作头衔。在我看来，DevOps 的核心是一种文化，利用自动化和编排来简化代码开发、基础设施和应用程序的部署，以及后续对这些资源的管理。

"我当然不会将 DevOps 视为一个工具或一个工作头衔。在我看来,DevOps 的核心是一种文化,利用自动化和编排来简化代码开发。"

——Mike Kail

DevOps 的下一个迭代

Viktor Farcic:你曾经谈到过 DevSecOps,这是 DevOps 的下一个迭代吗?

Mike Kail:随着行业的发展,有些公司已经向 DevOps 文化转型。在这种情况下,问题是我们如何左移,并将它们引入持续集成和部署流水线? 我们需要从代码提交到构建和交付阶段的过程中更早进行安全性测试。安全性需要被视为一个连续的循环,而不是作为一个定期的测试方法和规则来遵从。

Viktor Farcic:这是否意味着通过向包括安全性的方向发展,该行业从一开始就几乎落后了,因为安全性没有被包括在内?

Mike Kail:不幸的是,在大多数情况下,安全性一直是一组周期性的任务或过程。例如,当每季度进行一次渗透性测试时,你可能会不时地进行静态代码分析,但是它们都是手动完成的。你需要考虑如何开始利用自动化,使其成为 CI/CD(持续集成/连续交付)流水线的一部分,以确保你使用最好的工具来做。

你还将要求安全工程师开始更好地了解软件开发过程。他们本身不必是开发人员,但是他们至少需要了解发生了什么。开发人员还需要对安全性有所了解,尽管它永远不会成为优先考虑或首要的任务。他们有功能待开发和其他原因来解释为什么要进行高速开发,但他们至少需要了解安全性方面,并尽早开始考虑。

Viktor Farcic:换句话说,你正在将安全性纳入流程,而不是将其当作事后的想法。

Mike Kail:没错! 类似于我们在使用 Microsoft Word 或 Google Docs 编写长文档时可以实现的实时检测。当输入字符时,程序将进行拼写检查和语法检查,这样在你发布文档时,就不会遇到需要更正错误而导致项目延误的风险。

同样的方法也可以应用于安全性、SQL 注入和跨站点脚本编写,它们总是在 OWASP 十大漏洞中反复出现。

Viktor Farcic：很棒，我喜欢。DevOps 真正成为现实已经有几年了，具体取决于我们问的是谁。这让我开始思考：作为一个行业，你会认为我们正处于最困难周期之巅吗？你已经与多家公司合作过，所以我很想知道你是否认为公司正在采用 DevOps 还是 DevOps 已经实施完了？

Mike Kail：我仍然认为 DevOps 的文化转型还处于初期。我们已经看到早期的采用者和领导者展示了 DevOps 的优势以及它可以做什么来转变你的业务。但是现在，每个人都在尝试弄清楚他们是如何做到这一点的，我认为这就是为什么我们仍然对 DevOps 到底是什么有很多误解的原因。

> "我仍然认为 DevOps 的文化转型还处于初期。"
>
> ——Mike Kail

可以这样看：如果我把我的工程师团队称为 DevOps 工程师，那么我就是在做 DevOps。你必须从文化的角度来接近这个想法，然后，从那里，利用 DevOps 的核心原则之一——那就是衡量——来了解你的位置以及它如何真正帮助业务转型。DevOps 不是万能药。

Viktor Farcic：这是我对当时情况的印象，因为当我访问一些公司时，我总是感觉到在大多数情况下，某个随机的团队被重命名为"DevOps 团队"。曾经的工具或 CI/CD 团队现在变成了 DevOps 团队。当我问他们现在做的和以前有什么不同时，他们往往不知道如何回答。

Mike Kail：很久以前，我是一名 Unix 系统和网络管理员。通过工作，我已经看到头衔膨胀是可能发生的。如果我想赚更多的钱，我就不会成为系统管理员，我会成为系统架构师。站点可靠性工程师和 DevOps 工程师只是为了证明更多的报酬是合理的，而没有带来文化转型的好处。

一个真正的 DevOps 文化，拥有一个工程师团队，意味着他们可以清楚表达出自己在做的事情与众不同，并通过度量来实际向你展示。他们通过比较今天的部署次数与几个月前的部署次数来衡量效率。但是，与大量部署相比，看到这些指标对业务的好处，并不一定等同于实际推动业务发展的因素。为了实现这一目标，还必须具有业务重心。

DevOps 文化的演变

Viktor Farcic：这是否意味着想要进入 DevOps 行业的人需要学习新技能，或者我们需要拥有不同能力的人？

Mike Kail：我认为 DevOps 文化的演变是一个持续的过程。这并不是说，突然之间，由于我做了一些自动化工作，就从一名运维人员转型成为一名 DevOps 人员。我们必须了解，每个人都需要一些软件开发技能，无论是脚本编写、结对编码还是在 CI/CD 链中实现适当的工具。但是最终，你必须具有工程师思维，我认为那可能就是我们所说的。

无论是通过新的基础设施，还是通过新的联合工具来帮助你更好地管理团队，技术领域总是在不断发展。它了解 Kubernetes、Mesos 或众多其他容器编排平台。这也是一个更宽泛的问题，即如何通过 DevOps 文化组件标准使这些平台更高效。

> "无论是通过新的基础设施，还是通过新的联合工具来帮助你更好地管理团队，技术领域总是在不断发展。"
>
> ——Mike Kail

Viktor Farcic：我最近与一位朋友谈过类似的话题，他将其描述为 DevOps 行业需要消除部门之间的竖井。这并不是因为他们效率低下，而是因为当人们开始合作时，他们开始产生同理心，开始感受到彼此的痛苦，最终导致在不同解决方案上更好地协作。

Mike Kail：确实，正是这种"我们 vs. 他们"的心态，使 DevOps 或隐或显地融入到文化中。这样你就没有努力推动业务向前发展。取而代之的是，你正在努力使工作看起来更好了，或者让你的团队变得更有效率，而归根结底，这些并不是最重要的事情。重要的是公司的衡量指标，无论是收入、客户满意度还是其他东西。

首先，要打破竖井，使组织扁平化并消除等级制，这可以使许多人解除警戒心。然后，要从个人和协作的角度，确定是否拥有合适的人，而不是只有工程技能的人。像同理心这样的软技能很重要，正确的沟通方式、承认自己的失败、不惩罚错误以及迅速从这些错误和失败中学习的能力同样重要。

基础设施、成本和云

Viktor Farcic：这是一个非常好的观点。人们经常问为什么他们不能拥有 DevOps，让开发人员、产品测试人员、系统管理员以及来自不同竖井的所有人一起工作？但是另一方面，有观点认为基础设施是一种商品，不再那么重要了。你同意吗？

Mike Kail：我仍然认为你需要了解基础设施的各个组成部分，以及不同的 CPU、内存或磁盘配置的重要性。

你需要将基础设施视为一组组件。你如何组装这些组件，然后与它们交互？除此之外，你如何保持一切不断进化？使用云术语来说，基础设施比以前静态的更具有弹性。原来的应用程序基于单体（monolithic）或经典的三层架构，但是如今有了容器、虚拟机和基于微服务的架构，情况正在迅速改变。这就是为什么每个人都需要从工程的角度理解应用程序或一组服务的行为方式。这也是他们继续跟踪并查找异常的原因，因为这让你确认站点或服务更可靠。

Viktor Farcic：是什么阻止了公司采用云服务？与我交流过的许多公司仍然倾向于拒绝云服务，或者可能只是我运气不好，与我合作的公司都这样。

Mike Kail：不，不只是你。我认为这是一种典型的恐惧、不确定性和怀疑的结合。人们出于种种原因而担心公共云的不安全性，无论是事实还是谣言。例如，有人担心工作机会会流失。如果我在数据中心管理设备，现在该如何在云中进行管理？它更自助吗？这就是为什么你必须不断提升自己的技能，以变得更以工程为中心而不仅仅是一个饲养员。

其他因素也在起作用：怀疑和成本。当你从公共云 IS 供应商处收到月度账单时，你会感到震惊，因为尽管你的应用程序可能已转移，但你无法对其进行任何适当的重构。本地过量提供空间的资源——这也是没有将成本计入的——现在在公共云中昂贵的虚拟机上运行。你正在浪费大量资源。

> "人们担心公共云的不安全性，无论是事实还是谣言。"
>
> ——Mike Kail

你应该利用这个机会迁移到公共云，并开始重新设计架构，以提升部署效率，因为还有很多其他成本。我已经管理了十几个自己运营的全球数据中心,我知道很多成本人们从来没有考虑过。雇用 24/7 员工的成本是显而易见的,但是你还需要考虑电源冷却的成本。你会发现,通常情况下,一家成功的大型公司已经预留了过多的资源,因为必须管理峰值。你不能只是按需部署机架式和堆栈服务器,就像你可以按需部署云基础设施一样。在本地部署与云部署的总成本模型中,确实有很多隐性成本从未显示出来。

Viktor Farcic:我有同样的感觉,每当我讨论价格时,人们都会以某种方式将云服务的成本与仅拥有服务器的成本进行比较。

Mike Kail:根据我的经验,这始终是苹果与橘子的比较。公司只是看那份月度账单,却不了解从资本支出到运营成本的转变,或者他们根本还没有和 CFO 说清楚这一点,如果有的话。你不能只是说:"我正在迁移到云上,我完成了",然后就收到账单,因为你不了解适当的安全控制或如何正确地管理云服务。

不管是真实的还是被感知的,缺乏可见性也是一个挑战。我看不到我的服务器,也不能走进数据中心。可能会有人在进行影子云部署,所以运行的实例比我所知道的更多。你还必须对云的使用进行适当的管理,我认为人们在这方面不会事先准备好。

Viktor Farcic:我的印象是,随着我们开发数据中心,DevOps 正在从基于运营转向面向开发。如今,每个人都在成为软件开发人员,而不仅仅是那些编写应用程序的人。

Mike Kail:是的,这可以追溯到 Marc Andreessen 的"软件引领世界"宣言,因为我们正朝着"软件定义一切"发展。软件定义的基础设施、网络和安全。现在有一些公司正在做软件定义的能源、能源均衡和负载均衡。我认为一切都变得程序化,这就是为什么——再次回到我的主线——每个人都需要具有工程或开发者思维的原因。

> "一切都变得程序化,这就是为什么——再一次回到我的主线——每个人都需要具有工程或开发者思维的原因。"
>
> ——Mike Kail

Viktor Farcic:那可能与我们前一段时间的测试经历相似。当自动化这个想法成为一个现实时,不知道如何编写代码的测试人员变得非常戒备或恐惧。也许类似的事情也发生在运维人员身上。

Mike Kail:还有安全性。因为在栈的基础上,两个 QA 测试——经典的 QA 测试和安全性测试——非常相似。你正在寻找异常和问题,是否存在安全漏洞或其他应用程序问题或错误。这些全都是手动过程,它们拖延了整个部署过程,这导致了抢占,使你在工作中持防御态度,而不是协作。

Viktor Farcic:这就像从看门人或警察的角色转变为更像是协作者的角色。

Mike Kail:这是从阻碍者到推动者的转变。如何仍然尽可能快地提供测试——无论是安全性测试还是性能测试——以免增加部署和交付过程的负担?

Viktor Farcic:没错。在某些方面,如今所有讨论都会提到 Kubernetes 容器。你对此有何看法? Kubernetes 真的会成为统治他们的魔戒吗?

Mike Kail:总的来说,我是 Kubernetes 的忠实拥护者和支持者,我将从这一点开始。但是,如果你进行调查,就会发现还是有许多(即使不是大多数)企业仍在为虚拟化并迁移到云虚拟机而苦苦挣扎。

跨越鸿沟到达容器是一个漫长的过程。你不能只在 Kubernetes、Mesos 或任何容器编排环境中部署应用程序。现在,你神奇地拥有了微服务,这是一种具有弹性、性能和成本效益的自动扩展应用程序。没有魔法。我认为很少有容器原生应用程序,尤其在硅谷之外。

走入硅谷

Viktor Farcic:这是否意味着公司不应该进入"今天"? 如果你不喜欢虚拟化,请不要迁移到容器。如果你不喜欢云原生应用程序,请不要考虑部署到云中。

Mike Kail:我认为你首先要问自己:"为什么我们要这样做,为什么这对我们的业务很重要?"你需要将其与潜在的结果联系起来,而不是使它成为最新、最酷的技术,让你比 Facebook 更酷,因为这不会发生。

作为开发人员或 DevOps 文化员工,我们往往过于迷恋技术。看看 Kubernetes 有多么酷,或者容器和云有多么出色。但是,你需要将这些与你为什么做这些联系起来。为什么它对业务很重要,这个应用程序从云原生或容器原生会获得什么好处?

我是一个云计算、软件定义的狂热支持者,我认为有很多方法可以证明这一点。但是你需要确保你的文化已准备好进行技术转型,并且你拥有合适的人来处理这个过程和其中的技术组件。

> "作为开发人员或 DevOps 文化员工，我们倾向于过度迷恋技术。"

——Mike Kail

Viktor Farcic：你多少次认为公司理解其背后的原因？他们之所以开始这些事情，是因为他们真的明白自己为什么要这么做，还是因为有人来告诉他们："你要变成敏捷！"

Mike Kail：我认为可能有很多独裁者采取了软硬兼施的办法。在公司内部，有一些人或团队会说："看，我们要做敏捷"或"我们要做 DevOps"。这不是正确的方法。

就像一家初创企业试图筹集资金一样，你必须努力并做适当的陈述。你去找上级，告诉他们你的建议和原因。你展示了效率，并提示这不是件一劳永逸的事情，这里的每个人都要为这种持续的转型和进化而努力。

Viktor Farcic：换句话说，人们应该来找你，而不是你告诉他们该去哪里？

Mike Kail：我认为这是异步的。不是我，也不是什么内部布道师。这实际上是让他们参与和协作，这是 DevOps 文化中最重要的一部分。没有协作，你什么都没有。

Viktor Farcic：你多次提到硅谷。你认为硅谷内外有很大的不同吗？

Mike Kail：是的。我认为在硅谷，我们是第一批听到最新炒作的人。例如，Docker 已经存在了一段时间，但是在我过去两年的旅行中，似乎没有人真正了解容器是什么。我去见了一个组织的一群高管，请他们给出容器的定义。如果房间里有 15 个人，我会得到 12 种不同的答案，也包括一些论点。

Viktor Farcic：但是，如果差距很大，你是否认为那些落后的人真的可以迎头赶上？我真的很想知道是否有数字化转型的希望。大企业真的会变得具有竞争力吗？还是这是一场失败的战斗？

Mike Kail：这有点像宗教话题，因为它实际上取决于特定公司的内部运作。我看过太多的大型企业以自己的方式运作，他们仍然深陷于这种年度预算周期的思维。我敢肯定，Amazon 不会以这种方式运作。我承认我对 Amazon 的内部运作一无所知，但是随着他们的快速发展，他们并没有进行一个年度预算周期，也没有在进行新的转型和采取变革性举措时拖延时间。

太多的企业只是满足于现状或口头发言,因为从心理上讲,这就是他们一贯的做事方式。除非你消除或改变这种心态,否则没有什么技术可以帮助你。

Viktor Farcic:这让我想起了一个真理:每个公司都是软件公司。现在,假设你认为这是事实,那么这是如何与外部化你的世界相一致的呢?因为显然没有人会将核心业务外部化。

Mike Kail:你是在谈论开源促进?

Viktor Farcic:不。不是开源——例如,假设你是一家大型银行或保险公司,将所有的软件开发外包给第三方。我想知道的是,如果不自己开发,那些人怎么能说软件很重要呢?

Mike Kail:我认为需要将业务的核心 IP 或皇冠上的宝石放在胸口,而不是外包、离岸或近岸。你需要在某种程度上保护业务的核心特性,或者至少是让你具有战略差异化的东西。然后,也许你可以依赖第三方开发人员来完成其他所有工作。

我认为很多人认为离岸外包或将工作转移给第三方开发人员的花费较低,但是我认为,鉴于时区方面的挑战,尤其是语言和文化障碍,情况并非总是这样。这就像本地部署与云部署:这二者不具备可比性。

Viktor Farcic:没错。那是因为就像按人均计算价格,而不是按结果计算吗?

Mike Kail:完全正确!

DevOps 之后会发生什么?

Viktor Farcic:接下来呢?我不知道你是否想展望下个月甚至几年后,但作为一个行业,我们将走向何方?

Mike Kail:我们经常听到"泡沫"一词,但与 1999/2000 年的真正泡沫相比,今天的技术在硅谷的生活中无处不在。如果我看看流行词,我认区块链将开始越来越流行。一旦人们了解了它的适用性,它将在许多不同领域改变游戏规则。但是,我认为很多人都没有想到的是,未来的挑战会越来越大。

不要将区块链与加密货币混为一谈,但我认为,正如我们最近看到的那样,我们将看到加密货币变得更加合规。例如,就在前几天,支付公司 Square 宣布他们允许使用加密货币进行交易,这将允许围绕加密货币交易建立新的业务和机会。

　　"我认为,正如我们最近看到的那样,我们将看到加密货币变得更加合规。"

——Mike Kail

另一个仍处于早期阶段的领域是人工智能。我们如何以积极的方式利用人工智能为业务和人类服务,以消除他们对人工智能的偏见?

Viktor Farcic: 从理论上讲,这实际上也在影响工程。我们是否正朝着这样一个方向发展:我们最终会对人工智能编程,让人工智能可以为其他一切编程?

Mike Kail: 我认为自己在技术职业生涯中所扮演过的每个角色都会消失。正如我们之前提到的那样,恐惧是存在的。实际上,我认为人工智能要消灭我们所有的工作岗位还有很长的路要走。实际上,情况恰恰相反;我更相信人工智能将创造更多机会。

我们希望通过利用机器学习——这是人工智能的一个组成部分——来消除技术含量较低的任务,从而使工作更有效率。然后,你就可以把时间花在更高阶的事情上。我认为这就是我们将要看到的,当人们理解了这一点,他们就会成功。那些整天坐着担心自己的工作或职位流失的人通常可能不会在这个职位上待太久。

Viktor Farcic: 在我们即将结束这次采访时,你还有什么需要补充的吗?

Mike Kail: 我想我的结束语是,我们都还处于 DevOps 转型的初期。仍然有许多文化上的机会可以发挥作用,并切实提高效率。

Viktor Farcic: 这实际上不是一个独立的项目,而是一个永不结束的故事。

Mike Kail: 我会将其描述为转型或持续进化。DevOps 领域的转型永远不会结束,总有一个业务领域或方面需要改善性能。

Viktor Farcic: 这就是为什么我不喜欢"数字化转型"一词的原因。出于某种原因,它向我的大脑发送了一条信息,即这是一件有确定开始和结束的事情。

Mike Kail: 这不是一个具有终点的项目。我将回到最初 Amazon 的例子。我猜想他们实际上是在考虑数字化转型,而我们的社会和世界有许多低效率的方面都可以通过数字化转型得到改善。

5

James Turnbull:
微软首席技术官

James Turnbull 简介

本章译者　吴平福　中国

从事测试机器人研发工作,包含超高路径分析技术、流量回
归、质谱分析和检漏技术等领域的研究。

James Turnbull 在微软领导着一个名叫"驻地 CTO"的团队,帮助初创企业建立正确的架
构和团队以获得成功。James 是一位有丰富的工程和基础设施经验的作家,已经出版了一
系列有关这些主题的书籍。你可以在 Twitter 上关注他(@kartar)。

DevOps 是什么?

Viktor Farcic:你好,James。我想以一个问题来展开讨论:DevOps 对你来说意味着什么?
我觉得这是一个很有意思的问题,因为我为这本书采访过的每个人都给了我一个不同的
答案。

James Turnbull:我觉得对于 DevOps,不存在一个单一的定义。我从 2009 年开始谈论
DevOps,尽管我没有参那年在比利时根特市所举行的第一次 DevOps 活动,但我参加了第
二次。

我认为,DevOps 刚开始时,实际上是尝试在运维人员及其功能与开发人员及其功能之间搭

建一座桥梁,这主要集中在交付物移交的那一刻,即代码从开发到部署再到生产。然后,从那里开始,我们分析了这个特殊挑战的诸多问题,并确定了一些问题是文化问题,一些是技术问题,例如自动化和工具,而其他问题则是面向过程的。

> "我认为现如今,对于不同的人来说,DevOps 是很多不同的事情。"
>
> ——James Turnbull

我认为现如今,对于不同的人来说,DevOps 是很多不同的事情。我想,如果你的工作是市场营销,那么你会有一段时间将所有工具都重新命名为 DevOps 工具包。时至今日,你仍然会看到很多公司的网站都有 DevOps 的页面,或者他们直接称自己为"DevOps 什么的"——至于这些工具是否为 DevOps,我不确定。

最终,DevOps 将确保以跨职能的方式构建应用程序和产品,以便产品工程师、设计师以及运维、安全和业务人员对他们的任务有相同的理解,即希望为他们的组织赚钱而构建产品。

Viktor Farcic:有道理。你提到了 DevOps 工具,至少在我拜访一些公司和参加会议时,我发现每个工具都附带着 DevOps 一词。好像没有 DevOps 就没有人能卖掉东西了一样。这让我想到:真的有 DevOps 工具之类的东西吗?

James Turnbull:不,我认为没有。我相信有一些工具可以使跨职能团队的工作变得更好。我认为对于许多公司而言,Slack 是一种 DevOps 工具,因为它是公司跨团队交流的一种简便方法。

我还想说的是,Puppet 可能也是一种 DevOps 工具,甚至包括 Chef、Salt、Ansible 或 Docker,因为它们都可以实现自动化和工作流,从而使资产和代码的管理和流动变得更加容易。任何有助于构建跨职能团队的工具都可能是 DevOps 工具,以至于该术语本身可能毫无意义。

目前最好的技术栈是什么?

Viktor Farcic:你是一个非常重视技术和实践的人。你写的所有书,至少是我读过的那些,都是技术性很强的,这使我想知道,你是否有最喜欢的技术栈。我看到你写了很多关于 Puppet 和 Terraform 的文章。是不是后者将要取代前者? 此外,你如何看待行业现在的发展?

James Turnbull：我现在的技术水平可能不比当年。我在许多不同的角色之间转换，现在我主要是一名领导者。我是一名CTO，并且担任过多年的工程副总裁，所以我在业余时间涉足这一领域，但是我不再认为自己是实践SRE或实践系统工程师。

就Puppet和Terraform而言，我认为它们做的事情有所不同。Terraform显然是一种基础设施构建工具，如果你要一个构建虚拟私有云（VPC）和一堆Amazon EC2实例，以及一堆将它们组织在一起的东西，那么Terraform是理想的工具。如果你要配置这些资产并在其之上部署应用程序，那么我认为Puppet或其他配置管理工具是更合适的选择。

Viktor Farcic：O'Reilly大会怎么样？你在那里看见未来的趋势了吗？你能否预测未来会发生什么，至少在DevOps或与基础设施相关的主题中？

James Turnbull：在过去几年中，我们已经大大改变了Velocity的目标。未来应该是分布式系统的天下。我认为，基于单一地理位置的单体应用程序是基础设施和架构领域的渡渡鸟。它们的后劲十足，还要存在很久，但是构建新系统的人确实需要考虑这是否是开发应用程序或服务的最合适方法。

我认为有几个原因，其中一个很明显的原因是：单体应用程序往往进展缓慢，而现在市场响应速度真的非常重要，你部署新特性、新功能或有显著差异的新产品的能力，以及性能、可扩展性和可用性方面亦是如此。众所周知，单体应用程序在响应速度上并不是很出色。

第二个原因是，我认为现在客户的期望值更高。年轻的一代人是在互联网和云环境中成长起来的，他们不清楚以前的手机中是没有数据的。客户对应用程序和服务的性能抱有很高的期望，这极大地改变了数据的分布方式。例如，大型应用程序不再是大型集中式数据中心的最佳模型；实际上，一个以边缘计算为中心的分布式应用程序，应该让数据更接近客户，而不是核心基础设施。我认为，总的来说，我们现在看到的是，至少在接下来的两三年，分布式系统将成为基础设施和应用程序开发的重点，当然还有后端。

> "客户对应用程序和服务的性能抱有很高的期望，这极大地改变了数据的分布方式。"

> ——James Turnbull

单体和微服务

Viktor Farcic：你提到了单体和微服务。请您解释一下，为什么它们现在才流行起来？我的意思是，很明显，微服务已经存在了很多年却没有流行。是因为我们的需求发生了变化，还是因为我们使用的工具发生了变化？这个概念已经存在很长时间了，只是最近这段时间，大家才开始谈论它们。

James Turnbull：当我第一次进入这个行业时，就有一个概念，称为面向服务的架构。最初，这是一种将服务划分为单个故障域的方法，使它们可以自行扩展、管理和交互。这个时期服务的定义非常广泛，它通常不像微服务。但后来发生了几个技术事件，即出现了用于构建微服务架构的虚拟化、云和容器。它们是非常简单的工具，可以让人们构建这些服务。

我认为下述内容也是这些服务变得流行的原因：如果你要构建旨在面向零售和面向客户的应用程序，并且希望该应用程序能够快速运行，那么构建易于迭代的独立服务要比构建巨大的单体应用程序容易得多，在某个时间点，你会失去对模型进行推理的能力。你会失去从整体上理解模型的能力，并且失去在不影响其他事物的情况下对模型进行更改的能力。而对具有适当协议和 API 的微服务可以进行版本控制和管理，并且可以进行金丝雀部署并推出。

Viktor Farcic：在这种模式下，你是否接触过安全问题或有相应的经验吗？因为我听说安全性值得关注，尤其是与容器结合使用时。

James Turnbull：我当了几年的安全工程师，因此我认为容器面临一些安全挑战。显然，容器不如虚拟机那么健壮，因为计算资源之间的墙要薄得多。例如，在大多数情况下，容器代表进程与虚拟机监视器分离。但是我认为，实际上，这很大程度上取决于你如何部署服务以及如何构建环境。

如果你将安全架构放在首位，并在应用程序和基础设施级别深入应用安全性，然后将其设计到你的环境中，那么过去引起人们关注的许多常见问题就开始变得不那么重要了。围绕构建分区安全模型以及将类似风险级别的工作负载一起部署，有很多工作要做。比如，你可以将营销 Web 服务器集群一起部署，但不能与薪资系统部署到同一主机上。实际上这些年来，大家已经做了很多基础性的工作，我认为，这使该领域的许多安全问题没有看上去那么严重。

Viktor Farcic：当我看到软件时，至少像你在书中描述的那样，它总是开源的。你是否将其视为闭源的消亡？还是闭源甚至不存在了？

James Turnbull：我认为发生在客户身上的事情也会发生在其他地方的软件上。我喜欢开源软件，因为我喜欢掌握自己命运的能力。我也相信开源和闭源组合的应用程序。Unix应用程序的基本原理是我可以将这些小型的、可组合的工具组合在一起并构建一个堆栈，我对这种模型非常感兴趣。对于我自己以及很多有丰富经验的工程师来说，往往喜欢选择一个技术堆栈，可以支持 Kubernetes 和 Prometheus，那我可以将它们组合在一起，为我提供喜欢并可以使用的堆栈。

> "我喜欢开源软件，因为我喜欢掌握自己命运的能力。"
>
> ——James Turnbull

我仍然认为，很多公司，尤其是企业公司，希望有人在产品或应用程序出现问题时能够与之沟通。他们不想因为使用软件被卡住脖子，想要有人能够为他们提供支持和赔偿，因此我认为闭源的企业软件绝对仍然有市场，但是我不相信需求会像以前那么大。越来越多的人正在以开源的方式发布软件。当以开源为核心时，他们将以其他方式出售更多的技术或功能，这些技术或功能要么是闭源的，要么是以某种形式商业化的。如果你查看大量围绕编排工具发布的软件，从核心上讲，其中很多是基于 Kubernetes 的，其他的都是围绕它或在它的基础上构建的。

Kubernetes、RHEL 和 Ubuntu

Viktor Farcic：你提到了 Kubernetes。请问你认为 Kubernetes 会影响操作系统吗？我们是否将继续看到 RHEL 和 Ubuntu 主导市场？

James Turnbull：我不这么认为。我个人认为操作系统已死，我没有看到它存在的意义。我在开发活动中，仅使用我关心的系统级资源组合，无论它们是磁盘、CPU 还是内存。我希望能够从多种选择中获取库或中间件，然后将它们组合在一起而又不需要大量的其他依赖。我认为我们会看到越来越多类似 Alpine 和 CoreOS 的东西，其中操作系统很大程度上是一个黑盒,或者你获得的是一部分操作系统,你没有对其进行任何配置,因为其中很多东西都没有暴露给你。

我仍然认为人们会需要某种技术支持,使用者希望能够在出现问题时和其他人进行交流。我只是想知道他们是否希望支持不同的抽象层次。他们是否需要 RHEL 支持账户?他们是否需要针对特定工作负载、应用服务器支持或运行在 OpenShift 上的堆栈的支持账户?再说一次,这是一个长尾问题,所以我认为这还需要数年时间才能结束,但是我不认为操作系统市场有很长远的未来。

Viktor Farcic:你认为它将被诸如 CoreOS 之类的新操作系统所取代,还是会是一种 DIY 单内核(译者注:unikernel,一种新的应用虚拟化技术,它让应用及其所依赖的运行环境甚至内核一起打包,直接运行在硬件或 Hypervisor 上,从而更加高效地利用计算机资源)类型?

James Turnbull:我认为可能会采用单内核。有了无服务器,你并不真正关心底层硬件,或是否应该运行 AWS Lambda 或 Azure。到底是 Ubuntu、Fedora 还是 RHEL 都没有关系——因为这些都与你无关。因此,我认为我们会看到一些东西,它对终端用户是隐藏的,因为它对他们来说是一个黑盒,他们永远不需要更改其中的任何内容,或者它只是一个部分,操作系统的一部分而不是整个操作系统。

Viktor Farcic:你提到了无服务器。我经常听到有关人们对供应商锁定的担忧。你认为这是一件值得担忧的事情吗?

James Turnbull:我的意思是,这就是那些云供应商希望你做的。他们希望你购买其产品的所有中间件,并将你锁定在他们的生态系统中,所以我认为这是一个值得关注的问题。

随着时间的推移,我们将看到越来越多的东西看起来像是标准,比如 RESTful API、GraphQL API 或某种很容易为其创建模式的功能。无论它是在 Azure Functions 还是 Lambda 之上运行,都可能只是产品部署的一部分,而不是对该功能本身的核心代码的更改。因为我还没有在 Azure 和 AWS 之外编写过太多东西,我很好奇,想看看你是否可以编写一个具有多个后端和多个部署路径的函数,这些部署路径本质上是相同的。我觉得这会很容易。

Viktor Farcic:调度程序怎么样?我的意思是,像 Kubernetes 这一系列的,2017 年更多的是关于各种调度。你认为这种情况已经结束,还是我们将继续看到多种解决方案?现在,

Kubernetes 是唯一的东西,还是 Swarm 和 Mesos 还有机会?

James Turnbull:我认为这是一个很难回答的问题,因为我认为市场尚未自我撼动。我喜欢 Kubernetes、Mesos 以及 Nomad 之类的东西,但是我怀疑对于绝大多数人来说,这些工具的抽象层次是不合适的。你仍然需要合理数量的以基础设施为中心的知识来运行 Kubernetes,而调度并不是一个用于构建的简单工具。我认为,要想将 Kubernetes 或其他编排工具视为平台即服务(Platform as a Service,PaaS),开发人员只需将工作负载推入像 Heroku 这样的黑盒中且它就能正常工作,还有很长的路要走。

> "你仍然需要合理数量的以基础设施为中心的知识来运行 Kubernetes,而调度并不是一个用于构建的简单工具。"
>
> ——James Turnbull

我认为这会随着一些云开始推出诸如 Amazon、Azure 或 Google Kubernetes 服务之类的工具而发生,如果你采用 Amazon 的 EC2 Fargate 产品之类的东西,你不再管理实例,把它和他们的 Kubernetes 产品 AKS 结合,突然之间,它的前进方向非常接近于持续交付和集成模型,在该模型中,我只是推送了带有一些元数据的容器镜像,然后将其连接到一些可扩展平台以进行扩容或缩容,这样就可以了。我认为这可能是我们的发展方向,但我认为离成为面向广大用户的实用工具还有一段距离。

Viktor Farcic:你还有其他话题要讨论或评论吗?

James Turnbull:关于监控的定义,我发现目前正在进行一场有趣的讨论。监控在传统上是强调以基础设施为中心的,有一台计算机就需要监控 CPU、内存和磁盘,可能还会监控某些事务和错误率。

但是,今天我们看到了两件事正在发生:首先,我们看到了更多的面向框架的监控软件,例如,Google 的 4 个黄金信号或 Brendan Gregg 的 USE(Utilization, Saturation and Errors,利用率、饱和度和误差)方法;其次,我们也看到了以可观测性为中心的东西,例如追踪和性能的端到端分析。我真的很想知道未来几年在该领域将会出现什么工具。

Viktor Farcic:我的印象是监控没有赶上服务的增长。

James Turnbull:我同意。我认为这是监控的一个特点,其始终是事后才想到的,或者是在出现问题后才发生的反应性事件。我相信我们现在开始看到监控思想被更早地注入开发过程中,因此监控指标和公开指标可以被程序运行状况检查所使用,这种情况发生的频率更高。在这种情况下,观察从中产生了什么工具和基础设施的变化将是非常有趣的。

我认为很多人仍然有遗留的 Nagios 安装,看看在未来 5 年内会有什么取代 Nagios 将是一件有趣的事情。

Viktor Farcic:那么你是否认为像 Prometheus 这样的工具已经具备这样的能力了? 还是我们将看到更加根本不同的东西?

James Turnbull:对于某些类型的服务,例如微服务、容器驱动的应用程序和 Kubernetes,我认为 Prometheus 是一个令人兴奋的途径。

然而,我不能完全相信它在任何地方都非常合适。但话说回来,我认为任何工具不可能都是万能的灵丹妙药,所以我认为我们将从 Prometheus 那里看到更多。Prometheus 的前景一片光明。

我认为我们还将看到更多的追踪工具。此外,我们将看到第二波或第三波 SaaS 工具。第一波工具是一些简单的东西,例如探测工具,你可以连接到服务,如果它返回一个带有 200 状态码的 HTTP 响应,则表明它已经启动,也许你可以抽样一些数据来确认它正在做正确的事情。然后在第二代和第三代中出现了诸如 New Relic 和 Dynatrace 等更多 APM 工具。

> "我认为我们将从 Prometheus 那里看到更多。Prometheus 的前景一片光明。"
>
> ——James Turnbull

在下一波 SaaS 服务浪潮中,我们将看到一种组合,它混合了基础设施级监控、中间件应用程序级监控、性能级监控、事务级跟踪,然后在业务级监控之上进行分层。我现在还不知道这些工具是什么,但我认为在该领域肯定会发生一些有趣的事情。

Viktor Farcic:既然我们谈到了 Prometheus,那么不得不提下你写的一本关于它的书。在哪里可以买到?

James Turnbull:这本书叫 *Monitoring with Prometheus*(https://prometheusbook.com),有一个折扣代码 TALKINGDEVOPS,可以为读者提供 25% 的折扣。

Viktor Farcic:我觉得我们都认为未来一定充满奇迹! 谢谢!

Liz Keogh：
精益、敏捷教练和培训师

Liz Keogh 简介

本章译者　黄隽　中国
资深过程改善顾问
精益、敏捷教练

中国 DevOps 社区核心组织者、敏捷江湖桃花岛社区创始人。
热衷并致力于精益、敏捷、DevOps、过程改善、项目和团队管理等工作。曾担任敏捷专家、资深过程改善顾问、项目经理、副总经理等职务，服务于多家世界 500 强公司和大型集团。
作为 DevOps& 敏捷的实践和推行者，努力搭建从现状通向未来的桥梁，构建共赢生态。

作为敏捷联盟（Agile Alliance）颁发的 Gordon Pask 奖的获得者，Liz Keogh 专门研究 Cynefin，以及如何将敏捷应用于具有一定规模的环境中。Liz 接受软件交付中固有的许多风险，推动团队之间的协作和透明。你可以在 Twitter 上关注她（@lunivore）。

DevOps 与敏捷的关系

Viktor Farcic：我首先想问的是，我们所说的 DevOps 到底是什么？我还想知道，如果 DevOps 和敏捷之间有关系的话，你是否可以谈谈它们之间的关系？

Liz Keogh：以前 DevOps 的概念还停留在小型敏捷团队层面，那时，属于小型跨职能团队的开发人员可以直接面向客户提供代码服务。这种模式下，客户可以直接向 DevOps 团队提出需求,开发人员则在开发工作完成后直接将成果反馈给客户。但是现在的情况就不同了。企业规模越来越大,运维已经划为一个独立的部门,甚至可能成长为更大规模组织中的一个独立公司。而在这种情况下,企业仍要保证顺利的交互和交付。那么我认为,从DevOps入手就是个很不错的开端。

> "以前 DevOps 的概念还停留在小型敏捷团队层面,那时,属于小型跨职能团队的
> 开发人员可以直接面向客户提供代码服务。"

——Liz Keogh

敏捷通常是从开发团队开始的。你可能已经让一些业务分析人员、测试人员和开发人员参与代码编写工作,他们可能认为写完代码就算完事了。但事实并非如此,因为他们还没把产品交付出去。运维是下一阶段。

与客户打交道的方式本质上并未改变,但是如果你真正做到把产品稳妥地交付给客户并获得使用反馈,那么才算做得很好。其中的不同之处在于,你是根据内部团队改变而改变还是根据外部环境改变而改变。我个人是敏捷流畅性模型的忠实拥护者。

Viktor Farcic:那是否意味着敏捷在某种程度上不包括运维,或者这就是为什么 DevOps 不是敏捷的原因?

Liz Keogh:我不太清楚怎么回事儿,只知道敏捷通常以开发为中心。虽然 Scrum 框架也涉及跨职能团队,但我想这是由企业的本质决定的。无论是大型企业还是刚刚起步的小规模公司,都会把组织横向划分为各个部门来运行。而一旦进行了这种划分,本该互通的开发和运维之间就出现了一个需要弥合的鸿沟。

我曾职于 ThoughtWorks,这是一个由个人组成的社区,致力于革新软件设计、创造和交付。当时我掌握了基本的 Linux 管理技能,就是非常基础的水平。我从系统管理员做起,但那个时候还是 Windows 98 的时代,所以好像也不需要什么很高级的技能。但是再看看现在这个时代,想要交付一个产品需要多少专业技能,包括要使产品可维护、可监控、可备份以及其他所有你需要的功能。这完全超出了我作为一个开发人员所拥有的技能。

现在,有了很多专业的工具,如 Puppet、Chef、Docker 和 Kubernetes,这些都是我从未接触过的工具,因为在它们出现之前我就不做实际的开发工作了,只是在做咨询工作的时候偶尔开发一下。但是光看着这些五花八门的专业技能,真的是很容易说出"那是你的活儿,这

是我们开发的活儿。我们开发完就交给你，然后你帮我们交付出去。合作愉快。"

当你开始审视如何提高产品的可维护性和可靠性，如何避免因为你写的代码出问题而在凌晨 4 点被叫起来补救的情况，你会发现可以互相帮助的方法有很多。运维人员可以告诉开发人员他们需要什么，开发人员也可以反馈给运维人员他们可以提供哪些帮助。这便是 DevOps 的真正含义：成年人之间相互沟通，共同协作。

我曾与企业中的人员交谈过，他们说："我们做不了 DevOps，因为运维是一个独立部门。"但是，如果你要报告生产中的 bug，那么你要做的就是把自己的名字写在 bug 报告上。这时，你就已经在做运维工作了。

如果你是一名开发人员，你只需要说："嘿，如果你对这段代码有任何问题，直接来找我吧——不要只写报告。我们就在这，为什么不过来和团队谈谈，让我们帮你修复一下？"这就是对交付软件的态度。这就是 DevOps 的真正含义：改变态度，建立关系。

> "这就是 DevOps 的真正含义：改变态度，建立关系。"
>
> ——Liz Keogh

Viktor Farcic：这个观点太精彩了。这就好像回到过去，在敏捷模式下，开发人员遇到测试人员提出的问题时不是只感叹一句"哎呀"而是要像前面这样沟通。以前的开发人员和测试人员根本不沟通，因为他们属于不同部门。

Liz Keogh：没错！

Cynefin 框架

Viktor Farcic：我经常听你说 Cynefin 框架。可以解释一下吗？

Liz Keogh：Cynefin 架构关注如何理解不同的情况以及不同情况下应采取何种策略。正因如此，它也被称为"意义构建工具"（sense-making device）。可以这样理解：问题被划为 5 个有序领域——简单的（或明显的）、繁杂的、复杂的、混乱的和无序的。它们之间的界限却是模糊的。在简单的或明显的领域中，问题很容易解决，因为解决方案显而易见且易于分类。

以酒吧的女老板为例。我说："啤酒喝完了你会怎么做？"她回答说："很明显，换桶酒。"

当面对复杂领域的问题时，就需要专业知识来处理了。钟表匠可以帮你修表，汽车修理工可以帮你修车，这很棒——这两者都有可预测的结果。因此，在复杂的领域，只有具备相关专业技能时，问题才能得到分析和解决。

问题是人类渴望确定性。我们都希望事情可以预测。我们想知道接下来会发生什么。纵观人类进化历程，不可预测的事情通常意味着灾难，那就是混乱，也就是 Cynefin 框架中混乱的领域。混乱代表着意外和紧急情况，是你的房子被烧毁，是人们流血而亡。但是混乱一般是暂时性的，这意味着它很快就会自然而然地解决。但不幸的是，解决的方式可能对你不利。另一方面，混乱中也隐藏着转瞬即逝的机遇，但是通常这种机遇非常糟糕，这就是问题所在，因为有很事情是不可预测的，或者是混乱的。这便是复杂的领域，诸多软件开发都发生在这个领域。

我们需要让事情自然地发展下去。这样在后面回顾的时候，我们就可以清晰地看出当时的处境和状态。这就叫"复盘"。虽然现在可以认识到事情发展到哪一步，但是在当时却无法预测结果。敏捷模式下，需要与业务部门打交道，收集他们的反馈并调整工作方向的人员多少会对这一点感同身受。比如，你在一个非常不确定的环境中工作。你在做产品开发或新产品研发。举个例子，丰田公司经常采取的便是多方案同步进行的开发工程。他们会在同一时间尝试三种不同类型引擎，从这一点出发，他们就能确定新车的引擎的哪些特性是他们想要的。复杂性思考者，特别是 Cynefin 思考者，把这些称为"并行探测"。

Viktor Farcic：你能解释一下什么是探测吗？它与 DevOps 有什么关系？我的意思是，其如何融入我们现在生活的世界？

Liz Keogh：探测的意思就是即使失败了也仍然可以保证安全。创新的程度越高，那么事情的不确定性也就越来越高。变化越多，出错的概率也就越大。所以你一定会有所发现，但这不能以团队的安全为代价。很多时候人们在生产中发现了一些问题，这也是在所难免的，因为这些事情是崭新的、无法预测的。

> "我认为 DevOps 对于创新是绝对必要的，当然是在一定规模之上。"
>
> ——Liz Keogh

你所要做的就是迅速做出改变，这也是我对于 DevOps 的关注点。很多人认为 DevOps 提供的是通向可预测性的道路，而非一个允许你做不可预测的、高频率发生的事情的安全网。

我认为 DevOps 对于创新是绝对必要的,当然是在一定规模之上。

你需要拥有那些自动化测试,就像探测一样,不仅仅是因为它们发现了什么问题,还因为这些测试可以提供现成的文档,让代码维护工作更容易。更重要的是,监控机制要到位。为此,你需要与运维部门保持密切联系,这样一旦出现了问题,如产品出现缺陷或者什么东西失控了,你可以立马发现并做代码回滚。这也正是 phoenix 服务器理念的由来,人们刻意把缺陷部署到一个服务器上,看看它如何运行,如果它无法运作,就直接将这个版本作废。这就是当今世界的前进方向,放手去做然后看看发生了什么。我们习惯于像孩子们一样在"安全失败"的环境中玩耍,这是我们小时候的学习方式。现在我们是在生产环境玩耍的孩子,所以安全地失败仍然很重要。这就是我如此热爱 DevOps 的原因。

> "安全地失败仍然很重要。这就是我如此热爱 DevOps 的原因。"
>
> ——Liz Keogh

Viktor Farcic:DevOps 给人的感觉是可以让你直接部署到生产环境,然后快速失败。实际上,你是直接在生产环境而不是在测试环境中进行验证的。

Liz Keogh:关键在于要在追求正确性和允许犯错之间找到一个平衡点。我经常说,如果你预见到某些事情是合理的,那么你就应该放手尝试,找到正确的做法。比如,你应该使用类似于生产的环境,以便利用更接近生产的数据来进行测试。

如果想要模拟一样的环境,你需要准备完全相同的客户群、数据和软件场景,而这基本上是不可能的,所以你最后还是要在生产环境中测试。既然没有其他选择,那么你就需要确保一旦有什么问题发生要能及时发现。

Viktor Farcic:如果我们遵循同样的逻辑,你也必须有完全相同的用户,不是吗?

Liz Keogh:没错!

行为驱动开发(BDD)

Viktor Farcic:你对 BDD(Behavior-Driven Development,行为驱动开发)很着迷。对于那些可能不知道的人,你能解释一下这是什么吗?

Liz Keogh:BDD 是作为 TDD(Test-Driven Development,测试驱动开发)的替代品出现的。

TDD 实际上与测试无关，因为任何做过 TDD 的人都会说，你在编写代码之前就编写了测试脚本。本质上，你并不是在测试任何东西；你在描述的是你将要写的代码会如何工作，它为何对你有价值，同时提出一些你想如何使用它的例子。

当我们真正开始把它们当作行为的例子来思考时，你就得到了类层面的行为。你会说："这是我的类行为的一个例子。"然后你开始形成你的系统："这是我的系统如何运行的一个例子，这是我的应用程序在使用的一个例子。"我们把这些称为场景。场景跟类行为是类似的。你采用了场景，现在就有了一个你认为你的系统将如何工作的例子。

对于可预测的事物，专业技能可以发挥作用，而围绕场景的对话是汇集你的专业技能的一个很好的方式，同时有利于形成人们愿意采用的语言，这样你们就有了一种共同语言，他们称之为通用语言。当事情真的不确定时，这些场景提供了我们所说的内聚性，所以这是一个现实的理由，让你认为你选择了一个很棒的做法。你可能会认为这个示例与你的想法不太匹配，或者可能会发现客户并不是很想这样使用它，然后你将不得不更改你的场景。你面临的不确定性越大，就越有必要进行探索性的对话，而将自动化应用于他们周围的重要性就越低，因为自动化是一种承诺，如果你承诺的东西是在变化的，那对你就会是过度投资。

你想尽可能少提交，直到你认为对你想解决的问题有一个好的理解，然后当你理解了这个问题，你就可以开始写那些场景，使它们自动化，尝试你认为解决方案应该有的样子。但有时需要边做边学，你必须先尝试，然后才能理解。

与我刚开始做软件开发的时候相比，现在有很多预研和原型设计。

Viktor Farcic：我猜你是从瀑布（Waterfall）开发模式开始的。能给我们讲讲你的经历吗？

> "与我刚开始做软件开发的时候相比，现在有很多预研和原型设计。"
>
> ——Liz Keogh

Liz Keogh：是的，我刚开始做的时候，是在做一个瀑布项目，我们花了 3 年的时间进行开发，我相信在那之前，我们也花了 1 年半的时间进行分析。我闷头工作了 3 年，在那 3 年里我们根本没有交付任何东西，但现在我们可以交付了。Diana Larsen 和 James Shore，敏捷流畅模型背后之人，呼吁随意发布。在敏捷流畅模型中，如果你完成了项目，就可以在你想要发布的时候随时发布，这意味着你可以非常非常快地改变方向。这也意味着最小可行产品和原型设计可能比以前更重要了,而自动化实际上不那么重要了,尽管你所进行的对话仍然很重要。

围绕着这些场景的对话——你认为这可能会为人们做些什么,他们会如何使用它,还有什么其他利益相关者需要考虑以及它将如何为他们工作,我们还需要什么其他结果,以及在实际应用环境中的范围规划——仍然是至关重要的,同时也是无足轻重的。这些对话是不需要很长时间的。

我总是建议从对话开始,只有当你非常擅长进行这些对话时,才转向工具。在开发一个小型代码库时,你只需要一个月的时间就可以对场景进行改进;显然,这不是一个月的全职工作。如果你从工具开始,那么把它们放下,先进行一些对话。一旦你围绕场景进行了这些对话,你就会有一个更好的理解。

Viktor Farcic:如果我们邀请运维团队加入,这是否意味着 BDD 也在向这个方向发展?

Liz Keogh:有一点,但是你还是会想通过例子来探讨他们想要的东西。一般来说,他们的例子会侧重于监控方面,它会是:"如果我们有这样的 bug 呢? 我们该怎么办?"它们将会成为你如何运用这种关系的例子。

我进行过的最好的对话不是关于软件应该是怎样的,而是我们作为团队如何一起工作,快速解决软件发布后可能出现的任何潜在问题。这是我真正喜欢的人性的一面。这就是复杂的东西——Cynefin 框架——真正发挥作用的地方,因为人类系统就是我们所说的复杂适应性系统。它们是系统的主体,同时可以改变系统本身。

虽然你看到软件的行为时可能会说"好吧,这是相对可预测的",可一旦让两组人一起工作,你就需要多一点宽容,更加留心这种关系是如何建立的,发生了什么,是什么不工作,以及如何修复。

我很愿意把对话和场景从软件的行为方式切换到人类的行为方式。如前所述,如果你一直特别留意你监控事物的方式,你会有一些阈值的例子,这些阈值会触发你的监控,并且会问一些关于它将会是什么样的问题:"你要发邮件给我,还是要我在寻呼机上收通知?"你也可以进行这些对话,但是 BDD 并不是开发软件的唯一方法,当然也不是测试事物的唯一方法。有大量很棒的测试实践与 BDD 毫无关系。当人们认为测试和 BDD 是同义词时,他们就忽略了测试人员所做的所有其他事情。

我爱我的测试人员,因为他们让我可以安全地失败。我认为人类的天性就是选择一件事,然后顺其自然。例如,我过去采用了 BDD,是 BDD 而不是其他。几乎所有的事情都是如此,而今天所有的东西都需要成为一个容器。

Viktor Farcic:那么敏捷和 DevOps 之间的关系是怎么样的呢?你对此有何看法? DevOps 会取代敏捷吗?它是对敏捷的补充,还是相互冲突的呢?

Liz Keogh:敏捷只是一个锚点术语,用来帮助人们查找不同的实践、知识、经验、故事,并找到一个社区。它们都是相关的。

DevOps 是其中的一部分吗?这绝对是相关的,如果你有一个跨职能团队,那么是的,绝对是。我是一个超级看板迷,当我们应用看板时,我们就从我们现在所处的位置开始。我让大家在大型瀑布项目的测试阶段使用看板,所以你就不再需要那样的跨职能团队了,那样做的好处是你可以从任何地方开始。你不需要重新安排组织结构,也不需要担心直线管理;你立刻就可以开始改进。

要做到这一点,就要关注价值流,看看哪些地方是可以改进的。最显而易见的就是开发人员和运维人员的协作。你的开发团队可能是跨职能的,然后是你的运维团队。你希望他们工作得更好、工作衔接得更顺利,那是最理想的情况。即使他们是一个独立的组织,或者即使他们是一个完全独立的部门,他们有不同的直线管理或不同的 KPI,他们仍然可以一起工作。

> "要做到这一点(开始改进),就要关注价值流,看看哪些地方是可以改进的。最显而易见的就是开发部门和运维部门的合作。"
>
> ——Liz Keogh

做敏捷或 DevOps 咨询

Viktor Farcic:当你为公司提供敏捷或 DevOps 咨询时,你有一种规定的方法吗?例如,你应该使用 Scrum!

Liz Keogh:你应该学习 Cynefin,因为它差不多会是我教大家的第一件事。之后,如果你想从 Scrum 开始,非常欢迎。我认为 Scrum 是一种很好的开始方式,尤其是对于一个还没有任何方法投入使用的新项目而言。

通常,大型组织已经做了大量的需求分析工作。我们在想如果有灵活的需求范围就好了,但大多数组织已经做了 3 个月的 UX(用户体验)研究和分析,这样事情就往往会受到限制。我们把它垂直地分割开来看。让我们找出最重要的部分是什么,然后首先交付这些部分内容——哪部分是有风险的,哪部分是不确定性最高的,哪部分是新的?

我们要先做并且尽早地做这些。让我们把它识别出来,再考虑它应该是什么样子,然后看看这次交付实际需要什么。我们还需要做什么来交付你真正感兴趣的新东西,还有,我们能提供的最精简化的方式是什么?

有人在 Twitter 上要求换一个术语来解释"最小可行产品"(Minimum Viable Product, MVP)。我告诉他们,这个词的意思是尽量发布你有能力发布的最小功能,因为我还未遇到一个有足够进取心的人能快速发布有价值的东西。你可以发布一些非常小的东西并从中学到很多东西,或者至少让它们进入一种你只需点击一个按钮就可以发布的状态。我曾经听到有人说:"哦,但是,你知道,我们不允许在生产环境中改变我们的数据库。"很好,在你自己的环境中更改它们,然后给运维人员提供脚本。

有很多方法可以解决这个问题,也有很多方法是运维团队所需要的:这些地方会是他们的痛点。我曾经和一个团队聊天,他们为了修复 bug,试图找出事情失败的原因,并拼命地尝试发布新版本,曾一直工作到凌晨 4 点。当有 5 个团队都试图在同一时间发布时,这些可怜的人就会很难过。作为开发人员,我们可以做很多事情使他们高兴,而我所希望看到的是我们能够伸出援手问:"嘿,我们如何避免你再次在凌晨 4 点被叫醒?"

有些人非常喜欢给相应的开发人员发送指令信息,让他们在凌晨 4 点醒来。我真的没有在凌晨 4 点处理事情的经历,我也不知道从哪里开始,我只是围绕着需要做什么展开沟通,这样你就不必在凌晨 4 点叫醒别人,如果你能帮我做些什么那就太好了。

Viktor Farcic:确实。从你目前所说的情况来看,你似乎更重视转变或改进人员和文化,而不是依靠工具。

Liz Keogh:就软件交付而言,事实证明,以人为本是最佳的实践方式。我不想让人们觉得我是肤浅的;我对别人的利益不感兴趣。

> "就软件交付而言,事实证明,以人为本是最佳的实践方式。"
>
> ——Liz Keogh

当我与企业和组织交谈时，我的重点是交付，让人们一起工作是交付的一部分。事实证明，所有你认为是一个很棒的工作环境所需要的东西——那些能激发人们工作的动力、能让人们在工作中找到乐趣的东西——也是有助于交付的东西。如果你专注于交付，不管怎样你最终都会做正确的事情。你可以把它作为一个很好的测试；如果你发现对别人大喊大叫是你做事的方式，那么你的过程可能有问题。

Viktor Farcic：当你试图帮助组织改进时，你如何对他们的行为做出某些预测？

Liz Keogh：有些事情会遭到强烈抵制。当这种情况发生时，不要担心，去尝试别的办法。总有一些事情是你可以改变的，如果你发现了你可以改变的事情——这是 Cynefin 框架的核心，也是探索的真正意义所在——关注那些事情，关注那些可以帮助你改变的人。不要担心你无法控制的事情。

如果你发现有人在项目中成功地推行了 BDD，那么现在你就知道了组织对 BDD 的支持。如果你发现一个人在运维中成功地和其他人进行了交流，你可以让这两个人一起做一个关于他们共同学习的演讲。一旦你发现了任何积极的改变，就支持它，放大它，强化它，并明确它是一件了不起的事情，因为每一点积极的改变都会为其他地方的积极改变带来一些空间。直到有一天你发现那些曾经抵制的力量现在已经不复存在了，并且云与人们的生活紧密联系在一起，你甚至不知道那是怎么发生的。

作为一名顾问，我现在大部分时间都在四处奔走并赞叹，"哇，这太棒了"，然后思考我们如何做得更多，如何做得更大，如何在其他地方做，同时传播这些好故事。

Viktor Farcic：是否有某些类型的专业知识、专家或部门更具有抵触性，或者其他更容易合作的类型，或者你发现各个地方或多或少都处于相同的水平？

Liz Keogh：这取决于组织。每个组织都有自己的小群体。如果你读了 Ray Immelman 的 *Great Boss Dead Boss*，你会学到小群体行为和组织行为。我发现这是千真万确的，只要你看到一个小群体受到了威胁，这个小群体就会加强他们的边界。

我曾经遇到过这样的情况，后端开发人员正在学习做一些用户界面设计（UI）工作，而 UI 开发人员就加强了他们的边界。事实上，我已经在三个不同的地方看到了这种情况，UI 人员加强了他们的小群体边界。而现在，对于在 ThoughtWorks 工作的我来说，这是特别奇怪的，因为我是一个开发 Swing 和桌面应用的前端开发人员。我只做了一点 Web 相关工作，但我知道如何写一些 HTML、CSS 和一些基本的 JavaScript 代码。

我可以纠正拼写错误，也可以改变颜色，但这是别人的工作领域的想法对我来说太奇怪了。但是当你发现人们感觉受到了威胁，并且感觉自己的专业技能被贬低了，他们就会加强自己的小群体边界，突然间你有了"UI 开发人员比后端开发人员更厉害"这样的感觉，于是你的组织内部就会出现分裂。诀窍是让你的内部小群体感到是被重视的和安全的。

你希望开发和运维双方都觉得彼此可以在一起工作，因为他们都是有技能的专业人士。采用 DevOps，你所要做的就是增加这两个团队的黏性；你不能把他们分开，你不能把每个人都放到跨职能团队中，因为每个团队都必须有一个运维人员。这就是为什么我认为看板在某些情况下比 Scrum 更好的原因之一，当然，在你和企业打交道时也是如此。你要留心并尊重这些群体；你不希望整个组织感觉受到威胁。

这就是 John Kotter 式的紧迫感真正发挥作用的地方。在他的演讲中，Kotter 讨论了围绕你的竞争对手创造紧迫感的必要性。他谈到与 Amazon、Google 或 Facebook 竞争有多么困难。他还讨论了你的威胁不是来自组织内部，而是来自组织外部。你想要的是让组织内的每个人一起协作，对抗外部威胁，而不是相互对抗。

> "你希望开发和运维双方都觉得彼此可以在一起工作，因为他们都是有技能的专业人士。采用 DevOps，你所要做的就是增加这两个团队的黏性；你不能把他们分开。"

> ——Liz Keogh

Viktor Farcic：我太喜欢了。我可能搞错了，但我记得有一次听你说过交付不仅仅是开发和运维。这话是什么意思呢？

Liz Keogh：当我在企业环境中观察端到端价值流时，我通常会说，"好吧，让我们把开发团队放在中间。"

客户有需求，或者一些客户代表对如何帮助他们以及如何使事情变得更好有其他的想法，甚至可能一些利益相关者也有他们想要的东西，他们在客户和开发团队之间牵线搭桥。他们能不能直接去和开发团队说"嘿，你能帮我做这个吗？"可能不能，因为工作内容会有一定程度的优先级。

我曾经为一些公司工作过，在这些公司里，你浪费了宝贵的时间去克服各种部门间的障碍，或是为了获得资金，或是为了拿到许可，以启动一个项目或进入下一个阶段。你需要先召集你的开发团队，同时等待董事会的批准。6 个月过去了，开发人员甚至还没有嗅到代码的味道，然后就离开了——这是我们从敏捷中看到的典型情况——当我们拿到项目的时候，所有之前的工作都已经完成了。

事实上，有各种各样的人在你的开发团队和实际发布内容之间进行干扰。如果你有一个低信任度的公司，他们并不完全习惯从信息技术中获得他们想要的东西，那么你可能在某个地方有一些用户验收测试小组，他们会对你的软件进行测试。

作为一名顾问，我倾向于在黑板上画出这点，并且我认为价值流是由人组成的。我识别出所有参与其中的不同群体的人，以便让他们参与到日后的活动过程中，然后让带我参与进来的人在他们的影响范围内画一条虚线。

Viktor Farcic：让人们参与进来似乎是让组织意识到这一点的好方法，但是在多个团队之间实施这一方法并让他们做出实际的改变，这肯定需要很长时间。

Liz Keogh：我经常会发现，如果我被邀请参与 DevOps 工作，就不会仅仅涉及运维。还有一些其他的团队，他们的情况也没有那么好，通常情况下，运维会由 10 个不同的团队合作，彼此之间没有交流。其中有一个团队负责渗透性测试，另一个负责监控，一个负责分析，还有一个负责支持。

你最终也会成为将这些团队聚集在一起的人，所以，开发和运维：很好的开始。如果你能够让这些团队一起工作，你将开始发现你的投资组合形式和管理方式需要得到处理。

现在你也开始寻找自己的融资模式，最后你会让企业参与进来，企业会说："等等，如果我们现在能做些小事，能做这个尝试吗？我们能不能只做一件小事？"

然后是创新，这是一个大型组织需要花好几年时间才能达成的目标。我认为，有时候，当人们引入类似于规模化敏捷框架和大规模 Scrum 这样的东西，并把它们强加给组织进而重组一切时，人们过往的习惯仍然存在，所讲述的仍然是相同的故事。你不能仅仅通过重组来改变故事，你还应该通过建立良好的关系来改变故事。是的，开发和运维是一个好的开始，但这仅仅是一个开始。

培养创新

Viktor Farcic：你提到了创新。你是如何培养创新的？当我拜访公司时，经常得到同样的回答："我们愿意这样做，我们愿意尝试，但我们没有时间。"

Liz Keogh：有几件事你可以做：一是确保事情在失败时是安全的。如果失败是不安全的，那么就没有人会尝试任何可能导致失败的事情，所以 DevOps，至少是一个良好的 DevOps 文化，可以让事情安全地失败。如果你不能获得创新，那就专注于我们如何确保失败是安全的，我们如何在生产中获得高质量，我们如何把可以做对的事情做对，然后确保犯错也没关系。

> "良好的 DevOps 文化可以让事情安全地失败。"
>
> ——Liz Keogh

你可以专注于持续交付，然后是持续部署，这很好——让你的 Phoenix 服务器启动并运行。还有一件事你可以做。有一种叫做"浅层潜入混乱"（shallow dive into chaos）的东西，认知边缘（Cognitive Edge）将其作为 Cynefin 训练的一部分。它包括把人们聚集在一起，然后把他们分开，这样你就会获得不同的想法，而这个想法，就像混乱一样，是为了创造一个紧急的机会，但它也是一个你不会失去任何东西的地方。当你不能和别人交流时，你自己想出来的点子往往比你在团队里想出来的点子更疯狂。当人们聚在一起时，他们希望达成共识。事实上，我花了一点时间来分解共识文化。

你需要确保失败是安全的，然后建立一个允许你去尝试的宽容体系。你可以通过让人们自己或在非常小的团队中进行尝试来做到这一点，这样即使有一些返工和重复也没有关系。通常，延迟的成本会超过返工的成本，我想很多人都没有意识到这一点。如果你不是在等待每个人都同意该做什么，人们就看不到他们的行动能有多快。所以，你需要接受做错事情也没关系。

Viktor Farcic：在这种情况下，有没有人站出来对你说做错事没关系？

Liz Keogh：Chris Matts。他发起了"真正的选择"（Real Options）运动，他是我在这方面的导师。他说，如果你面对两种不同的情况，你不确定哪一种是正确的，与其做一大堆在复杂环境下不起作用的分析,不如选择最容易改变的那种。如果结果是错误的,你可以改变它。但如果结果是对的,那就太好了。

就是这种想法。它是关于我们如何前进而不需要去找组织里的每一个人,向他们请教他们认为正确的事情。再一次强调,一旦你开始这样做,一旦人们意识到这样做是安全的,你开始支持他们,并且你开始说"哇,这太棒了",别人也会想尝试去做这样的事情。你开始构建一种文化,人们会尝试和做正确的事。

Viktor Farcic:如果我没理解错的话,交付是一个团队的努力,但创新更是个人的努力。

Liz Keogh:提出想法当然是基于个人或小团队的。Jabe Bloom 有一个很好的演讲叫做 *The Value of Social Capital*,他提到了 Ronald S. Burt 的结构漏洞理念。人与人之间没有联系的漏洞就是创新的源泉。当每个人都过度连接,你会得到大量的稳定性,但却不能尝试新事物,所以你必须改变它——例如,让个别的开发小组去尝试新事物。如果你想要迁移到 Git,不要同意作为一个组织来迁移到 Git,找一个小团队来尝试一下,他们会告诉你是否值得这么做。

如果你想尝试一种特定的 BDD 工具,请让两个团队分别尝试两个不同的工具。你可能最终不得不重写其中的一个,或者在几年的时间里使用不同的两个,直到其中一个消失,但这总比不动要好,也比通过 6 个月的分析来看看它是否有效要好。相反,你要在实践中学习。所以,做点什么吧。培育这种文化就是培育创新。

DevOps 中的多样性、性别角色和代表性

Viktor Farcic:我们已经谈了关于包容和促进合作的话题,所以我想问你,为什么这个领域没有更多的女性?

Liz Keogh:你知道的,我不是回答这个问题的合适人选。每次有人问我团队中有没有女性有什么区别时,我都会说不知道,因为我从来没有参加过没有女性的团队。我不是专家,而作为一名女性,并不能让我成为了解女性在开发团队中的情况的专家——我没法告诉你。我只知道没人告诉我不该在团队里。

我 7 岁的时候就开始编程了,因为我爸爸把 BBC 电脑和说明书放在了一起,说明书上画着

漂亮的彩色机器人。它对孩子们的吸引力太大了。所以,我很早就启蒙了。从我记事起,我就有电脑,而我认为秘诀可能就是:确保在女孩们一路完成学业时给予她们支持,并确保她们有一个榜样。这是我要承担的职责之一。

我一直讨厌做个象征性的女性。每个人都在说他们多渴望听到更多女性的声音。但我的回答是:"不如你只是因为我确实擅长谈论 DevOps 和 Cynefin 或其他什么而找我发言?但不是,你想要的是一位女性发言人。"我花了很长时间才意识到,有一个女性榜样实际上对女孩很重要,尤其对进入这个行业的年轻女性来说。然而,我有点不情愿地接受了这一点,因为我真的不想成为特性差异和性别多样化的代言人。

> "'不如你只是因为我确实擅长谈论 DevOps 和 Cynefin 或其他什么而找我发言?但不是,你想要的是一位女性发言人。'我花了很长时间才意识到,有一个女性榜样实际上对女孩很重要,尤其对进入这个行业的年轻女性来说。"
>
> ——Liz Keogh

我想成为 Cynefin 和 BDD 的代言人,但有时候性别多样化、性别歧视和性骚扰却首先横在我前面成为一个问题。所以,我也不得不谈谈那些问题。但是这并不是我想谈的。我的热情在于交付软件,而身为女性,意味着我也必须讨论些其他问题。

当今自学成才型工程师和在校习得型工程师之间的区别

Viktor Farcic:换个话题聊聊。你提到你 7 岁开始接触电脑。你认为当今自学成才型工程师和在校习得型工程师之间有什么不同吗?更广义点说,你如何看待当今的教育?

Liz Keogh:过去我并未意识到自己还有很多不了解的事情。那时候,我比黑客更有原则性。在编程方面,我的头脑相当地有条理,因此我学会了如何测试自己编写的程序,然后我很快意识到,后续的测试是一次自我检测的过程。起初,我围绕空接口编写测试,只是让它们能编译,当然,这很像现在的 TDD。当年我开始从事代码开发工作的时候还没有 IDE 这类工具。我们都在使用文本编辑器。我记得是 Vi 或 Emacs 之类的,在命令行上编译。

当时 IDE 还不存在,我也不懂得设计模式之类的概念,当然也不了解领域驱动设计(domain-driven design)。我不知道外界有诸多可以学习的社区,而且互联网刚刚起步。我毕业的时候是 1998 年，那时互联网还处于起步阶段，不是所有的公司都有域名和网址。

Viktor Farcic：但是接下来的 20 年，一切都变了——互联网呈现了爆炸式发展。

Liz Keogh：没错。现在互联网无所不能，你可以接触到更多的信息，更多关于优秀的编程应该是什么样子的信息。我有一些学术界的朋友，为了做学问，他们也要编程。总的来说，他们还没有跟上现代编程实践。他们没有学习 TDD 或 BDD，也没有学习 DevOps。但他们知道这些东西的存在。你所需要做的就是迈出一步，因为周围可利用的资源触手可及。

例如，Stack Overflow 和 Stack Exchange 网站非常棒，它不仅适用于开发人员和运维人员，或开发工作和运维工作，而且适用于任何处于领导地位的人。有一个 PM Stack Exchange 网站，在那里你可以学习心理学。维基百科是非凡的资源库，因为那里相当多免费的信息。在我上学的年代，我经常要去图书馆借阅，但是现在不需要了。只需敲敲键盘，全人类的知识储备便唾手可得，而现在要做的就是分辨哪些是你还不了解但想要学习的，因为现在的问题是你可能穷尽一生也无法全部掌握。

Viktor Farcic：如何才能知道自己并不了解的事物？我觉得这本身就是个问题。举个例子，如果我从未听说过 BDD，那么我如何才能意识到自己不了解它呢？

> "只需敲敲键盘，全人类的知识储备便唾手可得，而现在要做的就是分辨哪些是你
> 还不了解但想要学习的，因为现在的问题是你可能穷尽一生也无法全部掌握。"
>
> ——Liz Keogh

Liz Keogh：如果你想从事某一领域的工作，并且碰巧认识这个领域的人，那么你可以向他们咨询："还需要了解什么？应该从哪里入手？"但是如果你从事某一新领域的工作而又接触不到专业人士的话，那么想要了解以上问题，你所能做的就是尝试。我很早就踏入了 BDD 领域，从事 JBehave 相关工作，要知道，JBehave 属于第一代英文系统级 BDD 自然语言工具。所以，我们当时的习得方式就是尝试。因为当时还没人使用过 JBehave 1.0。

我最近在 Twitter 上转发了 David Chelimsky 的一篇博客文章，他在文章中把以 RSpec Story Runner 形式编写的 Ruby 版 JBehave 转换成了纯文本形式。显然，这便是后来的 Cucumber、JBehave 2 以及其他英语工具的前身。在这种情况下，你可以边做边学，犯错也没有关系。做出来的东西没人用也没关系，因为以此为蓝本的后续创作可能获得更广泛的应用。

未来

Viktor Farcic：临近结束了，想问一个我自己讨厌被问到的问题。你认为未来会怎样？

Liz Keogh：火星。我想去火星上看看。我很想看到人类在火星上的生活，我知道 Elon Musk 仍在为此目标而不懈努力。

那么，我想未来可能会发生什么呢？我认为我们将看到更多的汽车进入太空，更多的即便失败也安全的大规模试验。我认为未来会是非常激动人心的。我认为企业将对自己的道德规范承担更多的责任，这意味着不再有优步那样的问题，也不再有大众汽车那样的排放丑闻。也就是说，我想看到组织架构更透明。我认为我们将看到一些大型银行最终会走向衰落，而且我真的认为，随着银行的衰落，我们将开始看到融合。

我目睹过一些大企业的浪费行为。我相信不会有任何投资人愿意为这种浪费买单。资本主义最终会带来资源融合，而我真切地希望这场融合可以带来好的结果。我认为，或许还有一些空间可以使这一融合以健康、透明的方式进行并最终实现让世界更美好的目标。我认为，未来 5 年内有可能出现经济危机，因为目前资本的集中程度已经超过了社会所能承受的程度。

在过去的一年左右的时间里，我也有机会阅读了 IPCC 关于气候变化的报告。报告中没有什么令人兴奋的消息，反而反映出一些迫在眉睫的讯息。所以我目前都在关注这方面。我仍然希望企业可以挺身而出，采取行动；同时也希望新兴科技可以有所帮助。道路虽然会很艰难，但是我们可以做的还有很多。

Viktor Farcic：那么，你认为未来几年会发生翻天覆地的变化么？

Liz Keogh：一旦有了紧迫感，你就会有些混乱。这就意味着，你要花费大量时间和精力来创新和尝试，因为毕竟也没什么可再损失的了。

我有一种感觉，在未来 10 年里，我们将看到一些真正令人兴奋的事情。我们已经有了区块链和一系列新的工具，我们有了很好的 DevOps 实践，我们还有了一个完整的开源生态系统，这在我刚开始编程的那个年代是不存在的。Java 是免费的，仅此而已。从事 IT 行业 20 年来，我目睹了太多改变。我相信未来 20 年的变化将会更加颠覆。再过 20 年，我觉得这个世界将不再是我 20 年前所认识的样子。

Viktor Farcic：那么你认为传统的、发展缓慢的、僵化的企业能在未来生存下去吗？

"再过 20 年，我觉得这个世界将不再是我 20 年前所认识的样子。"

——Liz Keogh

Liz Keogh：那些商品化以及非常枯燥又容易预测的事物会存活下来。但是就如供电和供水这类事物，其中的利润微乎其微。Simon Wardley 谈到他的观点时称，所有事物都在朝着正确的方向发展。你在 Cynefin 框架上也可以看到，一切都在顺时针移动。也就是说，一切都会先慢慢稳定下来，然后在这个稳定的基础上衍生或搭载其他事物。一切都将趋于稳定，所以我们现在所看到的创新事物——我们认为 DevOps 目前为新生事物——之后就会成为软件的完成方式。到那个时候，人们可能会问："你为什么还要采用其他方式呢？"

DevOps 将唾手可得，Google 服务器也会非常便宜，那么你为什么不使用它们呢？没有人会再自己搭建基础设施。如果你搭建了自己的基础设施，而不是与 Google、Facebook 或其他大公司合作，人们会问："你在做什么？你真的是在手动配置服务器吗？为什么啊？"将会发展到如此疯狂的程度。我们还没到那一步，但未来我们会是这样的。

Viktor Farcic：对你描述的这一切我还是有些怀疑，因为我有这样的印象，之前去一些企业参观的时候，他们口口声声说"我们完全采用了敏捷"，但经过一天时间的了解之后，你发现，他们只是刚刚开始采用敏捷。

Liz Keogh：尽量不要使用"敏捷"这个词。我在做咨询时没有用这个词，而是关注于交付，以及谈论不确定性和可预测性等问题。我专注于从中发现闪光点。

当你确实看到一些动人的东西——当你确实看到一些非常棒的东西时——专注于它，传播它，编成故事讲述出来。同时也要鼓励别人把自己的故事讲述出来，因为故事很有力量，可以很好地推动变革。

Viktor Farcic：你还有什么想分享的吗？

Liz Keogh：有人曾经问过我，在软件开发工作中，我最喜欢和最糟糕的事情是什么。我说最糟糕的莫过于人们总试图在不确定性中寻找莫须有的规律，然后遵循着错误的规律做错误的事。然而最棒的也是这一点，人们可以认识到这些规律并不存在，进而不断向前探索。这两件事是相辅相成的。可以说，塞翁失马焉知非福，我觉得这也值得庆幸。

7

Julian Simpson：
Fuel50 全球安全和平台经理

Julian Simpson 简介

本章译者　李伟光　中国
中国 DevOps 社区核心组织者
中国移动杭州研发中心质量测试部高级研发效能专家

Julian Simpson 在 Neo4j 公司工作至 2018 年 8 月,在那里他参与过很多跨 DevOps 和持续交付项目的交付工作。2018 年 8 月份跳槽到 Fuel50 后,他担任全球安全和平台经理,专注于打造公司的平台。他也是新西兰 DevOps Days 的组织者。你可以在 Twitter 上关注他(@builddoctor)。

DevOps 的定义

Viktor Farcic:我想从一个双重问题来开始我们的访谈。首先,你是如何定义 DevOps 的?其次,这个定义在你的职业生涯中发挥了怎样的作用?

Julian Simpson:我曾经是一名 Unix 系统管理员。在这个岗位上,在互联网繁荣期,我的很多时间都花在了 Solaris 服务器系统的构建以及和开发人员发生争执上。像这种系统管理员和开发人员之间的冲突,在我的职业生涯中一直持续了 3~4 年之久。

通过这段工作经历,我想明白了两件事。首先,手工构建服务器系统的方法似乎是错误的;其次,处理系统管理员和开发人员之间的冲突往往适得其反。虽然我有时很享受一场精彩的战斗,但这似乎并不是一种积极的问题处理方式。终于,在 2002 年的时候,我发现了 CFEngine 配置管理工具,并开始应用 CFEngine 构建我的所有系统以重建这些构建。

CFEngine 与 Solaris Jumpstart 启动安装工具配合使用,这在当时成了一项非常棒的技术,因为从硬件的角度来看,我可以随时构建一台机器出来。我还可以迭代构建并将该源代码存储在版本控制中,这些实践最后也演变为 DevOps。需要补充的重要一点是,我从 2004 年开始了解敏捷运动,我认为 DevOps 运动是敏捷运动的自然发展。

> "我认为 DevOps 运动是敏捷运动的自然发展。"
>
> ——Julian Simpson

Viktor Farcic:我通常也会那样描述。虽然我也认同 DevOps 是敏捷的一种演变,但你所描述的冲突是我今天依然可以在开发人员、QA、安全人员和其他相关人员之间看到的。你认为产生这种冲突的根本原因是什么呢?

Julian Simpson:我认为这都是组织内部的结构性冲突。在我看来很荒唐的是,很多组织内部成立了目标相互冲突的团队,然后又期望他们解决冲突,就好像这是他们的本职工作,而不是他们被要求参与的游戏。你要知道,你的工作就是既要保证系统的安全性、正常运行和可用性,又要尽可能快速地交付它。

我不知道这是否仅仅是一种民间智慧,也不知道是否有我们可以参考的实践案例,但似乎很多团队还是在千方百计地快速交付错误的东西,代价就是牺牲安全性或者可用性。如果所有这些事情都让你大汗淋漓,那么实际上,在一个项目中,一起参与功能需求细节的讨论,在确保可用性的前提下,为整个团队提供安全交付的保障,我觉得,这是一种很常见的最佳实践。

DevOps 与敏捷的区别

Viktor Farcic:接下来,我想我们可以深入地讨论一下你之前说的"DevOps 运动是敏捷运动的自然发展",能说说你这样说的含义吗?

Julian Simpson:我加入敏捷运动的时间相对较晚。我没有看到一些早期的敏捷项目实践,但我的理解是我们确实解决了一些问题,比如我们清楚我们要构建什么,以及我们应该如何以迭代的方式规划和交付构建。一旦你解决了这些问题之后,就会遇到工程上的挑战,比如集成。现在没有理由在项目结束时才进行大规模合并了,因为至少从 20 世纪 90 年代后期就开始有持续集成了。

>"DevOps 是你在项目发展的早期阶段取得成功后,解决问题的一种有效方法。"
>
> ——Julian Simpson

你会发现你原本没有发现的其他问题,因为你可能根本就没有成功。现在,我只是想表达一点,也许 DevOps 是你在项目发展的早期阶段获得成功后,解决问题的一种有效方法。

即使你在编写正确的、最合适的软件,并且在部署软件方面能够做得足够好,你还是可能会在所有这些操作的其他环节遇到瓶颈。对我来说,如果你在部署时遇到问题,那么可能是个好问题。

Viktor Farcic:没错,如果你的管道中部分环节突然变快了,瓶颈就会随之改变。然后,就像你说的,你会在下一个环节遇到问题。

Julian Simpson:我是约束理论的忠实粉丝,所以这几乎绝对是正确的。我认为你需要在整个价值链上进行优化,而不是基于成本进行优化,这是很多项目的做法。

Viktor Farcic:每个部门的成本控制使它更加复杂。

Julian Simpson:完全正确。我曾做过几个咨询项目,在这些项目中,并没有涉及太多的结构性冲突,只是对于项目经理来说,显而易见的只有所有这些开发人员的成本。因此,他们只会想办法优化开发人员的利用率,而不是其他任何东西。

Viktor Farcic:就像优化 Excel 表格一样,当你改变了两个数字之后,你会突然发现,你需要做更多的优化了。

Julian Simpson:我在一些项目中看到,其实开发人员完全可以在他们的研发系统上运行所有的验收测试。我认为他们就应该这么做,因为我们有持续集成(CI),而且还有质量保证方面的瓶颈问题,所以在开发人员每次推送代码之前运行那些测试,是非常明智的做法,也可以缓解后期的瓶颈。这是一个很难让项目经理理解的信息。

Viktor Farcic:我最近发现你在 Twitter 上用的是 The Build Doctor 这个名字? 为什么要给自己起这么个名字?

Julian Simpson：这要追溯到 2004 年，在 2004—2008 年，我有个小的工作领域，就是帮别人修复他们的 Ant 构建。那时，我非常精通 Apache Ant 构建工具，甚至在一本书里还写了一篇关于重构 Ant 构建文件的文章。虽然这个工具现在已经不太流行了，但是在当时，我还在考虑是在咨询业继续发展还是建立自己的个人品牌。我想，好吧，build doctor——我已经以修理这些东西为生了，因此以此为基础创立一个品牌。但现在，它已经有点被搁置了。

Viktor Farcic：那你现在在从事什么工作呢？

Julian Simpson：从 2012 年开始，我就一直在为 Neo4j 工作，它的前身是 Neo Technology。我在这家公司的工程、市场和 IT 部门都工作过。我发现自己做了很多事情，从研发产品到在 Amazon 上部署我们的全栈网站。

现在，我正在做内部 IT 项目和编写内部应用程序。其实，今天早上我还一直在写删除 Dropbox 账户的脚本。

Viktor Farcic：那么，你觉得是什么让 Neo4j 成为如此伟大的公司的呢？

Julian Simpson：简单地说，就是人。

DevOps 团队、DevOps 问题和配置管理团队

Viktor Farcic：你能说得更详细一点吗？如果把它和你的工作领域、DevOps 概念等联系起来，你觉得有 DevOps 团队这样的东西吗？

Julian Simpson：我刚开始在 Neo4j 工作时，是和瑞典团队一起工作。作为一家公司，我们倾向于为优秀的人、良好的态度进行优化，我们几乎无意识地以这种方式挑选了非常好的员工。

但是我们会有一个所谓的 DevOps 团队吗？我不这么认为。你可以组建一个团队来解决一个 DevOps 问题，但我只会说我们有一个问题，并不会说我们有一个 DevOps 问题。从 2009 年起，当这个名字被创造出来时，我对这个运动的最初想法是，它将是关于协作的，也许工具会从这种协作中产生。

> "但是我们会有一个所谓的 DevOps 团队吗？我不这么认为。"
>
> ——Julian Simpson

我原以为开发人员会采用配置管理工具,所以系统人员和开发人员也有可能进行协作,但没想到的是,一堆经典的系统管理团队会重新命名为 DevOps 团队,就因为他们用的某些工具有相似之处。我没想到传统意义上的配置管理团队会变成 DevOps 团队。我认为在某种程度上,现在唯一的区别是外包平台,因为我们一直有人在运行你听说的平台。

Viktor Farcic:这也是让我很困惑的地方。一方面,几乎没人否认 DevOps 主要是关于协作的;另一方面,人们又组建了大量的 DevOps 团队,我觉得这是完全矛盾的。如果你组建了另一个团队,就等于创造了另一个竖井,这实际上可能对协作没有任何帮助。

Julian Simpson:我看不出你所说的现在的 DevOps 团队和过去的配置管理团队有什么太大区别。唯一的区别是,现在的 DevOps 团队采用的是系统或 Unix 管理团队当年可能采用的方法:基本结构没变,中间为团队改了个名称罢了。

如果你想要 DevOps 团队,我希望你可以把开发人员和运维团队外包出去,并通过轮换达到精简的目的,或者直接解散该团队,再或者换成一两个负责维护基础设施管道的人员。

Viktor Farcic:从我访问过的公司来看,我推测,DevOps 团队是头衔改变最快的团队。

Julian Simpson:它变成了一种品牌或地位的东西,而不是一个在协作中有用的活动。

Viktor Farcic:我以前在一家软件公司工作过,他们也帮不上什么忙。如果你参加一个会议,10 年前的每一个工具现在都叫 DevOps 工具。他们都在说,如果你买了这个工具,你将获得 DevOps 认证。

Julian Simpson:当然,这样做的动机太强烈了。我甚至建议 CITCON 重塑品牌,至少多讨论一下 DevOps,因为我认为它们是这类讨论中的典型。

Jez Humble 和 Dave Farley 所著的 *Continuous Delivery* 一书的灵感来源之一是,我们有 8 个人组成了一个有效的 DevOps 团队,其中包括我自己、Chris Read、Dan North、Tim Harding 和其他几个人。我们的工作就是在一群按日计费的承包商、顾问和运维团队之间搭建起桥梁,他们可能已经负担过重,无法承担太多费用。我们要么偿还技术债务,要么研究如何将 CI/CD 中的代码重新投入生产,同时通过他们需要的所有风险管理和内部控制。为了解决问题,团队规模不断扩大,然后一旦这些问题大部分都解决了,大家也就陆续离开了,在团队解散前的一段时间,只有我一个人,直到我离开后,团队算是解散了。

"它(DevOps)变成了一个品牌或地位的东西,而不是一个协作中有用的活动。"

——Julian Simpson

Viktor Farcic:关于 DevOps,在不同的访谈中,几乎每个人都给了我不同的解释。尽管这样,我还是最喜欢你的解释。我阅读过你的一篇博客文章,文章中提到,DevOps 的完整定义是常识。所以,如果 DevOps 是一种理论,而且很早就已经存在,我们也知道运维和研发需要以某种方式进行协作,那为什么你认为 DevOps 是在最近才发展起来的呢?

Julian Simpson:我认为 DevOps 一直都是存在的。我发现一个有趣的现象:当我在 ThoughtWorks 工作时,他们的 CTO Martin Fowler 和 Rebecca Parsons 都曾在大学里担任系统管理员。我认为 DevOps 过去只是团队中某个人做的事情。我曾经合作过的开发人员就非常精通你将要部署到的任何 Unix 系统。

我的很多经验都与 Unix 密切相关。前几天我在一家以.NET 为主的公司做了一个演讲,虽然我不确定他们是否真的理解了我所说的,因为他们的问题略有不同,但我认为总有人会解决这些问题。但后来我想,随着千年虫的影响和互联网泡沫,我们似乎忘记了,桌面上的 Linux 并不是一个真实的东西。

仍然有很多人部署到 Unix 上,而且我认为 macOS 在开发团队中一点也不受欢迎,所以几乎不需要执行任何命令行。至少根据我的经验,每个人都希望得到一台 Windows 机器和一个 IDE,然后被告知要交付一些代码,而他们甚至没有在不同的操作系统中解决这个问题的工具。我相信我与开发人员之间的许多冲突都源于这样一个事实——他们非常需要用 Java 来编程。我认为"一次编译,随处运行"的营销口号也导致了这个问题。Microsoft 的"可视化一切"咒语也导致了人们对正在发生的事情缺乏了解。

你希望开发人员去解决一些重要的问题,比如"飞机会在世纪之交的时候从天上掉下来吗?"或者像 Pets.com 这样的不太重要的问题。许多没有经验的开发人员加入了这个行业,他们根本不具备解决那些问题的技能,所以他们往往更常被扔到运维团队里。

顺便说一下,当我开始从事软件项目时,千年虫和互联网泡沫时代已经结束了。我以前从事技术支持工作,所以我可能完全不知道在几十年前关于 DevOps 的情况,但我的感觉是,我们在 21 世纪初使它变得非常糟糕。

Viktor Farcic:回到很多人刚成为程序员的时候?

Julian Simpson：完全正确！我们总是开玩笑地说，一旦互联网泡沫结束，那些人就会回去卖人寿保险。对他们来说，有可能临时考一些资格证，然后开始领一份日薪并不算高的工资，但相比于很多行业还算是高的，比如销售保险。

Viktor Farcic：这不也正是软件供应商开始积极采用用户交互方法的时代吗？我的意思是，你有了 Adobe Dreamweaver，你就可以拖放东西，然后快速创建一个网页。你还可以使用 VSB 和 Oracle ESB 来拖放和创建所有控件并迭代。我听说这是"人人都是程序员"营销理念的一部分。

Julian Simpson：这就是我想说的 Microsoft 围绕视觉化的品牌营销的重点。我在一家公司工作，那里有很多占主导地位的开发人员，我们使用的是 Perforce。在 Perforce 中回滚和提交非常复杂，最后，最好的方法是编写一个脚本。然后，我将为你把脚本放在一起，你只需运行并恢复提交即可。

我为之工作的那个人却拒绝了，因为他认为一切都应该是可视化的。这是一个坚定的信念。如果他不能点击一个按钮并下拉一些文字，那是让他不能接受的设计，也违背了他的信念。微软想鼓励这种做法，他们想与 Unix 区别开来。这一切都发生在开源软件许可协议病毒式传播的日子里，所以我相信销售带有 GUI（Graphical User Interface，图形用户界面）的产品毫无帮助。

我发现，如果你想知道别人的技能在哪里，这就是试金石。如果他们没有一个 GUI 将他们引导到正确的位置，那么看看他们如何解决问题是非常有趣的。

> "我感觉人们意识到 GUI 阶段有点问题，开始鼓励开发人员更多地探索命令行了。"
>
> ——Julian Simpson

Viktor Farcic：你认为这仍然是一个问题吗？在我的印象中，这个行业，尤其是从 2017 年开始，正在远离所有基于 UI 的东西。如果你看看 Docker 和 Kubernetes，它们完全是命令行的。一切都在向 Unix 基础靠拢。

Julian Simpson：我没有花任何时间去玩新版本的 Windows，但它们有 Windows PowerShell 内核的事实表明它们已经在改变了。几年前，当我看到 Scott Hanselman 通过 Git 推送部署到 Azure 时，我真的非常惊讶。我感觉人们意识到 GUI 阶段有点问题，开始鼓励开发人员更多地探索命令行了，这改变了我的工作。过去我的工作是理解构建脚本是如何工作的，以及 Unix 或 Linux 生产环境是如何工作的，我认为很多人现在才开始了解这些。

容器的演变

Viktor Farcic：你提到了 Unix 和 Linux 环境，你是觉得我们终于看到了一些变化吗？这可是一直以来，不论好坏，都没有改变的领域之一。

Julian Simpson：我认为容器已经发生了很大的变化，它的价值在不断提升。

Viktor Farcic：你的意思是？

Julian Simpson：我们过去将业务逻辑和存储过程保存在数据库中，但现在将其转移到了运行在数据库之上的代码中。我认为我们离容器的最终用途还有很长的路要走，但这似乎是最大的变化。没有人对主机操作系统感兴趣了。

Viktor Farcic：你的意思是，它可能已经不再是最小的分母了？

Julian Simpson：是的，我认为在某种程度上，无论你是在考虑容器还是平台即服务，人们都可以使用它们来交付代码，这是非常有用的。我对容器运行时的种种细节不太感兴趣；我只是很高兴，如果我想推送一些东西，我可以把它部署在 ECS 上，或作为服务存在的任何容器运行时上。

Viktor Farcic：我感觉 CloudBees 就在做这样的事，不是吗？

Julian Simpson：是的，在 CloudBees，它主要是与 Jenkins 相关的，但是我们现在 100％ 支持的是 Kubernetes。

我认为在某种程度上，容器正在实现 Java 很久以前给出的承诺：在任何地方运行。微软的 Windows 系统在这方面仍然不稳定，但它也在朝着这个方向前进。

我也认为，没有一个容器供应商会告诉你，他们将能够以他们在 20 世纪 90 年代承诺的方式在硅上运行容器。就像你说的，他们没有实现这些目标。我认为你是对的，我的工作不仅仅是运行 Jenkins 或项目选择使用的任何其他 CI 服务器，还包括为其配置环境。现在你可以说，每个构建都在一个容器中运行。是的，很多这样的问题已经消失了。如果你能构建一个容器来作为一个无状态的生产运行时,那将是非常完美的。

展望未来

Viktor Farcic:完全正确。我讨厌下一个问题,因为总是有人问我这个问题,但我还是要问你:你觉得未来将如何发展?

Julian Simpson:我真的没有答案。我认为公共云是一个值得关注的领域。Amazon、Microsoft、阿里云、IBM 和 Google Cloud 之间发生的大规模军备竞赛的好处是,对于我们这些只想交付产品的开发人员来说,我们的选择将是惊人的。

> "我们都认识一些人,他们在 IT 工作中表现出色,完成了本职工作,然后又回家了。我认为,当不可避免的自动化发生时,他们的职业生涯将面临巨大风险。"
>
> ——Julian Simpson

我认为,尤其是 Amazon,它在网络方面做了很多工作,所以如果需要的话,我可以扩展一个 Amazon VPC 桥接并连通我的局域网,这将非常有趣。我或许应该把大量的 IT 工作外包给 Amazon,专注于编写重要的东西,然后在这方面与 Amazon 竞争。

Viktor Farcic:当我问我的一个朋友类似问题时,他也从云开始。他的理论是,每天都让不称职的人重复做着同样的事情,意味着他们最终会因为 Amazon 和 Azure 而丢掉工作。这将是一个伟大的人员过滤器,区分那些做有价值的工作的人和只是做"一些事"的人。

Julian Simpson:我很容易看到这一点。我们都认识这样的人,他们在 IT 工作中表现出色,完成了本职工作,然后又回家了。我认为,当不可避免的自动化发生时,他们的职业生涯将面临巨大的风险。有些人的职业生涯真的会被自动化所取代。"走开,否则我们将用一个非常小的 shell 脚本取代你"这句格言再真实不过了。

Viktor Farcic:完全正确。另一件让我困惑的事情是,我在 15 年前就听到了关于人们将如何被 shell 脚本取代的相同理论,但不知怎么的,它一直没有发生。

Julian Simpson:我认为现在的不同之处在于 shell 脚本将只调用 AWS CLI。

解决供应商锁定

Viktor Farcic：你是否担心供应商锁定？公司基本上可以接管并永远把你锁在里面？

Julian Simpson：我想我是很担心的。当这些公司试图区分他们所有的服务时，必然会产生某种锁定效应。显然，把你锁定在他们的平台里符合所有人的利益。但如果他们试图销售相同的 vanilla 产品，那么这是一场逐底竞争。

因此，这些公司将努力实现差异化。我的意思是，如果我是一家严重依赖某一个云平台的公司的首席技术官，我会试图降低这种风险，例如，可能只需在其他地方运行一定比例的工作负载，这样我就有能力管理不同的平台。我认为，无论是作为个人还是作为一个组织，把所有事情外包出去的问题在于你的技能也会萎缩。

Viktor Farcic：这与我们在大型机上遇到的问题，或者当每个人都外包所有事情时遇到的问题应该没有太大的不同。

但正如我所说的，一方面，我听到了很多关于供应商锁定的担忧，但另一方面，我不确定这与以前公司外包一切，或运行大型机时有什么不同，这些大型机都是供应商锁定的。不管怎样，我们，或者至少我们中的一些人，仍然设法解决了这些问题。

Julian Simpson：我不认为它会像过去历史上的供应商锁定那样糟糕，比如贝尔电话公司，它必须打破垄断。我认为这将是你为了享受供应商提供的便利而付出的代价。

Viktor Farcic：这很有趣。

Julian Simpson：如果你只是说在 Azure 上运行最方便，然后你只在内部研发这些技能，那么是的，我认为默认锁定是非常容易的，且这可能会导致代价高昂的退出。我认为这可能是一个积极的方面，即你不再需要建造平台了。

> "如果我是一家严重依赖某一个云平台的公司的首席技术官，我会试图降低这种风险。"
>
> ——Julian Simpson

我做过几份在办公室安装 SPARC 系统的工作，这很烦人。我认为，对于任何想要交付软件或服务的人来说，最好不需要雇人在办公室里移动服务器，给它们搭支架，然后安装它们并让它们工作。这是我在 20 世纪 90 年代所做的事情,我认为我们现在所拥有的肯定要好得多。我认为每时每刻都能租用到 IT 服务具有不可思议的价值。

Viktor Farcic:如果你不考虑像 Netflix、Google 和 Apple 这样的大公司,你对建立私有云有什么看法? 这有意义吗? 这是一个可行的选择吗?

Julian Simpson:我可能会与自己交付私有云的能力对赌。我相信我能做到,但是在这种安全威胁的环境下保持这种安全可能比以往任何时候都要更具挑战性。我对过去几年看到的一些安全问题感到惊讶。

Viktor Farcic:你认为我们有更多的安全问题,还是这些问题现在更加明显?

Julian Simpson:我认为它们在今天变得更加明显,而且我认为安全研究似乎也顺应了这一趋势。一旦有人发现了一个漏洞,就会有更多的人去寻找类似的漏洞。它们似乎一波一波地冒出来。但我认为,随着事物之间的联系越来越紧密,安全问题就不像以前那么明显了。你的公司网络不是一个安全的地方,这不是我们 15 年前的设想。

文化和协作

Viktor Farcic:这是一个有道理的观点。最后,你有什么临别的想法和话要说吗? 或者有什么你突然想到的话题而我忘了提及的吗?

Julian Simpson:不,我想我们已经谈到了我认为最重要的东西,那就是文化。我非常高兴我们没有真正讨论自动化或任何工具,除了作为其他一些东西的例子。对我来说,DevOps 就是文化和协作。

Viktor Farcic:这是否意味着文化塑造了工具或者工具塑造了文化,或者两者兼而有之? 我的意思是,你可以只接受一个而不接受另一个吗?

Julian Simpson:我的答案是否定的,因为人们的期望必须改变。我认为他们使用的工具和使用这些工具的文化是紧密相连的。如果你能改变文化,那么工具也可能随之改变,反之亦然。但我认为还不止这些。

Lindsay Holmwood 在 2016 年新西兰惠灵顿的 DevOpsDays 上做了一个演讲,他指出文化是无形的,你真正拥有的是可以告诉你文化的人工制品。考古学家会挖出一些东西,然后做出一些假设，这里也是一样。我认为我们每天看到的东西告诉我们公司文化是什么，也许工具只是文化的产物。

　　"对我来说，DevOps 就是文化和协作。"

——Julian Simpson

Viktor Farcic：我以前没听过这个，但我很喜欢这个观点。

Julian Simpson：是的。这完全是从 Lindsay 那里借鉴的观点，如果你能和他谈谈就太好了。如果你的公司需要非常严格的代码管控，那么你可能不会使用分布式版本控制系统，或者你可能希望使用一些合理的产品来捕获需求。甚至"需求捕获"这个词也可能具有某种文化影响。我想我的临别赠言是：工具可能会告诉你，你的文化是什么。

Viktor Farcic：我喜欢它。我真的很喜欢。

8

Andy Clemenko：
Docker 高级解决方案工程师

Andy Clemenko 简介

本章译者　付文新（Alvin）　中国
DevOps 咨询师

从事互联网行业多年，曾服务于华为、汇丰银行、上汽大众等
多家企业和机构。

Andy Clemenko 是 Docker 公司的高级解决方案工程师、架构师，同时也是一名技术专家和
DevOps 分析师，致力于帮助组织实现从传统开发实践到现代化的文化、工具和流程的过
渡，以提高发布频率和软件质量。你可以在 Twitter 上关注他（@clemenko）。

DevOps 是什么？

Viktor Farcic：我想用这个我问了所有人的问题来直接开始我们的访谈：DevOps 是什么？

Andy Clemenko：DevOps 是一种工作方式，它旨在不仅仅从开发人员的角度，也从运营人员
的角度适应新技术，同时仍保持灵活性。但这不意味着 DevOps 只包括这些，它还由一些
其他的观念一起构建而成，因此我才称之为工作方式。除了能够适应之外，你应该还听过
容器、十二要素应用程序、声明式基础设施、基础设施即代码这些流行词。是的，你已经掌
握了这些流行词，但是归根结底，这只是一种灵活且可调整的向前推进的工作方式。

Viktor Farcic：那么，你是如何把工具融入这个蓝图的呢？因为我发现在今天，所有的工具都是DevOps工具。

Andy Clemenko：从某种程度上来说，工具几乎是无关紧要的，因为一个木匠不管用什么锤子都能干活。在DevOps中，你给任何DevOps或SRE工程师（不管你现在如何称呼他）任何一个工具——不管是OCI、Rocket、Docker、Kube、Swarm、Jenkins还是GitLab，这都无所谓——他们应该能够使用它。但需要再次强调的是，要足够灵活且以开放的心态去迎接下一个事物，这样才能真正与众不同。

> DevOps是一种工作方式，它旨在不仅仅从开发人员的角度，也从运营人员的角度适应新技术，同时仍保持灵活性。
>
> ——Andy Clemenko

Viktor Farcic：说到工具，我对容器很着迷，在同一个行业中，我们开始同时讨论容器、微服务和DevOps。你认为这是一种巧合吗？这是运气使然还是背后有着某种联系？

Andy Clemenko：我觉得是巧合。容器帮助加快了向DevOps工作方式的转变，但是由于在大型Hadoop集群上工作过，并且看到了使用Puppet、Chef、Salt和Ansible的DevOps方法，我们刚刚完成的是有效重组工具，并把工具引入到抽象层。现在我们不再在操作系统层进行编排，而是在集群级别进行编排。

不过这种相关性有助于加快这一转变进程。目前情况还是一样的：不管你是在工业界、政府还是其他任何地方工作。有这样一种想法，只要还有开发和运维的团队划分，他们就会把问题放在中间地带搁置起来。DevOps的工作方式就是把这两个团队及其功能放在一起。忘记团队吧，因为同样的事由一个有能力改变的团队处理总比由两个团队一起处理要快。我认为容器正是在这种加速中起了一定作用。老实说，我认为它是一种软技能。它关乎人、关乎团队，却和工具无关，就像Docker、DevSecOps和GitOps只是流行词一样。我们将会到达一个奇点：不论你要创建什么在制品，是容器、虚拟机还是Jar包，都没关系，它都包含元数据去说明应该如何发放它以及谁应该批准它的生命周期。

Viktor Farcic：有道理。

Andy Clemenko：我记得去年在KubeCon从业者驱动研讨会上，Brendan Burns做了一个镜像自主部署的演示。演示中在制品不仅理解为了正常运行它需要些什么，还知道它要去哪儿、需要由谁批准使用它以及它对应的安全来源。所以现在你不仅有了内置的审计跟踪功能，还在使用尽可能多的内嵌元数据包装该在制品。

Viktor Farcic：所以，这就好像我们正在转向通过代码和元数据在通信？我不需要告诉你我想要什么，因为都包含在我的制品里。

Andy Clemenko：确实如此，作为这些制品的构建者或构建团队，你可以描述它应该做什么，而且有可能转变它的用途。但是今天，如果我给你一个 Docker 镜像，你可以用它做任何你想做的事。我更喜欢这种方式：未来我给你一个被我锁定的只有你可以运行的 Docker 镜像，因此你不能从内部进行操作，也不能用它做一些有趣的事。但它也有一个安全来源，因此你知道有人把它给了我，然后我又通过加密技术把它给了你——所以至少有一个审计轨迹。

至少在我看来，下一阶段是让这些制品能真正有更多关于安全性、来源和部署方面的有意义的元数据，当然我并不是说自我意识。如果你在执行 docker run 命令的时候，没有同时三次封装传递卷和内容，那你只是执行了 docker run 命令，容器会说："我需要这个，它在哪呢？我应该有这个变量，你还没给我，能给我吗？"可以用一种奇异的更具自我意识的状态来描述它。

当代公司的画像

Viktor Farcic：稍微换个话题，如果你现在打算开一家公司，它会是什么样子？人们应该如何与之交流互动？

Andy Clemenko：我是团队之间界限模糊的小公司的忠实粉丝。因此，如果我开始创业，我一定确保我们内部的 IT 部门能理解产品，而且大家可以一起通力合作。我认为一旦公司人数超过几百人，壁垒就会很快出现。

我一次又一次地从客户互动中听到这样的话："唉，那是我们的网络团队，他们会尽可能做到的。"有了这些壁垒，你就有了不同的北极星、不同的目标，或者说你有了不同的策略或管理者。我喜欢拥有跨职能团队的扁平化组织。就像如今，你可能对监测和帮助客户解决方案感兴趣，但这并不意味着内部 IT 将无法利用它。

Viktor Farcic：但是这些壁垒是不可避免吗？还是只是比较常见而已？我自己也很好奇，因为我还没见到过一家没有壁垒的大公司，这是我很想看到的。

Andy Clemenko：我觉得你说的是小团体之间的壁垒，但不幸的是，跨职能团队的代价是组织的稳定性。如果你有一个团队，你会发现，随着公司的发展，团队都会有小团体。因此，问题变成了如何组织这些团体？在缺少更好术语的情况下你如何控制他们，如何确保他们一起行动？你要做的基本上就是给每个团队一个北极星（目标），然后就会开始形成看不见的壁垒。

问题是，这只是组织上的难题，真正的麻烦是很多人最终进入了中层管理岗位。正因为如此，维持中层管理人员的生存是一种既得利益。从一家拥有 300 名员工的公司的角度来看，100 是第一个槛，300 是第二个，然后是 500～600，甚至可能是 1000。但对我来说，在我理想中的公司，我喜欢保持在几百名员工的规模。

举例说明一下，昨晚我收到一封电子邮件说："嘿，我知道你下周三在 Raleigh，下周四你能去 Houston 吗？"我回答说我已经准备好了，一旦他们批准我的出差请求，我就立刻出发并把事情办成。这不是我的团队，也不是我的区域，但因为他们需要帮助，所以我直接出发。

Viktor Farcic：这就是奉献精神！

个性、诚实和工作环境

Andy Clemenko：还有一个现象是现在所有的行业里都有两类人，非此即彼。A 类人会深入实地并竭尽所能地去完成任务。用个被用滥的词来描述就是"任务、任务、任务"。与此同时，B 类人，某种程度上，只会坐下来发号施令。这种现象在各行各业都有。

我是一名志愿消防队员，我在消防队看到了这种现象，在公司和政府部门也看到了，实际上我到处都可以看到这种现象。如果你真的想维持跨职能团队和文化的发展，关键在于你需要找到那些愿意付出加倍努力的人，但不必天天如此，那样只会让情况失控。先找到那些有意愿和能力成事的人做这些事，之后再担心那些对此心怀抱怨或没有得到补偿的人。

> A 类人会深入实地并竭尽所能地去完成任务。用个被用滥的词来描述就是"任务、任务、任务"。与此同时，B 类人，某种程度上，只会坐下来发号施令。这种现

象在各行各业都有。

——Andy Clemenko

Viktor Farcic：这就有意思了，因为我听人说过："我们公司正在发展，随着我们的成长，出于相同的原因，我开始怀疑我是否应转去做别的事。"随后我经常会被问到这样的问题，大意是："如果你的公司发展到有 1 000 名员工了，那就太好了，因为更多的人等同于业务发展更好或者其他这样的东西。"我从来不曾理解这一点，因为你必须得问一下，这对你有什么好处？这不是你的公司。为什么公司员工人数达到 1 000 要比 200 更好？

Andy Clemenko：如果你纯粹从财务角度来看，如果有两家公司，一家有 10 名员工，另一家有 1 000 名员工，谁赚的钱最多？答案是高层的人。公司越大，收入越多，公司股份也就越值钱。

但你有直接的动力去努力工作吗？说到底，钱真的是你的动力吗？我穿了件连帽衫，我是一个有工程学位的工程师，心里总想着解决问题和做些特别酷的东西，这就是真相。我现在就在一家帮助客户解决问题并构建很酷的产品的公司。我喜欢自己有所作为。如果我们卖了个额外的组件，我就能多赚钱吗？不会直接多赚。可能会间接地，在那年年底。但这并不是我个人的北极星。我认为需要一个特定类型的 CEO 来踩刹车，而不是假设大规模扩张将解决所有问题，因为在我看来，并不是所有的成长都是好的。

找到你的北极星

Viktor Farcic：我觉得这要看你追求的是什么。我也有相同的感觉。在某种程度上，我绝对是在追求金钱。我不能每个月靠 100 块过日子，但我的追求也有一个极限。有点像：日子就这样过了，不会有啥区别了；除非我有野心买架直升机或类似的东西。

Andy Clemenko：这就是你的北极星！访谈先刹车一会儿，我想问你看到了什么？我知道我们的讨论主要集中在我身上，但从公司规模和接纳 DevOps 的角度你看到了什么？

Viktor Farcic：从公司规模上来说，我和你的感觉一样，公司越大越感觉工作无趣。

Andy Clemenko：你看待此事的观点和我一样，这真是太好了！

Viktor Farcic：我想这只是我的定义。我觉得从事软件工程工作在某种程度上是一种特权。

我有这种感觉是因为这是为数不多几个我们通常因乐趣而加入并且能持续在工作中享受乐趣的职业之一。说到底，只要能有乐趣，那就太棒了！只是我觉得年纪越大就越不开心。

我参观了许多我觉得毫无生机的公司。我和他们一起共事了很短的一段时间，教他们如何做这做那。但一年后我再来问他们在做什么，然后他们问我："你是什么意思啊？告诉你我们在做什么？你去年就在这儿，你知道我们在做什么！"

Andy Clemenko：这就是问题所在——毫无变化。用流行的话来说官僚体系是 DevOps 及 DevOps 工作方式的反模式。我只想遵循 DevOps 的工作方式，但在大组织中确实需要官僚体系，因为你必须能够在某种程度上组织那么多人，否则就会变成西部世界。你必须成为一个更好的创业公司。我真的认为我们有必要去拆分那些大公司并保持小的规模。一个 CEO 要有勇气不让公司成长到有 10 000 名员工，因为一旦这样，你就失去了灵活性，不仅失去了适应这种工作方式的能力，也失去了随着风向的改变，适应任何新目标的能力。

但不幸的是，金钱就是力量，我们需要大公司的资金来资助小公司。这是一种奇怪的共生关系，这种关系并不是互利的，总是在有些地方存在隔阂。我现在签的合同是 1 200 个小时，也就是 50 天。我们的团队在过去两个月里花了 500 个小时购买我们的笔记本电脑，然后说："嘿，我们需要一个 NFS 共享，需要 Windows 虚拟机。"我们很想说我们需要这个和那个，问题是该公司的反应是："是的，它快到了，伙计，让我调查下。"我给他们准备了一台一直在 VPN 上的笔记本电脑。酷！这真有用，但忽然之间，我不能 SSH 到 Linux 系统，然后他们就责怪我们关掉了一些东西。

我的意思是，我可以直接跳过去——我是一名极客——但这显然是一个防火墙问题。所以很自然的反应是："好吧，我们开个工单。"但是你要等 6 个星期才能等到网络团队来处理。我会对网络团队说："嘿，伙计们，你们希望这个项目成功吗？"对此，公司的回应是："好吧，我们接受你的百万美元大单，但现在我们的员工正因为公司无所作为而变得沮丧和恼火。"

Viktor Farcic：之前我遇到这种情形的时候我觉得公司没有浪费我的时间，因为我已经获得报酬了，但公司完全是在浪费公司的钱。说到底，我获得了报酬，所以我不在乎。但后来我意识到也许是角度不同。实际上，我认为完全无关紧要的——零改进——才是大问题。

Andy Clemenko：我想这是关于 DevOps 方式的工作，也是关于前进的。这是迈出一步，即使这只是从三个月到两个月的一小步，但也是向前的一小步。不管在公司、生活、财务还是其他方面，如果我没有前进，从精神层面来说我都会感到沮丧。我喜欢向前的动作，而且我确信在某种程度上，公司至少会对前进感到满意，尽管这可能不是来自你和我理想中希望获得进步的地方。

> 不幸的是，问题是有些公司只是说他们需要 DevOps。这就是他们的目标。但是你却在一旁想着他们根本就不理解到底什么是 DevOps。

——Andy Clemenko

不管是短期、中期，还是长期项目，一旦我参与进去，我必做的一件事就是树立一个目标。它可能是一堆目标，也可能是一系列目标，但至少你知道自己最终想到哪里去。因为这样，在任何时间点你都可以问自己："我是否偏离了目标？如果偏离了，是什么原因导致的偏离？"有时候你需要回过头来去寻找新的路径，这可以接受，但你必须至少了解你在走回头路，一步步远离你的最终目标。

不幸的是，问题是有些公司只是说他们需要 DevOps。这就是他们的目标。但是你却在一旁想着他们根本就不理解到底什么是 DevOps。我最喜欢的是公司说他们想要 Docker 的时刻，他们也总是这么说。可问题是 Docker 对于他们来说意味着什么，他们却说不清楚。

我拿 Docker 的工作方式开玩笑是因为它不仅仅是容器，它还是 CI/CD，还是版本控制。在有些没有使用监测和日志管理来维持版本控制的地方，它还是 ELK、Splunk、Prometheus 和 Grafana。它是关于你加强基础设施所有功能的聚合系统。事实上，它还有点像 Puppet 和 Ansible，可以解析 Kubernetes YAML 文件。对于这所有的一切，我真想说："上帝，帮帮我吧！"

Viktor Farcic：没错！

理解你买的产品

Andy Clemenko：但它也是 Jenkins、Gitlab 或者其他诸如此类的工具。拿我现在在做的项目为例，我们需要版本控制和 CI 系统，所以我问客户："你们现在有什么？"他们会这样回答："嗯，那边的团队有——"我问："你们有中控吗？"他们回答："没有。"他们可能会问："但我们能够自建吗？"可其实这根本不是他们的工作内容。最终的结果是，你需要去找另外一个团队,问他们:"你们明白你们买的是什么吗?"

一个经典的例子是,你买了辆车,然后开了很多次,但是 200 英里后你就开始因为车不动了而挠头。你没有意识到你需要打气或换轮胎、加油、清洁汽车以及其他的保养措施。你可能只想着回去再买一辆,但事实是你必须了解你买的东西。

Viktor Farcic:确实如此。我觉得我遇到的一个重大困难是,当我与客户在一起时——假设他们需要的是一套持续交付的流水线——我觉得不应该欺骗客户,也许我应该告诉他们,在这种情况下,他们不应该刻意追求持续交付。

Andy Clemenko:我曾与客户进行过具体的交谈,并说过一些类似的话,比如也许容器并不适用于他们。如果他们不愿意建立 CI 系统和版本控制,之后又不愿意理解这些都是 DevOps 工作方式的组成部分,那么可能他们就找错了对象。

有时候它会以错误的方式出现,但我为自己能诚实地对待客户感到自豪。我会说:"看,你们需要这个、这个还有这个。"事实上,我昨天在一个集成部门就是这么做的。我在白板上写了一长串他们需要提供的用于构建他们的参考架构的东西:基础设施、监控、日志管理、CI/CD 流程。从开发的角度,他们更关心 CI/CD,但我告诉他们 CI/CD 只是他们要提供的一小部分。比方说,你做了个有点厉害的东西,但它应该放在哪? 该如何执行? 如果不能进行有效的部署,那要它有什么用?

Viktor Farcic:但有时候,我觉得这不仅仅与意愿或能力有关。

Andy Clemenko:如果你的目标是做到最低限度,那就继续如此。同样,如果这对你有用,很好。但请不要妨碍那些想要改变和前进的人。

你必须勇敢地对那些人说也许你应该留在过去。可能你应该继续用 Windows Server 2003,不必担心容器、DevOps 和 CI/CD,因为这只是工作方式。客户有时候不一定喜欢听实话,但我宁愿提前说明白也不愿意愚弄他们。我认为诚实能建立一种更为健康的长期信任关系,有时还能促进客户内部的转变。每隔一段时间就会有一记耳光可能不是个坏主意。

Viktor Farcic:确实如此,至少对学术界和销售人员来说是这样。

Andy Clemenko:昨天我接了个销售电话,通篇就是"卖、卖、卖"。这家公司关心的只是前进。所以,问题是他们应该在 Jenkins 服务器上使用哪个 Docker 引擎? 我觉得归根结底得问问他们是否真的需要支持。公司政策是否要求你必须得到支持？因为如果是的话，我们只需要向你出售 2 个节点的许可，每个节点每年 1 500 美元。这太少了，对于他们公司的大部分预算来说就像一个舍入误差。

我的回答是他们可以运行社区版，这样你实际需要的支持量将几乎为零，因为我自己一直在 CI 系统上运行社区版。那家公司的答复是让我们给他们报个价，不利的是我们无法销售包括全套产品在内的专业服务。但你知道吗？最后，至少客户觉得他们从销售人员和我这里得到了一个诚实的答复。

> 客户有时候不一定喜欢听实话，但我宁愿提前说明白也不愿意愚弄他们。我认为诚实能建立一种更为健康的长期信任关系，有时还能促进客户内部的转变。

> ——Andy Clemenko

Kubernetes、Docker 及持续降低的准入门槛

Viktor Farcic：之前，在你提到解析 Kubernetes YAML 文件时，你说："上帝，帮帮我吧！"为什么这么说？

Andy Clemenko：任何时候出现一项新技术，尤其是为了改变的时候，开发人员不得不降低准入门槛。想要改变抽象视图、改变工具，你必须使其变得更加简单。Rancher 让编排变得简单，这真了不起！以前必须得分类编排，天哪，那滋味真酸爽。

我曾经有个公司主管，他以前根本不懂计算机。通过点击两下按钮就能部署一个 ghost 博客服务器，这让他大吃一惊。你只需要把进入门槛降得足够低就可以了。我现在看到的 Kubernetes 的问题是 YAML 本身在一个对象类型中使用了 4 次 spec。YAML 格式没问题，每个人都可以做垂直线，在他们的代码中获取正确的间距。

但它的整体结构呢？昨天听客户讨论比较 Swarm 和 Kubernetes，以及如何在 Swarm 中获取一个单一对象。这个对象用于描述入口 URL-FQDN，代表副本数量，代表端口号和存储卷——假如在 Kubernetes 中，这是 7 个对象。这有点令人沮丧，更不用说 Kubernetes 现在有 37 个顶层对象。还有一个我最喜欢的定制化的对象叫 CRD。如果我们的理论对你来说足够好，你也可以自己做一个，我们就用它。Kelsey Hightower 说 Kubernetes 不是终

点。必须有人来做，这里我向 IBM 和 Red Hat 致敬，OpenShift 使 Kubernetes 可运维了。这很酷，但它不是 Kubernetes 却被当作 Kubernetes 出售，我认为这是不公平的。

Viktor Farcic：你说的对，那么你觉得该如何解决问题？

Andy Clemenko：需要有人站起来说他们要在底层使用 Kubernetes。我们了解 Kubernetes YAML，但我们要简化它并创建自己的转换应用程序以在其之上格式化。

程序会转换成更低级别的原语或者 37 个顶层对象，这样开发人员就会说："这是我的镜像。"或者最好说："我们讨论过元数据会暂存在镜像里，但这是我的镜像。这是副本数，这是需要的网络，这是它在监听的端口——编号，非常简单，在 5～20 行，它是最小的。"

看看 Helm 吧，他们一直在尝试这么做，但是 Helm 本身就够复杂了。你必须去看图表，我甚至不看 Helm 本身。有人说 Helm 很简单，但事实上它一点也不简单。只要你帮助客户理解 DevOps 的工作方式，你就会一次又一次地发现这些工具真难用。

Viktor Farcic：它一直很简单，直到它不能满足你的需求时，噩梦就来了。

Andy Clemenko：看看 Kubernetes 的技术成熟度曲线。有客户对我说："我们想要 Kubernetes！"我就问："你们具体在做什么？你们拉取镜像了吗？为什么你们特别需要 Kubernetes？"对于这些问题他们都回答不了，因为他们根本就没有答案。归根结底只是公司高层在 CIO 周刊上看到了它，或者只是因为现在流行它，他们就想要。然后你实际上开始向他们展示那个 YAML 文件，或者为了在部署之前将入口控制器绑定到服务，你必须有一个入口对象这样的事实。至此已经有 4 个对象了。

Viktor Farcic：我问这个问题的原因是，在我使用 Docker 时，感觉它是为数不多的我可以让公司所有人使用的技术工具之一。不论你是测试人员、开发人员还是运维人员，Docker 对你都有用。在那时，Docker 几乎可以当作交流工具使用。它对每个人都有用，而且入门简单，甚至我可以解释给我妈妈听。但随后出现了 Kubernetes，我个人很欣赏它，因为它非常强大且可扩展，它允许你做任何事情，甚至可以煮杯咖啡。但现在我真的不能向别人解释 Kubernetes 是什么，除非这个人想把一辈子耗在它上面。

Andy Clemenko：Kubernetes 成了一种信仰。

Viktor Farcic：由于与之相关的复杂性，我觉得 Kubernetes 不可能只是你的工具袋中的一个工具了，你得全心投入才行。所以在我的书中，我提到，这对开发人员来说是无用功，因为他们永远也学不到他们需要学习的 Kubernetes 相关的东西。可能我有点悲观了。

> Solomon Hykes 没有发明容器……他和他的团队所能做的只是让 Docker 以一种更简单的方式运行，但这对我来说却至关重要。
>
> ——Andy Clemenko

Andy Clemenko：对，我同意你的看法，因为这也是我所看到的。老实说，在 Docker 上最让我们兴奋的是 Solomon Hykes 没有发明容器。以前我们有 zones（译者注：小型机上的分区），我们还将其他的都归类为封装技术。他和他的团队所能做的只是让 Docker 以一种更简单的方式运行，但这对我来说却至关重要。我真的认为我们需要的是一个操作平台——一个简单的框架，因此当 Kubernetes 被实现到 Docker 企业版的时候我特别激动。

如果我们采用一种类似 Apple 的做法：我们简化它，我们让它发挥作用，我们降低准入门槛并继续前进，那么我们就有希望能把 Kubernetes 抽象到恰到好处。如果有人想一直用 kubectl，那就把对象留着，但要对它进行简单抽象使之足够简单可用。当我们谈到终身工作者和实干家以及大公司时，我认为当你的准入门槛稍微高一点点就足以引起很多的阻力。当你想有效地改变一家公司时，你必须要把这种阻力——哪怕是潜在的阻力——降为零。我想这和数学函数差不多。你的阻力越接近零，组织内部发生转变的可能性就越高。因为我记得我第一次看到 Docker 的时候，我把它视为一种威胁，至少从系统管理员的角度来看是这样。

Viktor Farcic：你真的认为它是一种威胁？是什么让你后来转变了想法？你现在是 Docker 的高级解决方案工程师，所以你最初的想法肯定不对。

Andy Clemenko：当时我认为 Docker 是一种威胁，因为本来开发人员可以只做需要系统管理员才能做的事情，于是我的本能反应就是 Docker 处于系统管理员的对立面。但当我第一次执行 docker run 命令的时候，警报解除了，我顿悟了："天啊！我一定要去这家优秀的公司工作。一定去！"但还是要强调，你必须把门槛降得越低越好。

你在向新开发人员演示用 1 700 行的 Kubernetes YAML 文件去部署 Prometheus 和 Grafana 的时候，有没有看过他们的眼睛？我昨天就这么干的，他们惊讶得下巴都掉地上了！

Viktor Farcic：我懂你的意思，我经常见到这个表情。经常有人打电话给我说："Viktor，你能帮我做这做那吗?"或者他们直接告诉我说他们想用 Kubernetes。刚开始的半个小时兴致勃勃,之后就偃旗息鼓了。

我觉得我们讨论 DevOps 的时候最有意思,但我认为 Kubernetes 促进了这些新角色的成长,而且系统管理员也能用到它。

我想看到的行业未来是我们不再讨论 Kubernetes,而是看到在它之上的一些只有很少人了解的事情。我想这和你在 Docker E 中描述的差不多。

Andy Clemenko:现在关于内核开发人员有一个现象:每一层都有一些特别出色的专家,但直接与该层交互的人数却变得非常少了。

Viktor Farcic:那是因为你现在不用它了。

Andy Clemenko:确实如此,现在没必要这么做了。

Viktor Farcic:在我和你说话的时候,我正在 Mac 上运行脚本,我不知道后台是如何运行的,因为我根本不关心。

> 老实说,我甚至不关心这个容器是否符合 OCI。说到底,我只希望它能用、便携、安全和简单。
>
> ——Andy Clemenko

Andy Clemenko:说得有道理,我记得是 Sun 公司的 Scott McNealy,他在几年前谈到了 Sun Grid 高效地部署和开发 SAS Grid。他说当你用吹风机的时候,你并不需要知道核能发电。你只要给吹风机插上电源,然后能用就行。同理,我并不关心底层编排了什么——老实说,我甚至不关心这个容器是否符合 OCI。说到底,我只希望它能用、便携、安全和简单。

展望未来

Viktor Farcic:嗯,那接下来有什么趋势呢?

Andy Clemenko:在不久的将来,我觉得无服务器是一种趋势,但我仍在等待无服务器被直接写进较低层的编排器中,而不是像现在这样作为一个额外层部署在顶层。对我来说,无服务器在某种程度上只是一个快速反应调度程序。

Elias Pereira 用 OpenVAS 已经做了不少令人印象深刻的事情了，实现了容器的自动扩展，因为它部署了自己的 Prometheus。在我看来，从概念上讲，在多个层上拥有相似的功能有点多余。那么，让我问个问题：如果我们可以把 OpenVAS 构建到较低层的编排器中，为什么我们不直接构建到 Kubernetes 或者 Swarm 中呢？

至少这样的话，我会为它成为第 38 个顶层对象投赞成票。但理想情况是如果你有更多像无服务器一样的批处理进程，它们可以使用相同的批调度器。你不必在顶层构建并添加所有这些额外的东西来做同样的事情。我的观点是希望看到编排器能够说："1~5 是长时运行的服务，6~7 是无服务器的。"我们又谈到了自我意识的本质，如果你有一个容器能够说"如果我在 10 分钟内没被用到，就把我关了"，会怎样呢？

在这种情况下，你甚至不需要一个独立的无服务器或者守护进程对象。事情是自我判定的，它说："嘿，一直没人用到我，把我关了吧！"它会告诉编排器说："我不忙，所以把我关了吧。"等到下一个请求进来的时候，编排器再把它唤醒。去做，为什么不？我认为我们应该忘记那些边界。你不觉得这样更简单吗？我问你，Viktor，你还记得你第一次执行 docker run 命令的那一刻吗？

Viktor Farcic：那就是我要说的。我在运行 Docker 时的第一反应是："好吧，我在 10 分钟前启动了它，我已经了解它是怎么工作的了，我不知道幕后有什么，但它可以用了！"

Andy Clemenko：你执行了 docker run 命令之后看到了你的网页，紧接着你灵光一闪，这就是我们所有的 DevOps 工具所需要的。这才是改变真正发生的时候，就在这些灵感闪现的时刻。

Viktor Farcic：说得没错，我们回到无服务器的问题上，你会把赌注押在一些你已经解释过的东西，或者类似 Lambdas 的云专有技术和其他东西上吗？

Andy Clemenko：我不会下任何赌注，因为当今时代计算无处不在。它在你的手表里，在你的数据中心里，也在别人的数据中心里。在本地与云、无服务器与全守护进程（或者你想称它们为服务器与无服务器）之间总是存在某种平衡，可能不是一半对一半，它们会变化。出于安全和经济原因，我认为这两种情况会并存。很多次我听到客户说因为公司政策，他们不能联网，因此被完全隔绝了。你用不了 Amazon，也用不了 Azure，只有个项目团队提供 VPN 连接到 VPC 的服务，他们会提供一个链接或者其他类似的好东西。事实上，我们所做的一切只是在转移责任。

那么，我认为无服务器会接管一切吗？不，但我认为它会占据现今容器市场的20％，但是你猜，以什么格式在后端运行才是无服务器？

Viktor Farcic：Kubernetes？

Andy Clemenko：所以，它也同样是底层的基本对象，构造也一样。那么为什么我们不能让这个构造更有自我意识呢？无论它是个使用了无服务器技术的批处理作业，还是一个持续提供通信服务的长时运行的守护进程？

Viktor Farcic：我目前对无服务器的担心是我会和我选择要用的平台几乎永远深度绑定。从技术上讲，我喜欢你刚才描述的——告诉我如何解释一些事情，然后告诉我它是作为Lambda、Azure函数还是VAS运行。但这不是我应该关心的事情。

> 我目前对无服务器的担心是我会和我选择要用的平台几乎永远深度绑定。
>
> ——Andy Clemenko

Andy Clemenko：不应该是，但对我来说它是一个进程。从根本上来说，它只是容器内部执行的一个进程，无论它是封装在Lambda函数、Azure、OpenVAS容器还是长时运行的Kubernetes容器中，它就是个进程。进程本身不关注它封装在什么里面，它也不知道它不是一个有意识的存在，它来回说着："我活着！我死了。我活着！我死了。"它就只是运行。

在我看来，构建单独的框架会造成更多的混乱。诚然，工作是有保障的，不过这个准入门槛并不低，虽然玩过之后发现OpenVAS极其漂亮！创建函数很简单，集成起来也简单，执行也是，更不用提它的自动扩展和其他的有趣功能。但是，我还是希望把它能完全集成至编排器里。

我对Amazon很有信心。我不太喜欢他们正在构建的东西，话虽如此，但是我对他们降低了技术准入门槛的做法大加赞赏。他们让在VM和对象存储里使用数据库变得异常简单。不过，如果你深入其中，情况就会变得异常复杂，有CloudFormation模板和所有的IM策略和安全组。我个人是不用AWS或任何类似东西的，因为它太复杂、太烦人了。

Viktor Farcic：当你一开始说他们让技术变得异常简单的时候，我的第一反应是它以前简单，但现在不是了。

Andy Clemenko：没错，就是这么回事。

Viktor Farcic：我现在更喜欢 DigitalOcean，因为它有我要的东西，而且我不必被 5 万个我不要的东西所拖累。

Andy Clemenko：我也特别喜欢 DigitalOcean！

Viktor Farcic：老实说，我在工作中接触到 AWS 很多次了，但我还是不能完全理解它的工作原理。但是现在我认为已经没有人理解了，它太疯狂了。我觉得它沿着与我们刚刚谈的 Kubernetes 一样的轨迹前进，但它变得越来越复杂了。

Andy Clemenko：确实如此，我觉得 Amazon 的一个不利或不可靠之处就是他们让 AWS 的黏性太强，而这是因为 AWS 太复杂了。在某种程度上，Kubernetes 也在走同样的路。它的黏性是如此之强，一旦你开始使用它就再也不想用其他东西了。只要看看这样一个事实：如果你把"AWS 架构师"或"Kubernete 认证"写在简历里，你的手机就会响个不停。对于已经获得认证的人来说，这是好事，但你知道的，我认为这在一定程度上把很多小人物挡在了市场之外。

Viktor Farcic：但如果获取 AWS 认证的需求很大，这也就意味着它真的太复杂了，因为我不相信会有人会在获得了 Kubernetes 认证后，说他们是获得了容器认证的人。

Andy Clemenko：或者他们应该说同时有 Docker 和 Kube 的认证。

Viktor Farcic：Docker 认证能干吗？只要花两天时间就能拿到证书！

Andy Clemenko：我们的认证就是对类似 registry、push 和 pull 这些命令有个基本了解。你绝对可以在一两个星期内就通过测试，一点也不难。

Viktor Farcic：没错。我们的访谈要结束了，真高兴能和你进行交流，Andy！真心感谢你抽出时间！

9

Chris Riley：
作家和 DevOps 分析师

Chris Riley 简介

本章译者　张洁　中国

2019 DevOpsDays 上海站核心组织者

中国 DevOps 社区志愿者

从事 IT 项目管理工作十余年,目前在证券公司从事 IT 项目研发效能工作。

Chris Riley 在大丹佛地区工作,他自称从一个不称职的程序员,转型做了 Fixate IO 的 Sweetcode.io 社区频道主编,Fixate IO 是一家以技术人员为目标受众的内容营销公司。通过这个工作,他深入了解了 DevOps、SecOps、大数据、机器学习和区块链。他是 DevOps 学院董事会成员,已经担任这个职位四年多了。你可以在 Twitter 上关注他(@HoardingInfo)。

一个不称职的程序员转型为行业分析师

Viktor Farcic:我了解到你的职业生涯主要围绕着你的分析师工作。但你也是 Sweetcode 的主编。这一路你是如何走过来的呢?

Chris Riley:简而言之,我从一个不称职的程序员转成了行业分析师。尽管我不能成为一名程序员,但是对软件开发实践、构建应用程序以及相关的流程,我都有极大的热情。所以,我并没有试图提升我的编程技能,努力成为一个更厉害的程序员,而是决定真正地专注于这个行业，了解这个行业。因此，除了担任 Sweetcode 的主编外，我还成为了一名 DevOps 分析师。

在我的职业生涯中，我的上一任雇主是一家名为 CloudShare 的公司，这是一家专门针对大型业务应用的研发测试环境管理公司，开发 SharePoint、SAP 或 Oracle 类型的大型业务应用。在 CloudShare，我从事产品管理工作，主要负责把控产品的发展方向，密切关注市场。

我也为 DevOps.com、O'Reilly 和 TechTarget 写了很多评论文章。我的评论文章侧重于组织如何吸收现代开发实践以及鼓励企业采取行动的激励措施。我开始变得非常熟悉市场，包括我自己也设想了很多工具。在那之后，我开始在 Sweetcode 做主编，现在 Sweetcode 是一个更专注于开发者的网站，有很多非常强大的战术内容。

DevOps 是什么？

Viktor Farcic：我想用一个你可能觉得很傻的问题开始这次访谈：DevOps 是什么？

Chris Riley：我坚信 DevOps 不是一种能轻而易举实施的实践。你不能只是说，在某年某月，你"做过"DevOps。"正在做 DevOps"这种说法不应该是任何人的说辞，因为你永远不会"做完了"DevOps。

> "你不能只是说，在某年某月，你'做过'DevOps。'正在做 DevOps'这种说法不应该是任何人的说辞，因为你永远不会'做完了'DevOps。"
>
> ——Chris Riley

DevOps 不是一个东西，它是一种原则，一种实践，是你用来驱动你的所有关于如何构建你的交付链的决策的东西。这意味着它包含了从"文化"到实现的一切，"文化"是个挺可怕的词。有一个很好的例子，如果你走进 Slack 公司，看到他们的开发环境。你可能会说："哇，看，你们的开发人员们在支持他们自己的代码。一旦他们构建了代码，就会支持它，所以你们能每天会发布数百次。你们已经做到持续交付了——多神奇！你们做到了，你们成功了——你们是 DevOps 的。"

你不能这么说，因为根本就没有"你们是 DevOps 的"这回事。正如我们在 Slack 看到的那样，他们一直在努力想方法把工作做得更好。这才是 DevOps。尽管从外人的角度来看，他们似乎已经拥有世界上最好的开发环境和交付链，但他们总是在考虑如何做得更好。他们仍然在想："我们怎样才能做得更好？我们可以在哪些方面实现更多的自动化？我们能让哪些流程更快？我们怎样才能更频繁地发布？"如果你关心更高质量的软件，并且更快、更频繁地发布它，那么你正在"做 DevOps"，你甚至不需要将它称为 DevOps。我认为 DevOps 就是这样的。

Viktor Farcic：我觉得你是在描述敏捷的扩展版本，或者至少是类似的东西。

Chris Riley：我不这么认为。敏捷已经具备明确的实践体系，只是老生常谈，而 DevOps 更灵活，富有哲学性。这种说法的之所以重要的原因是因为敏捷，甚至在此之前，已经从瀑布开发实践中获得了很多经验。

如果你是一个组织，想要启动一个项目来实现 DevOps，那么你将会一直进行 DevOps，实际上，直至项目结束的那一天，你仅仅拥有了一个 DevOps 工具箱。一旦你完成了这些，DevOps 工具箱就不再支撑 DevOps 了。因为它已经没用了，例如，尽管 CloudBees 已经有了 Codeship，突然你需要再考虑如何进行持续集成，这很可能是由于你使用了一种不同的自动化发布工具。这时你需要考虑："是由于使用的自动化发布工具不同，还是有新一代发布工具面世呢？"

如果你生搬硬套地构建你的交付链，并且说"这就是我们的 DevOps 交付链"，这会导致你不能适应接下来出现的新事物，那么你就不是在实践 DevOps。在 DevOps 中，你要一直向前看，考虑接下来会发生什么。正是因为有了这一想法，在 6 个月后项目结束的时候，在建成一些东西之后，我们自己都会说："哦，天哪，这些工具太老了。我们需要重新装备，因为很多东西都变了，而且变得更好，我们还没有为此做好准备，我们不知道事情会发生变化。"这是科技领域最荒谬的说法。

> "你真的无法在 DevOps 的原则和哲学性上获得认证。只要你认为你可以，其实你就已经疏远了环境。"
>
> ——Chris Riley

这就是我觉得不安的地方，DevOps 被认为是一种原则、一种哲学，这就使得管理和构建 DevOps 环境变得更加困难。这变成了一个很大的关于人的问题，而人的问题是最难解决的。你不能忽视这个事实。

Viktor Farcic：我完全同意。当我像你们一样去参加大会时，总会感到有点失望，因为我看到那些广告把三年前我就已经知道的每一个工具都宣称是经过 DevOps 认证的。这仿佛是说："买了这个工具，你就会变得 DevOps 了。"我不知道你有没有同样的感觉，但我很担心，因为它太商业化了。

Chris Riley：我是 DevOps 学院的董事。他们最初提供一些关于 DevOps 及其文化方面的高级课程，不过现在，他们已经作了调整，更多地关注于战术。你真的无法获得 DevOps 原理和理念方面的认证。一理你认为你可以在这方面获得认证，你就已经疏远了环境，因为你只可以在特定的流程和实践中获得认证。

即使在自动化发布方面，情况也在发生变化。它不是一个静态的环境。

变化的速度

Viktor Farcic：你说得对，变化的速度是如此惊人。在今天的世界，我们已经不可能跟得上了。我们继续用 Jenkins 的例子，在过去的几年里，它从一个容器调度程序转变为另一个容器调度程序，有了几百个新插件、新 UI，抛弃了旧的定义作业的方式，取而代之的是一切皆代码的哲学等等。Jenkins 只是众多例子中的一个。我很幸运，因为我的工作让我比大多数人有更多的时间学习新技术，但我总有一种落后的感觉。

我们继续，不过，我发现你非常关注从一种文化到另一种文化的转变。你已经和很多人交谈过了，从在大企业工作的到在小型初创企业工作的。你看到这两种路径之间有什么不同的模式或区别吗？

Chris Riley：最初，我与一家企业交流，从那时到现在已经四年多，形势已经发生了很大的变化，那时大多数人都是机会主义者，他们说，"哦，是的，我们正在考虑 DevOps。DevOps 非常好。我们知道新的事物正在涌现。"然后，就出现了小型初创企业开始自下而上地构建 DevOps 工具箱或原则。

我不应该这么说，因为我刚才说 DevOps 不是一件事。在 DevOps 的早期，好像有这么一个 DevOps 俱乐部，企业不需要专门申请会员。有一种态度是："嘿，让我们把这个问题留给那些秘密俱乐部的成员，他们知道如何快速发布软件。"但情况很快就变了，企业纷纷迅速加入。然而直到 Docker 的出现，才真正掀起了一股巨大的接受浪潮。Docker 一推出，大家就都觉得自己已经落伍了，所以企业加快了推进步伐。你看到更多的企业接受它，因为 Docker 实在是无处不在。

我应该说的是，容器是如此普遍，以至于企业立即接受并购买了 DevOps。所以，这一切发生得很快，而且分歧没那么大。最重要的是，老牌企业不必把所有的应用都拿出来重新开始，而初创企业能把整个交付链工具化，这正好符合 DevOps 的方法论。

科技行业的 DevOps

Viktor Farcic：有时晚开始一点也是有好处的。新成立的公司没有大公司或者老牌公司的包袱。无法抹去历史往往会拖慢我们的脚步，而像我们这样的行业，一切都可能随时发生变化，没有遗留应用可能是初创公司的一个巨大优势。

有了这样的思想框架，你如何推广新的价值观、流程和工具呢？我想，不管是 DevOps 还是别的什么，那都不重要，重要的是公司应该有一种可用来宣传变革的机制。

> "应用程序开发公司通常会购买 DevOps 工具，大多数组织也确实如此。如果不这样做，那么你的人力资源就会有问题。"
>
> ——Chris Riley

Chris Riley：我在企业中看到的最酷的方式就是通过管理来采用，这是很有效的。这些公司建立了卓越中心——尽管我讨厌这个说法，卓越中心负责在组织内部构建一个非常棒的 DevOps 环境和文化。在这种环境下，可以很好地为一个小型的、不太关键的任务应用程序编写代码，他们会使用它并且会在整个组织内管理它。

有些组织出于一种政治目的来使用这种方式，他们管理起来会更顺畅，比如内部提升，而另一些组织则基于它来构建一个框架。事实上，美国有一家非常大的传媒公司，他们就是这么做的。

他们有一个小型的 DevOps 环境，投资在工具和流程研究。他们会说："嘿，开发的伙伴们！我们有 1 000 个小型开发团队（我不知道是不是 1 000 个，但是确实有很多 10 人或 20 人的开发团队）。你们所有人都在用自己的方式做事情，这固然好。但是，如果你想要我们在预算和技术方面给予支持，那么你就必须使用 DevOps 团队创建的工具中的一种。"这是一个非常自然的引导，而不是不得不说"哦，我们可能应该接受它"，他们也确实这么做了。

对于这家特殊的传媒公司，执行起来当然要容易多了，因为他们的开发团队是彼此独立的。他们拥有的每个媒体网站都有一个开发团队。有很多这样的公司，由两个团队组成，所以比较容易，而不是像银行那样，由一个独立的团队组成。即使在大型银行中，也有所谓的共享服务部门，这是 IT 与应用开发团队之间的缓冲带，共享服务部门将购买 DevOps。

应用程序开发公司通常会购买 DevOps 工具，大多数组织也是如此。如果他们不是采用购买的方式，那么可能会出现人员问题。最难的部分是与 IT 团队集成。共享服务部门的作用是批准流程和工具。他们与 IT 部门协商开发人员可以使用哪些工具，不能使用哪些工具，这种做法是有效的。尽管需要付出巨大的努力，但最终都会奏效。

我认为这很酷，因为企业采用总是一个借口，但我认为他们没有再为自己找借口，因为很多人会说："是的，DevOps 真的很酷，但我们太大了"。"我们太大了"这整句话的回应是不充分的，但我认为许多企业已经习惯了这一点。

Viktor Farcic：当听到公司用"我们太大了"这句话作为借口时——尽管我经常听到——我的第一个想法就是："不，你们的文化还没有准备好，公司内部的组织结构或沟通方式还不一致。"

Chris Riley：是的，除非这些公司启动 DevOps 战略，否则他们将落后于竞争对手。最终，他们将没有选择的余地，因为有些公司的应用将会更好。例如，Amazon 将要进入医疗保健领域，这一领域正是 Amazon 在探讨要做的事情。因此，现在医院不得不开始担心自己，有没有开发出易用且高质量的应用程序。

Viktor Farcic：当这些事情发生的时候，当有人真正颠覆了这个行业的时候，整个行业就会突然变得更好。这让我怀疑，当这一切发生的时候，是不是已经太晚了。

Chris Riley：也是，也不是。其实与 DevOps 无关，Satya Nadella 出任微软 CEO 之前，微软似乎已经落后了。然后他们就这么做了，但他们可以这么做，是因为他们有钱。在他们背后的纯粹是现金的力量。

你知道，对我来说有一件非常有趣的事，一个非常大的金融机构，它在 DevOps 领域非常有名，因为它构建了自己的开源 DevOps 工具。但是在这个机构中有一个小部门却在定期地接触 DevOps 社区——他们甚至与开发这个工具的团队都没有联系——请顾问来给他们解释 DevOps 是什么。这绝对令人感到困惑。你的整个团队都在谈论 DevOps 是多么的神奇，他们已经构建了自己的工具，这是非常棒的，但是开发工具的团队甚至不知道还有这样的部门存在！回到你的观点，这就很像你说的组织结构出问题了，出现了沟通问题，这意味着某些错误极其严重。

Viktor Farcic：完全正确。你有没有遇到过这样的情况，有人说："哦，我们试过了，但失败了。这没用，一切都是白费力气吗？"

Chris Riley：是的，部分尝试及失败的反应。这就好比说你太大了。

我所做的就是问："你试图导入 DevOps 方法论的哪一方面？你尝试过直接进行持续交付吗？尽管这并不是一个好主意。为什么不先进行自动化测试呢？自动化的粒度再小一点。别再使用金丝雀发布了。"然而，我得到的答案是："哦，我们做过金丝雀发布，它发布软件的速度太快了。这很让人恼火。"如果你这么说，那么我的回答也很简单："你为什么选择这个？还是自动化点别的东西吧。"

Viktor Farcic：我听过这样一个故事，假如你都不知道自动化是什么的话，那么根本不可能跳过这一步。他们会说，你将无法实现容器化，因为你的差距太大，以至于你无法直接跳到下一步。

Chris Riley：我认为你哪步都跳不过去，更广泛地说，这种心态一直是个问题，大家认为一个工具就可以解决问题。他们认为 Jenkins 是 DevOps 市场上的一个自动化发布工具，如果他们购买了它，那么他们就做对了 DevOps，因为 Jenkins 将把 DevOps 带进他们的组织，然后他们就完成了。这种心态永远不会奏效。如果你期望工具为你做这件事，那么你就错了。

自下而上还是自上而下

Viktor Farcic：这就是我为什么认为你要购买那些承诺可以改变文化的工具是很危险的。那么，在你看来，哪种方法更有效：自下而上还是自上而下？更具体地说，当有这么一个项目时，它应该从哪里发起？

Chris Riley：我要用不同的方式来回答这个问题，因为我认为这两种方式，从各自的角度来说，都是至关重要的。话虽如此，如果非要选一个的话，我会选自下而上。如果你遇到了一个自下而上开发的问题，比如有一线开发人员告诉你，他们不想专注于构建应用程序，不想更快地推出它，那么你可能就选错了开发人员。如果这是组织者的问题，那么就会带来了一个更大的挑战，因为你必须向开发人员解释为什么构建应用程序和快速推向市场是好的。

因此，当我们对比自下而上和自上而下时，我认为90％的努力都是自上而下的，因为自上而下才是最大的障碍。质量保证团队，或者叫质量工程（QE）团队，他们被驱动去做一些新的尝试是很常见的，因为他们相信自动化。他们对整个的交付链有一个全局观。他们能看到整个交付链。但是QE团队预算有限，而且他们必须向研发团队（R&D）证明，而研发团队可能必须向其他人证明，比如，为了通过预算来获得Selenium的功能测试工具。

这是最难的部分。当这些人去找那些决策者时，如果决策者不理解DevOps的价值，即使他们嘴上不会说这太愚蠢了，他们也可能会不屑一顾地说你不能这样做，因为他们不知道这些预算将会如何影响净利润。不过，这正在变得越来越容易解释，因为你可以很轻易地看到，现在很多行业都指出，高质量的应用程序不仅可以获得更好的客户满意度、有更多的客户参与，而且事实上也会影响公司的净利润。

> 现在很多行业都指出，高质量的应用程序不仅可以获得更好的客户满意度、有更多的客户参与，而且事实上也会影响公司的净利润。
>
> ——Chris Riley

这就是改变想法，但有时候，改变想法是不可能的。另外，薪酬结构也有问题。如果运维团队得到薪资是因为他们保障程序不中断，那么他们就与开发人员存在直接的利益冲突，因为开发人员通常凭将程序尽快推向市场而获得薪资。运维团队不希望任何事情发生变化，因为一旦事情发生变化，就会出现问题。

当IT运维团队聚焦于他们不希望开发人员发布任何东西这一事实时，他们自然会成为瓶颈。因此，薪酬和组织结构只能自上而下地改变。从100人的开发团队到5～10人的开发团队，这只是另一种只能自上而下地发生的重大结构变化。我只是认为这就是努力的方向，而且必须付出努力。

Viktor Farcic：当你提到开发团队时，你是指既能开发又能运维的这种自给自足的团队吗？

Chris Riley：我知道有很多不同的方法可以解决这个问题，但是容器和微服务的最酷之处在于它们不仅仅是基础设施工具，它们也是应用程序架构工具。如果你开始考虑构建应用程序并将其分解为服务，那么你自然会遇到这样的情况：我们需要更小的开发团队，例如，不需要 100 个人来编写登录服务，你只需要两个人。我认为这种新的架构很自然地会将组织带向那个方向，这相当酷，但是他们必须为这种变化做好准备。尽管如此，我仍然倾向于那些拥有 DevOps 工程师、开发人员和质量保证人员的小型团队。

除了一些非常罕见的环境之外，我还没有接受这样的想法，即如果你构建了应用，那么你也要测试并支持它。我确实认为，如果你测试应用，你需要测试你自己的代码，而不是像另一些人一样创建自动化测试程序。我认为对开发人员说"你需要为你的代码编写 Selenium 脚本"是不合适的，因为这永远不会完成。必须有其他人来编写。我认为 QE 职位是仍然有必要的，无论是与所有开发人员打交道的 QE 团队还是小团队中的 QE 人员。

DevOps 部门

Viktor Farcic：你怎么看待 DevOps 部门呢？目前，我看到很多这样的部门，尤其是在企业里。当我仔细观察这些企业时，我了解到，他们将组建 DevOps 部门，负责整个公司的 DevOps 工作。

Chris Riley：回到我之前提到的那家大型传媒公司，他们就是这么做的。DevOps 部门实施，但他们不负责组织架构。他们更多的职责是了解最佳实践和最佳工具。在组织层面上他们实现的是聊天机器人、与 AWS 或者其他任何云供应商的集成，以及那些真正需要使用的工具，因为它们所集成的是全球性的。

每个人都使用 Slack，所以他们可以为 Slack 创造价值。每个人都在使用同一个云服务，所以他们可以为这个云创造价值。这也是我觉得组织需要 DevOps 部门的原因。但是我并不认为你走进任何一个组织并宣布"我们需要建立一个 DevOps 部门"，然后就把问题解决了。

"DevOps 工程师"这个头衔对我来说是有意义的，但我不认为你一定要有 DevOps 部门，你也不需要去寻找这个部门。相反，我认为 DevOps 是一个贯穿于整个开发组织的原则。应该以一种实施计划的方式来进行组织变革，而不是仅仅说你需要建立这个 DevOps 部门，这样就完事了——你就是 DevOps 了。因为这样做的话，你必须授权给那个部门，而大多数组织不愿意这样做。你不能只是让人们来一场 DevOps 的竞赛，然后却不给他们真正去做这件事的工具。我认为，如果你只是建立一个 DevOps 部门，那么接下来就会发生这样的事情。

> "'DevOps 工程师'这个头衔对我来说是有意义的，但我不认为你一定要有 DevOps 部门，你也不需要去寻找这个部门。"
>
> ——Chris Riley

Viktor Farcic：在我看来，建立一个 DevOps 部门会创建出另一个竖井。我曾听过这样的描述，DevOps 是关于同理心的，这种说法我很喜欢，通过将不同的人聚集在同一个团队，可以培养大家的同理心，他们最终会理解彼此的痛苦。

Chris Riley：这种说法的唯一问题就是，首席财务官根本不在乎同理心，掌握钱的人可能根本不在乎这些。人力资源部门可能会在乎，但这就是销售问题。首席财务官对钱很敏感，你必须说出他们关心的内容。要么省钱，要么赚更多的钱，我认为 DevOps 两者都做到了，这很不容易。我觉得这种解释的好处在于它似乎并不是不可克服的。这有点像皮克斯（Pixar）的组织架构。

Steve Jobs 开始在皮克斯工作后，他在搭建员工工作环境的时候，有一个想法就是希望员工们不期而遇，这一部电影的平面设计师可以和另一个应用程序开发人员偶遇并交流，即便他们在工作上没有任何交集。皮克斯是这样做的：考虑到每个人都要上厕所，于是他们就把厕所放在一个很大的公共区域，大家会在那里碰到彼此——这就是产生同理心的地方。他们知道彼此的工作是什么，对彼此的电影有兴趣，对自己正在做的事情感到兴奋，并且在他们所做的每一件事情中都能意识到这一点。这就是一个很好的例证。

Viktor Farcic：我同意，首席财务官和公司高层他们最懂得钱的意义。这怎么解释呢？如果你做 DevOps，你会怎么说？你能为公司赚多少钱？DevOps 如何转化为金钱，你又是如何衡量的？

Chris Riley：有时似乎并不能直接衡量。对于负责构建业务线应用，同时在工作时又要用到内部应用的团队,在和他们交流的时候,我会用不同的方式解释,因为在这种情况下,用户满意度没那么重要。用户不会付钱给他们,他们也不会起身离开。他们只能按照别人讲的去做。

关于顾客的满意度我有一些话要说的。比如 SharePoint,这是我非常了解的。如果组织内部的人不喜欢 SharePoint,他们就不会使用 SharePoint。由于没有人使用 SharePoint,你就不能发挥你的主动性。因此,用户确实很重要,用户体验也很重要,它不仅包括外观和感觉,还包括保持更新,以及在出现问题时能及时解决。如果某个用户发现一个 bug,它能得到立即修复。

通常,在业务场景中,至少需要 3 个月的时间来修复这个 bug,此时你的客户(通常是讨厌自己工作的内部用户)的生产效率就会降低。这就会导致雪球效应。这就是业务线的案例。

如果你是一家银行,你要努力不失去客户,因为这是一个竞争非常激烈的市场,而且通常情况下,大家都不怎么喜欢银行。首先,你想要打造一种低成本的客户体验,因为人们不会一直和你的分支机构打交道,也不会经常打你的客服热线。其次,你可以更快地推出新产品——新的支票账户,不管是什么——这意味着你可以更快地获得这些产品的客户,并吸引更多的客户。除非你有一个非常强大的应用程序,否则所有这些东西都无法交付。不过就算再强大的程序也会有 bug,你还需要对这些 bug 做出响应,这种情况下客户是很关键的,而你不能改变客户。

你还必须适应客户使用应用的方式并满足他们的期望。他们所期望的是一款能够正常工作的应用。他们期望看到你频繁地更新应用,迅速地解决问题,并对他们的使用习惯有所响应。所有这一切现在都是一种期望,除非你认为自己有改变全世界用户行为的能力,否则你就要对这些期望做出回应,因为只要你不这样做,那么无论你做什么,你都会失去客户;或者,至少,你会遇到一些愤怒的客户,他们需要更多的服务,而这些服务反过来又会让你为了与这个客户群合作而付出更大的代价,你也很难再向他们推销新产品。

Viktor Farcic:这个说法很合理,也很有意思。

Chris Riley:实际上,任何组织的底线要么是客户流失而无法参与竞争,要么是不能足够快地执行新计划。那一刻迟早会到来。对我来说,这似乎也是显而易见的。如果你和一个人在同一个房间里,并真的要与之进行竞争,那么我所能想到的就是:"好吧,不管你知不知道,它都会发生在你身上。"

以 Apple 为例。Apple 进入银行业的方式非常隐秘。Apple Pay 已经慢慢渗透进银行业,现在只要有 Apple Pay,我就可以通过短信进行转账。如果你有没有关联卡,你现在有 Apple 信用卡和 Apple 账户,Apple 这样做只是因为他们可以。这应该会吓到银行。

我认为这仿佛在说:"好吧,它会发生在你身上,你会后悔的。"你可能会失去工作,但是当你进入下一家公司时,由于你在上一份工作中积累了丰富的经验,你将成为该公司最强的 DevOps 冠军者。

软件的外包和商品化

Viktor Farcic:虽然我同意你的很多观点,但在我的印象中,你主要指的是内部开发。对于那些将软件外包化,使其成为商品的公司,你怎么看?

Chris Riley:这是个有趣的观点,我要再大胆一点。尽管我不想疏远个行业,但是我认为这些外包公司已经欣然接受了 DevOps,因为他们必须支持他们的客户,也因为他们想更快更好地构建应用程序。

话虽如此,不过我相信,如今技术正成为业务的核心组成部分,将应用程序开发外包出去是一个巨大的错误。我只是认为将开发外包不是公司应该做的事情。因为以前我经历过类似的事情,知道外包是如何运作的,知道谈判是怎么发生的,你必须屈服于开发公司的限制、技能或其他任何东西。这很难做出改变,即便能够改变,也是非常复杂的。我只是认为任何组织都不应该考虑外包,除非有财务上的限制。你必须诚实地面对自己,如果仅仅是出于钱的原因,你选择了外包,构建了一个平庸的应用程序,你必须接受。不过你要知道,在某个时间点上,你还不得不从外包形式转换回来。

例如,有一家公司创建了一个有影响力的营销平台,尽管它的前三个版本并不好,主要是由于 bug 太多。但是这个平台解决了一个问题,人们很感兴趣,它成功了,并且有了客户——虽然客户不是很多。后来,这家公司决定走内部研发的发展道路,当他们开始内部研发后,他们集中精力聘请了一位了解 DevOps 的开发经理,一切都变了。因为这个转变,他们的应用质量突飞猛进。这非常棒,这是一个非常小的公司,现在他们的平台非常酷。

"我认为这些外包公司已经欣然接受了 DevOps,因为他们必须支持他们的客户,也因为他们想更快更好地构建应用程序。"

——Chris Riley

Viktor Farcic：我认为,这只是个意识问题,作为一家公司能否意识到自己是一家软件公司。如果是,那么软件开发就是其核心业务,没有人会质疑核心业务不能外包化。如今,关键在于每个公司是否都能意识到自己其实是个软件公司。

话虽如此,我对信任还是持怀疑态度的。你能相信一家外部公司能把这么重要的工作做好吗? 你能将开发外包出去,同时还保持控制权和质量吗?

Chris Riley：你在约会网站上也能看到同样的情况,约会网站通常是完全外包的。我认为从 SecOps 和应用程序开发的角度来看,这很有趣。AshleyMadison. com 就是一个很好的例子。他们所有的开发都是外包的,我们都看到了外包是如何为他们服务的。他们盲目地接受正在开发的东西,结果却发现这是一个巨大的坑。我认为组织不对数据库中存储的密码进行加密是非法的。如果你这样做,那么你就违反了某种法律,因为这对你的任何用户都不公平。当你外包时,你真的无法控制这些数据。

我只是认为组织需要内部开发,而外包的唯一理由就是,经济上不可行。即使经济上不可行,你也必须意识到你只能外包一小段时间。

Viktor Farcic：说实话,当你看到一名优秀的开发人员能完成的工作量时,相信你会对财务可行性的概念提出质疑,就算这些工作可能很昂贵。

Chris Riley：深以为然。我们在 Sweetcode 经历过类似情况,这就是为什么我对它充满热情。我们在内部有一个平台,用来简化研究流程,根据研究结果决定我们写什么内容,然后找到我们的一个贡献者,写出来并发表。

我们有一个简化流程的平台,因此完成它需要更少的人力。我们的平台已经重写了三次。第一次写的时候,它糟透了。第二次,我们请了一家外包公司来写。我擅长架构设计,对开发也有足够了解,于是我就审查他们的代码,因此我知道发生了什么。我这个职位是很奢侈的,而大多数组织都没有这个职位。我意识到质量太差了。尽管这个平台能够运行,但是质量太差,以至于任何新来的开发人员都无法使用它。在这种情况下,最好的选择就是重写。

我唯一想说的是,对于那些对应用程序开发一无所知却空有一个好创意的人来说,他们可能不得不向专业公司寻求专业知识,这是一个很糟糕的处境。我的意思是,如果你是创始人,就好比每个公司都必须有一个应用程序一样,每个初创公司也都必须有一个技术创始人。

> "对于那些对应用程序开发一无所知却空有一个好创意的人来说,他们可能不得不向专业公司寻求专业知识,这是一个很糟糕的处境。"
>
> ——Chris Riley

Viktor Farcic:这是否意味着如果我将某件事外部化,那么这件事就可能不是我的核心业务范围内的事情? 对我来说,这听起来就像是在说"哦,软件对我来说真的不重要。让我把它和清洁服务相提并论"或者诸如此类的说法。

Chris Riley:是的。我的意思是,我们公司都外包了什么? 我们的法务——这实际上是非常重要的——我们的簿记、我们的注册会计师和我们的人力资源。因为我们不是专业做法律、会计或人力资源工作的。

你说得完全正确,这些都是高质量的服务,但对我们来说,对我们正在开发的产品和服务来说,把这些都引入公司内部并不够重要的。我认为你是对的,如果你没有给予充分的考虑,那么你就不会在乎。

开启你的 DevOps 之旅

Viktor Farcic:最后,我想知道你对那些刚刚开启 DevOps 之旅的公司有什么建议?

Chris Riley: DevOps 文化无论如何都会到来。它可能会带来一场血腥的混乱,也可能是一个欢聚的时刻,但只要它的组织致力于自动化并尽快发布更好的应用程序,它就会自动出现。

出于这个原因,我不建议组织浪费时间讨论沟通或文化。相反,我认为他们应该将每天发布的数量、问题的响应时间和自动化的百分比作为目标,把这些目标与奖金和工作表现联系起来。

如果组织推动更频繁的发布和更好的应用程序质量,那么他们就会了解企业文化,也知道如何更好地沟通，因为这些都是主要的障碍。

有些人会通过裁员解决问题，而另一些人则会在多次争论后解决问题。但与此同时，如果从上到下进行教育，即使同样的组织也会从一开始就歪曲了文化的意义。

Viktor Farcic：这真是非常明智的建议，感谢你抽出时间接受采访！

10

Ádám Sándor：
云技术顾问

Ádám Sándor 简介

本章译者　刘悠舒　中国
EPAM 项目经理
PMP/CSM/CLP/SSM
中国 DevOps 社区深圳组织者之一

Ádám Sándor 致力于利用云技术提高商业领域的软件交付率。他同时拥有 ScrumMaster 及 Kubernetes 管理员的认证，并且花了很多时间研究 DevOps 技术。你可以在 Twitter 上关注他（@adamsand0r）。

DevOps 是什么？怎么应用它？

Viktor Farcic：首先，你能从你的角度告诉我们什么是 DevOps 以及它在你的工作中是如何应用的吗？

Ádám Sándor：我是 Java 开发工程师出身，现在作为云原生顾问供职于一家位于阿姆斯特丹的咨询公司——Container Solutions。这是一家帮助客户采用云原生技术，并且探索 DevOps 最佳实践的公司。

我相信 DevOps 是一种软件开发方式，它可以打破软件开发人员与在生产环境中运维这些软件的人员之间的壁垒。理想情况下，这将意味着单个团队可以负责在生产环境中运维他们自己的软件,这可以缩短修复问题的时间。DevOps 也可以改进软件设计,因为开发人员可以直接获得大量反馈——这使得他们能以一种能运行这些解决方案的方式来设计解决方案。我非常相信这是"你构建,你运行"哲学的一部分。

Viktor Farcic:但是为什么每个人都想使用它呢?

Ádám Sándor:因为 DevOps 有助于加快软件的交付速度,同时降低了部署它和破坏某些东西的风险。DevOps 也可以通过尽快交付新功能和修复客户正在遇到的问题来提高客户满意度。

> DevOps 是一种软件开发方式,它可以打破软件开发人员与在生产环境中运维这些软件的人员之间的壁垒。
>
> ——Ádám Sándor

Viktor Farcic:那么你是如何开始实施 DevOps 流程的呢?

Ádám Sándor:在我担任云计算顾问的 Container Solutions 公司,我们首先会进行一个探索 (discovery)流程:派遣两位同事去已经有想法的公司。我们一般在多次的售前会议以后才进入探索流程,因此我们已经知道了客户所遇到的问题,并且知道他们想解决什么问题。问题通常都集中在客户的软件交付流程上。在几天的时间里,我们组织了工作坊,探讨客户公司的软件开发全景、交付流程以及整体架构。这些信息让我们了解了客户公司的情况,并且验证了他们本以为自己发现的问题是否真的是他们所需要解决的问题。比起对客户公司发生的不顺利的事情给予快速响应,确保帮助他们解决真正的问题更重要。

打个比方,一位医生在看诊过一位头痛的病人后,并不会因为头痛就给他一些阿司匹林,而是认真问诊和倾听病人的情况,发现原来这位病人需要的是改变他的饮食习惯。在我服务的众多客户公司中,有一家公司邀请我们去安装 Kubernetes 以提高他们的软件开发效率。然而,当我们仔细了解他们公司后,发现他们的软件开发需要通过三个部门的合作。首先是工程师开发软件,然后提交给测试部门,最后移交给运维部门。这才是他们最大问题!安装 Kubernetes 并不会改变这一情况。在这个案例中,这家公司的问题并不是基于软件的,所以我们尝试说服他们打破那些部门之间的壁垒,以使得各个职能团队都能为生产环境负责。一旦这个问题被解决,我们仍然可以引入 Kubernetes 来更有效率地实施新流程。

Viktor Farcic:你发现有多少人会带着错误的症状去看医生? 人们知道他们的技术流程一

开始出了什么问题吗？

Ádám Sándor：对我来说给出一个具体数字太难了！但是其实这是双向的,有些时候客户可能是非常正确的。有时客户会做好准备,带着他们的问题以及如何解决这些问题的好主意来找我们。尽管如此,他们依然会难以实施解决方案的下一步。在这些情况下,通常是因为他们内部没有所需的全部知识。这正是我们可以帮助他们的地方。

另一些情况下,客户可能会非常错误地定位他们的问题,甚至错误到我们无法提供帮助的程度,因为他们并没有准备好改变。在那些极端情况下,这类公司会盲目地在没有认识到他们真正的问题时也抓着新技术这根救命稻草来解决问题。

Kubernetes 是我们所有问题的解决方案么?

Viktor Farcic：我的理解是你基本上是在通过 Kubernetes 进行工作,这意味着你拥有这方面最新和最好的技术。这会成为你的顾虑吗?

Ádám Sándor：我们从未有过这项技术失败的经历,所以从这一层面上来说,这并不是问题。因为它是最新和最好的。即使我们在新技术前沿冲浪并对即将到来的一切保持警惕,我们从未建议客户突然采用某项新技术。通常,我们只会向客户推荐那些已经自我证明一年以上且会对我们的客户有所帮助的技术。

Viktor Farcic：那这意味着所有人都应该迁移到 Kubernetes 吗?它包含了什么?我想它并不只是创建新的 Docker 镜像和 YAML 文件。假如我是一家存在已久的公司,我有所有东西,Kubernetes 能怎么帮助到我呢?

Ádám Sándor：对这样的公司来说,应该从"概念验证"(Proof of Concept,PoC)开始,在内部证明 Kubernetes 是否对其有效。这取决于该公司的短期计划,要么专注于将一个遗留应用迁移到 Kubernetes,要么在公司未来的计划中采用 Kubernetes 这项新技术去创建新的应用。不管是哪种选择,都取决于很多因素。我想指出的是这并不是不可能或者不应该去做的事。

事实上,Kubernetes 对遗留应用的支持出乎意料的好,比如能做到使用文件将配置项注入pod 中这类简单的事。在包含大量配置文件的老式服务中,你可以非常简单地模拟一个基于配置文件的容器环境,这类容器将有很好的向后兼容性。

事实上,Kubernetes 对遗留应用的支持出乎意料的好,比如能做到使用文件将配置项注入 pod 中这类简单的事。

——Ádám Sándor

Viktor Farcic:我好奇的另一件事是如果你的客户现场有大量基于老旧基础设施且设计糟糕的应用程序,而你想将它们容器化并迁移到云上,你第一件做的事是什么?先将它们置于 Kubernetes 后再迁移到云上,还是先不用 Kubernetes 就直接迁移至云,或者两者均可?

Ádám Sándor:如果可以,请使用云供应商。它们可以完成管理 Kubernetes 和其他你使用的服务的繁重工作,如此一来,你便可以释放一些资源来专注于更以业务为中心的任务。但是也有不这么去做的正当理由,如建造新数据中心所需的大量投资、数据存储的合规性等。

Viktor Farcic:这不会营造出防卫性的政治氛围吗?因为如果已经有一个在客户现场负责基础设施的完整团队,当我们把所有的东西都迁移到了云上后,我们该怎么安排这些人?有适合的职位给他们所有人吗?

Ádám Sándor:我不知道是否会有合适的职位给所有这类工程师,但是我从未在任何一个项目中见过仅仅是因为不再需要他们而解雇这样一群人。是的,使用了云供应商,你就不再需要 Kubernetes 了。但是事实上,仍然有大量关于设置开发、部署工具以及跟踪这些容器部署的系统等方面的工作。这就是我提到的更以业务为中心的任务——丢弃那些低附加值的琐碎工作而关注在为你的业务带来更直接的价值的工作上。

探索改变的动机

Viktor Farcic:你认为驱动所有这些改进的需求是什么?是因为市场竞争还是仅仅出于对新技术的兴趣?

Ádám Sándor:我认为我们看到的最大动机——也是大多数公司所缺乏的——是更快发布软件的能力。他们意识到他们应该每半年发布一次新的软件版本,但是他们需要意识到在现实中竞争对手的巨大压力下他们现有的生产发布流水线早已被排满了。正是当今市场的这种巨大压力最终导致了工程师们的离职,坦白说,因为这样的工作环境太可怕了。

人们对新技术也很感兴趣,因为当公司在市场上寻找工程师时,公司人力资源部门认为候选人会问"你正在用的技术是什么?"一旦他们并没有听到关于最新技术的词汇,这些候选人就不会很有兴趣在这样的公司工作。公司管理层最强烈的感受是,当他们有了一个新想法,等到他们把它应用到生产环境时,往往已经太迟了。

> 公司管理层最强烈的感受是,当他们有了一个新想法,等到他们把它应用到生产环境时,往往已经太迟了。
>
> ——Ádám Sándor

Viktor Farcic:我以前听说过管理层的动机之一不是为了改进,而是为了更好地吸引和留住人才。

Ádám Sándor:没错!

Viktor Farcic:这意味工程师们正在变得更挑剔吗?

Ádám Sándor:工程师们的确正在变得更挑剔。如果他们在本职工作上做得很好,他们就不会选择加入一家需要手动安装 Linux 服务器的公司。

Viktor Farcic:我只是觉得这与将开发外包给第三方的主张有些矛盾,因为你可以先在一个地方开发好后将成品部署到另一个地方。

Ádám Sándor:我认为"让我们移交所有东西"心态之所以存在,是因为外包的趋势不像之前那么强了。我并不是这方面的专家,我只在该市场很小的一部分工作过,但我确实见过有些公司在外包的同时,也在成本较低的国家里建立过长期开发团队的案例。这些公司并不认为那些开发团队是一次性劳动力,他们认为打造这样一支团队是为了长期使用并尝试将他们作为一流的员工纳入公司。

我认为公司和人们都意识到他们需要为了留住人才而吸引他们。即便你并没有在其他国家(通常是东欧或印度)招聘员工的挑战,你也需要了解大量关于公司、产品以及应用程序和基础设施的当前状态的信息。无论如何,招聘流程都是昂贵的。你想长期留住员工,你想招聘优秀的员工,因为你知道培养技能不熟练的员工成本更高。你可以用很低的薪水招到一些人,但是花半年的时间去让他们跟上进度会花费大量的金钱,甚至更多的时间。

Viktor Farcic：是经济形势驱使公司放弃外包业务吗？

Ádám Sándor：我认为这也应该是整个 DevOps 文化的新发展方式——"你构建，你运行"的想法以及团队真正拥有的是这个产品。你将团队和这个产品本身结合在了一起。产品负责人、设计师、业务分析师——任何人都是这个产品团队的一部分。你需要让他们长期和这个产品息息相关，因为他们才是真正了解这个产品的人。公司开始真正重视这种长期的参与，而这并不适用于外包或雇佣一次性劳动力。

超越 Kubernetes 的未来

Viktor Farcic：那么，下一个东西是什么？接下来会发生什么吗，还是我们会在未来一段时间里使用 Kubernetes？

Ádám Sándor：我非常惊讶下一个东西来得如此之慢，有可能是因为目前 Kubernetes 尚未在行业内广泛应用。但我相信下一个东西应当是在 Kubernetes 逐渐被广泛使用后，基于它构建的产品。但在那之前，由于 Kubernetes 本身是比虚拟机更高级别的服务以及它需要底层的网络特性，它有点陷入了僵局。

我相信未来要么是 Kubernetes 集成了更多的东西，所以它会演变成与现在有所不同的东西，要么是其他产品能基于它以弥补其不足。但我不认为这些产品会很快面世。我认为 Helm 是个很好的例子，但它并不是商业产品。

> 目前 Kubernetes 尚未在行业内广泛应用。但我相信下一个东西应当是在 Kubernetes 逐渐被广泛使用后，基于它构建的产品。但在那之前，由于 Kubernetes 本身是比虚拟机更高级别的服务以及它需要底层的网络特性，它有点陷入了僵局。
>
> ——Ádám Sándor

Viktor Farcic：如果你想在现场使用 Kubernetes，你会建议在虚拟机上运行还是在裸机上运行它呢？

Ádám Sándor：坦白讲，我对此并无建议。理论上来说，在裸机上运行 Kubernetes 会更有效，但是底层的网络配置会变成一件难事。也许最好是用如 VMware 这样的虚拟化解决方案来封装那些真正底层的网络配置，在这种情况下，此类方案事实上更好，因为它们优化了虚拟机的速度。我并不认为现在的 Kubernetes 在这类环境中已经成熟，但是要再一次强调，我并不是这方面的专家。

Viktor Farcic：你有任何关于单内核的经验或者观点可以分享吗？

Ádám Sándor：我并没有太多经验，我只觉得它是个很不错的主意。如果你从高层次来看，它完全可以打败容器。因为它们在虚拟机监视器上运行时突出了容器的优点——要知道公有云其实本身就是巨大的虚拟机监视器。

但我也看到，单内核似乎成长得还不够快，无法吸引足够的注意力。这个工具根本不存在。事实上，云供应商除了他们自己的虚拟机镜像，不会让你在他们的虚拟机监视器上运行任何你想要的东西。所以从理论上来说，单内核可以实现，但是实际上，它目前还没有真正实现。而且我也没有足够的行业洞察力来了解，比如 Amazon 是否在做着相关的事情。

Viktor Farcic：其他云供应商如何？我同意这一点。如果我说错了，请纠正我，但是对于我们大多数人来说，在明知 AWS 或者 Google 等云供应商做得更好的情况下，却仅仅因为他们是商业化产品而不去使用，这是毫无意义的。这对所有需要开发基础设施和配置管理相关工具的软件和供应商的未来意味着什么？

Ádám Sándor：我认为，配置管理工具不会由于云供应商的出现而被淘汰。你完全可以使用 Puppet、Chef 或者 Ansible 去配置你的 AWS 基础设施。

Viktor Farcic：但是你应该，或者说你能这么做吗？

Ádám Sándor：就目前的情况而言，我认为 Puppet、Chef 或者 Ansible 这些工具不会因为你使用云供应商或者现场基础设施而有什么不同。VMware 是在现场做的，它们才是云供应商的竞争对手。

Puppet、Chef 和 Ansible 的问题在于它们并不能真正推动你走向更好的基础设施。它们仅仅是在操作系统层面限制了抽象层的一种更好方式。它们并不会带来更好的部署软件的方式，因为它们仅仅是比编写一个通过 SSH 直接登录到机器上并运行其他脚本的脚本要好的方式。但是它们并没有好到让你不需要不可变基础设施的程度。

如果想启动 1 000 台机器并且希望在上面运行相同的 Puppet，则其中 3 台会失败。你该怎么办？你没有办法处理这些东西，而且加速你的任何一台机器都是需要耗费大量时间的。所以基本上，这样去用这些工具从一开始就是错的。如果我们在一个虚拟机的世界里，那么正确的解决方案是提前准备好镜像并且管理它们。

这就是 Docker 出现的原因，因为它安装和提前准备好虚拟机很麻烦。从未有过一个可以扩展的完美镜像，所以 Docker 的出现可以很好地解决这个问题。但不是使用虚拟机，Docker 是通过构建容器镜像解决这类问题的。

Viktor Farcic：这是否意味着它的潜力是从构建这些镜像中来的？

Ádám Sándor：可以这么说。但是当你构建镜像时，没有人需要在 Docker 文件中使用 Ansible，尽管可以这么做，但我不认为有人会觉得需要这么做。事实上，我们可以回到使用脚本编程去实现，因为这就已经足够了。

Viktor Farcic：从我的理解来看，我喜欢这些工具，因为无论我的服务器当前处于什么状态，它都会将镜像聚合到所需的状态。

Ádám Sándor：如果我正在构建一个镜像，那么我应该知道它的初始状态，比如 Vanilla Ubuntu……

Viktor Farcic：没错。我不确定我明白为什么我不直接运行一个 shell 脚本的原因。我需要使用 apt-get 去安装它，但我不需要去确定它是否已经被安装了，因为我知道它不存在。

Ádám Sándor：有意思的是，事实上这些工具是有效的。Kubernetes 可以实现相同的事，它聚合了所有它应该有的状态。从这个意义上来说，它和 Ansible 没有什么不同。事实上，因为 Kubernetes 在一个完全不同的抽象层次上，它工作得更好。当你已经有了一个事先构建好的镜像，只需要编排这些镜像的实例时，那么你就可以进行动态管理，这就够了。

没人会要求不可变的 Kubernetes 集群，但是所有在操作系统层面的底层操作，比如将文件移动和复制、设置标记等，都应该被事先做好并且无须再碰，除非你构建一个新镜像。

Viktor Farcic：这意味着你将遵循不可变性和提前准备好镜像的逻辑。这是否意味着虽然并非总是，但有时在 Kubernetes 中使用 ConfigMaps 是错误的，如果从不可变性的角度来说？

Ádám Sándor：是的，不可变性应该适可而止。Kubernetes 自身是个极度动态的系统，所以它必然与不可变性自相矛盾。但简单地说,不可变性在一定程度上是有意义的。我曾经看过超级可配置的应用程序,如果你将那些应用程度置入一个 Docker 容器中,那么你将拥有150 个环境变量去配置镜像,而这并不是你真正想在你的基础设施上看到的。

Viktor Farcic:我们真的需要这些吗?

Ádám Sándor:你真正需要的是一些非常具体的东西,这些东西在环境间是不同的。获得它们,配置它们,然后不再触碰它们,除非你要构建像数据库镜像这类需要成千上万个环境变量的镜像。但是在这种情况中,你可以锁定一些参数,然后根据它构建你自己的镜像,只针对实际需要的环境更改这些参数。理想情况下,所有的环境变量应该是完全相同的,你应该观察那个状态,然后稍微偏离那个状态,只是越少越好。

Viktor Farcic:什么东西越少越少? 副本的数量?

Ádám Sándor:副本的数量、用户密码等。就是那些非常基本的东西,证书、公共主机名之类的。

新世界中的 Ubuntu 和 Red Hat

Viktor Farcic:我想讨论什么东西已经过时的问题。这把我带回了操作系统。我们在这个新世界中还需要 Ubuntu 和 Red Hat 吗?

Ádám Sándor:简单来说,是的,我们需要。目前有两个地方需要操作系统。一个是在运行这些容器的服务器上,另一个是在容器中。我们已经看到那些运行容器的服务器上的操作系统都在向极简操作系统转变。在极简的操作系统中,它们只做最基本的事。

> "我们在这个新世界中还需要 Ubuntu 和 Red Hat 吗? 简单说来,是的,我们需要。"
>
> ——Ádám Sándor

Viktor Farcic:我在考虑像 Rancher 和 CoreOS 这样的平台。

Ádám Sándor:没错。拿 CoreOS 举例来说。它是极简的,仅仅用来启动容器。使用它运行Docker 就足够了,操作系统在容器里面。

Viktor Farcic:那是操作系统吗?

Ádám Sándor:嗯,我们可以称之为操作系统,因为它的外在表现就是这样的。但当然,它会从运行它的实际机器上窃取内核，同时还假装是一个操作系统。它实际上是一个操作系统，所有的工具都安装了，所有的程序都在 Linux 发行版中。我们需要所有这些东西吗？通常情况下，我们不需要。是的，出于调试的原因，对于更多的遗留应用程序，它们很适合，但遗留应用程序的功能非常差，因为在只有内核的裸 Linux 上安装 JVM 非常困难。

所以，有一点 Linux 发行版是可以的。也许将来有人可以生成一个非常小的映像，它实际上只包含 JVM 需要的东西。这样很好，因为它会更安全、更小，但我真的认为 Docker 如此受欢迎的一个主要原因是它的向后兼容性很好，从某种意义上说，你在这些镜像中，你只是在做 Linux 的东西。这很容易实现，所以它提供了更好的事情而没有牺牲太多。事实上，有些程序并没有真正被使用，这并不是什么大问题。

Viktor Farcic：我认为，在某种程度上，这将对像 Red Hat 这样的公司构成威胁，因为你刚刚提到 Ansible 和 Red Hat 并不相关。

Ádám Sándor：Red Hat 知道这个情况，这就是他们正在构建 OpenShift，然后通过 Red Hat Atomic Linux 去运行 OpenShift 的原因。

Red Hat 很有先见之明，很早就认可了 Kubernetes 并跳上了船。现在他们几乎可以摆脱他们自己的 Linux 发行版了，因为他们在 OpenShift 上有了新的东西。与此同时，Ubuntu 和 Zeus 都在努力，问题是他们还远没有达到 Red Hat 的水平，这就是为什么 Red Hat 已经到了可以收购 CoreOS 的地步——这是他们在这个领域的最大竞争对手。

> Red Hat 很有先见之明，很早就认可了 Kubernetes 并跳上了船。现在他们几乎可以摆脱他们自己的 Linux 发行版了，因为他们在 OpenShift 上有了新的东西。
>
> ——Ádám Sándor

Viktor Farcic：你更倾向于哪个？ Vanilla Kubernetes？ 还是你更喜欢在它上层的？

Ádám Sándor：我喜欢 OpenShift。如果有人愿意为此付费，那么它所提供的支持和安全都是值得的。Kubernetes 就像 Linux。有无数人致力于它并且提交了很多东西，所以没有人坚持严格的治理，这是完全可以的。但是，假设你想为你的银行构建一个内部云。你要确保它的安全性，尽管当然没人能绝对保证。Red Hat 提供的 OpenShift 特性和安全性是有意义的。

Viktor Farcic：如果我不愿意付费，我应该选择 OpenShift Origin 还是 Kubernetes？

Ádám Sándor：我认为你必须选择你更看重的东西。如果是一个具有新特性和完全开放源码的快速发展，那么你会希望使用 Kubernetes，而不是使用有较慢的发展速度、更高的稳定性和缺乏开放性的 OpenShift。然而，OpenShift 确实具有一些额外的特性，对于有些特性，可能有些人很看重，比如 CI/CD 流水线和一个漂亮的图形用户界面。但话说回来，有些人可能不会。所以这就是你的取舍了。当然，OpenShift 的原意是开源，但你不会在其中修复 bug。

Viktor Farcic：你想到什么了？

Ádám Sándor：云供应商间的比较。

Viktor Farcic：除了三大巨头，你对其他云供应商有什么看法？ 比如 Microsoft Azure。

Ádám Sándor：我不太了解这一部分，但目前对于任何一个云供应商，我都会关注他们的托管 Kubernetes 和无服务器产品的质量，因为你需要这些产品来构建现代软件。但 Google Cloud 似乎无法占据很大的市场份额，即使他们的 Kubernetes 产品是最好的。

Viktor Farcic：我想很多读者会对 Google Cloud 在某个领域被视为小份额占有者的事实感到震惊。

Ádám Sándor：这很奇怪，但却是真的。Google 在公共云领域真的搞砸了。几年前，他们的策略完全失败了。有趣的是，Amazon 的新产品是他们如何尝试跳过容器并定义未来，这就是 Lambda 的整体理念。它是一个超级受限的编程模型，但具有很强的可扩展性，并且非常适合云计算。Google 在过去对 App Engine 也做过同样的事情。他们把所有的赌注都押在了无服务器的尝试上，但那还为时过早。他们是这样说："我们并不是在做这种简单的事情，你只需要启动虚拟机，因为网络连接就像 VMware 一样。"他们提供了一个适当的编程模型和一个特殊的数据库，你将很容易绑定到云中，但是从云供应商的角度来看，这常容易以一种廉价的方式运行你的应用程序。

这曾是一个很好的想法，除了人们说："我只想进入一个图形用户界面，点击并启动一个虚拟机，然后做我已经做了 20 多年的事情。"它正在慢慢改变，现在 Docker 容器很受欢迎，因为你仍然可以做你以前做的事情，但与以前做的方式略有不同。

> *Docker 容器很受欢迎，因为你仍然可以做你以前做的事情，但与以前做的方式略有不同。*
>
> ——Ádám Sándor

Viktor Farcic：如果我说错了，请纠正我，但 Kubernetes 不正是基于云供应商，并抽象出云供应商正在做的事情吗？理论上，如果它是稳定的，我的 Kubernetes 不管是在 Azure、AWS 还是 Google 上运行都会做同样的事情。但这不是对公司的一种威胁吗？有什么区别？是什么阻止我作为用户选择从一个公有云到另一个？

Ádám Sándor：价格。如果 Kubernetes 成为一种商品，那就只有价格了。但事情远不止这些。还有它周围的服务。机器学习的东西怎么样？这就是他们真正要区分的地方，并尝试用 Lambda 之类的东西吸引你，在那里他们还可以将你锁定到他们的代码执行中。

Viktor Farcic：但他们真的会关心 Kubernetes 以外的其他服务吗？

Ádám Sándor：当然——有很多事情 Kubernetes 就是做不了。数据库、机器学习、DNS 等。云供应商的生态系统绝对重要。这一生态系统与 Kubernetes 的深度集成以及 Kubernetes 自身的质量也是如此。

未来是否围绕着集群?

Viktor Farcic：提供的服务可以区分或将区分一个供应商与另一个供应商。我想没有哪个供应商在所有服务方面都做得比其他供应商更好。一个更擅长机器学习，而另一个更擅长大数据，诸如此类。但这是否意味着未来将由我们运行我们的集群或分布在多个平台上的集群组成？

Ádám Sándor：对于一家规模较大的公司来说，这可能是有意义的，但由于云本身的整个管理方式各不相同，因此需要相当大的成本。例如，API 或 UI 中可能存在差异。

如果你在 Google Cloud 上，在 Google Kubernetes 引擎上运行你的应用程序，仅仅管理不在 Kubernetes 内部的东西并不是新奇的事，因为 API 和所有东西都很好，但是你会有大量的代码、terraform，或者任何被编写来处理那部分的东西。仅仅将应用程序的一部分导入 Azure 或 AWS 并编写一些 CloudFormation 来处理定价和诸如此类的事情并不是那么容易的。你的规模必须足够大才能利用这些协同效应，只要你明白仅仅使用多个云供应商并不容易。

Viktor Farcic：这是一个很好的观点。我知道这本书的其他贡献者也提出了锁定供应商的问题。但遗憾的是，我知道我们没时间了。我真的很感谢你今天抽空和我聊这些。

Ádám Sándor：不客气，我很喜欢这次的对话。谢谢你。

11

Júlia Biró:
Contentful 的网站可靠性工程师

Júlia Biró 简介

本章译者　王国良　中国

高级敏捷教练

CSM Co-Trainer

真北敏捷社区发起人

服务过多家世界 500 强企业，涉足通信、金融、IT 等多种行业，主导过多家企业的敏捷转型，翻译出版书籍《特斯拉：电气时代的开创者》《敏捷软件开发：Scrum 实战指南》。

Júlia 是一位经验丰富的基础设施和工具工程师，一直关注可扩展系统、自动化和 DevOps。她曾在 Prezi、Ericsson 等公司工作过，目前就职于 Contentful。这些工作经历使她深入了解如何将 DevOps 融合到现代 IT 实践。你可以在 Twitter 上关注她（@nellgwyn21）。

内心的灯被点亮

Viktor Farcic：Júlia，我知道你职业生涯的大部分时间都在从事 DevOps 工作，所以我想知道你能否先简要介绍一下你在 DevOps 方面的经历，以及你是怎么开始进入这个领域的？

Júlia Biró：我在匈牙利出生和长大，学的是数学专业。我想看看我能否把喜欢的专业变成职业，事实证明，这并不是一个明智的想法，我不适合把数学作为职业。我发现自己对更实际的问题更感兴趣，正因为如此，最后有人建议我去学编程，这就是我进入 IT 行业的起因。

下定决心之后，我就开始接受软件工程师的培训。最终，我有幸加入了一家名为 Prezi 的优秀公司，在那里我被安排在基础设施/DevOps 团队做初级工程师。我感觉这就好像我内心的灯被点亮了一样，我突然打心底里觉得这个工作正是我想做的。从那一刻起直到三年半前，我才算是成为了一名 DevOps 工程师。

字典中的 DevOps 定义

Viktor Farcic：现在假设我们在字典里查找 DevOps 这个词。我们会得到什么样的定义？

Júlia Biró：在我的字典中，你会发现，DevOps 的概念是关于在公司中运行服务的团队的功能和职责，以及实现这些功能和职责的相应工具集。它有一个奇特的名字，DevOps 工具链，但它也只是一个流行词。所有人都想要搞明白它是什么。

> "DevOps 的概念是关于在公司中运行服务的团队的功能和职责，以及实现这些功能和职责的相应工具集。"
>
> ——Júlia Biró

Viktor Farcic：你能解释一下 DevOps 这个流行词的意思吗？

Júlia Biró：理想情况下 DevOps 是使你成功的银弹，如果你采用了 DevOps，那么每个人都会更加快乐。但要真正达到 DevOps 的理想情况，那就好比是要你换掉 3 个内脏器官，或者变成一只动物。这是一个非常深刻的结构上的改变，很难做到，除非你从很小的地方开始，并且从一开始就有朝着理想前进的想法。你还必须灵活自主，能够从一开始就做这件事。所以，除非你具备所有这些条件，否则很难实现，尽管也有成功的例子。

Viktor Farcic：据我了解，你之前在 Ericsson 工作过，然后在 Prezi 工作。Ericsson 的规模比较大，Prezi 则相对比较小。你看到他们有什么不同了吗？

Júlia Biró：非常不同，虽然我不认为 Ericsson 有任何意义上的 DevOps，至少在我工作的那部分是这样。部分原因是我在做的产品是非常不同的。我不知道 DevOps 如何处理那些有 15 年生命周期和 2 年发布周期的产品，而那些在 Ericsson 生产的基础设施上运行的软件就是这种情况。我不是说不可能。只是我没见过而已。

但我近距离观察到的是，DevOps 实践中的领导者似乎从他们的公司还很小的时候就开始采用 DevOps 的思想,因此,他们是带着决心在成长的。但这并不是说他们决定将一个大的工程转换成 DevOps 方式。

Viktor Farcic:你的个人资料中说你使团队能够完全拥有他们的产品。这是什么意思?

> "在 DevOps 中有这样一个概念,即团队应该拥有自己的服务,从编写和测试代码到运行代码,再到在出现问题时作出切实反应。"

——Júlia Biró

在 DevOps 中有这样一个概念,即团队应该拥有自己的服务,从编写和测试代码到运行代码,再到在出现问题时作出切实反应。我认为这是 DevOps 的一个理念,它让正在这样做的公司受益。

第一个先决条件是服务必须是可拥有的,即在规模和复杂性上都是如此。它应该小到足以让一个合理的团队拥有它,这对于微服务来说就是这样。进一步的想法是一个团队应该做所有的事情,而不是某人写一些代码,然后另一个人单独测试它,还有另一个人部署并运行它,而第三个团队在系统半夜崩溃时起来维护。如果走向完整的所有权模式,我相信大多数公司将受益,因为这样团队就可以更积极地和创造性地开发新事物,并且在最终,他们会拥有更高质量的产品,因为团队之间的摩擦更少,而且有一堆工具可以帮助他们实现这一点。

Viktor Farcic:我猜你说的团队不是一个百人团队。

Júlia Biró:对我来说,团队指的是一组人,他们可以合理地以一种有机的方式合作,而无需有人告诉他们该做什么。以我的经验来看,我想不到 100 个人怎么能一起做到这一点。再说一遍,我不是说这是不可能的,但是我对这种规模的团队没有经验。

Viktor Farcic:那么,在这种情况下,你具有规模相对较小的团队,但是他们需要覆盖的专业知识却大大增加了。因为一个小团队需要具备测试和部署的能力,以及其他各种能力。这些团队如何获得这些知识? 当我与一些团队交谈时,我从他们那里得到的只是"我的人知道如何编写 Java getter 和 setter。"

Júlia Biró:也许你只要给团队一张纸就好了,让他们在上面建造一个图灵机,然后就不用管了。只是开个玩笑! 全栈工程师是这样的,他可以同时在服务客户端架构中编写前端代码和后端代码。但是这里的关键是提供人们可以实际使用的结构化和文档化良好的工具。

这和学习使用洗衣机和咖啡机是一样的,在我们的例子中,就是学习使用 CI 和部署工具。你需要让它们足够简单、有良好的文档记录和良好的维护。

DevOps 或基础设施团队所做的就是消除复杂性,将 DevOps 作为一种服务提供给公司,以及其他拥有所有权的团队。团队仍然拥有部署内容和部署地点的所有权,但是他们不需要大量的操作或知识来实现这一点。

有一些地方做起来比较容易,因为 CI 系统非常容易点击操作,UI 也非常好。诚然,为其他任务创建具有良好用户界面的工具需要更多的努力。你可以创建一个部署系统,在其中单击一个按钮就可以部署它,然后单击另一个按钮就可以撤销它。另一方面,有些任务的 UI 还不够好,你的团队需要学习新的知识。例如,在配置管理方面,如果你想让你的团队来处理他们的服务正在运行的环境,他们需要学习一些配置管理工具。他们通常的反应会是"哦,我的上帝,我需要了解什么是一个操作系统",这将肯定需要比仅仅编写 JavaScript 更多的知识,除非你用 Lambda 实现无服务器(注:这次采访之后,由于容器化平台和无服务器的普及,团队理解和管理运行环境的压力已经大大降低)。

Viktor Farcic:问题是,当你用 Lambda 这样的东西去实现无服务器时,就没有回头路了。

Júlia Biró:但是很快,无服务器和 Lambda 将拥有自己的复杂管理工具。总是有这样一层隐藏的复杂性需要通过构建非常非常复杂的东西来控制它,然后它本身就变得复杂了。

站点可靠性工程师与 DevOps 工程师

Viktor Farcic:现在你是一名站点可靠性工程师,你是否发现站点可靠性工程师与 DevOps 工程师之间有什么区别?

Júlia Biró:在我的理解中,站点可靠性工程是 DevOps 工程的一个子集,一个有着不同目标的特殊子集。DevOps 工程师的工作是使其他团队更有效率,并帮助建立完全所有权原则,而站点可靠性工程师定义判断我的工作成功与否的一个非常简单的指标,即站点的正常工作时间。

> "DevOps 工程师的工作是使其他团队更有效率,并帮助建立完全所有权原则。"
>
> ——Júlia Biró

在我的工作中,我为其他团队提供工具,以便他们能够以一种高可用性的方式操作他们的系统。我的工具包为他们提供了测试、监视、警报、易于部署和易于恢复的良好工具和指导方针。归根结底,我要确保他们自己能够以一种可靠的方式运行他们的服务,通过他们所拥有的从如何进行良好的测试到如何以有效的方式处理事件的知识。

Viktor Farcic:你的工作一方面是对工具进行管理,另一方面是进行教学。

Júlia Biró:正是这样!DevOps 工程师的工作不仅是为团队提供工具,还要提供最佳实践。例如,为组织提供良好的本地开发环境或测试环境也属于 DevOps 领域。

作为一名站点可靠性工程师,我对本地开发环境不是很感兴趣,那不是我的领域。在我现在的地方,我甚至还没有看到我们本地的开发环境,而我已经在那里待了 5 个月了。但我非常关注他们应该采取什么样的监控措施。应该自动为服务安装监控。事实上,我有一大堆问题需要回答,比如我如何赋能其他团队创建他们自己的监控?他们如何能很容易地设置警报?他们如何创建好的仪表盘?仪表盘的优点是什么?它如何总是可用并提供正确的信息?

你只能期望团队在拥有相应工具,同时还拥有与之相关的所有专业知识和概念的情况下负责任地运行他们的服务。这是我的工作。举个例子,我正在促进公司采用一个新的、更有效的事件处理流程,因为如果我们能更好地处理事件,那么这意味着这些事件的处理时间会变短,而这通常会提高可用性和改善公司的正常运行时间。

Viktor Farcic:如果我说错了,请纠正我,但是如果开发团队对他们所做的事情负有最终责任,那么他们是否有发言权或选择权呢?例如,他们是否有权决定是否使用 Kubernetes?也就是说,如果团队说"不,这是我的责任,我要使用其他的东西",那也没什么大不了的。他们拥有这种选择权吗?

Júlia Biró:这里有多种观点。一种是栈和工具的同质性通常对公司是有益的,因为它支持团队之间的交叉传播、流动性、技术和专业知识的建立和传播,以及代码编写。所以,所有这些都表明,如果我们都说同一种语言,情况会更好。

但另一方面,由于任务的异构性,你可能会发现对特定工作存在一种更好的工具。总的来说,自由(和自主)的感觉是不可低估的。我所看到的运作良好的方法都会有一或两个标准栈支持。如果你选择了一个不同的工具,那么就需要你自己去达到相同的质量水准,但是如果你的团队有时间，为什么不呢？现在，在 Prezi，有两个标准栈。每个栈都有工具、监视、测试等，如果你选择为面向用户的服务构建另一个栈，那么你需要构建服务间通信、客户端库等。

另一件重要的事情是要有一个生产准备度检查表，并且有非常具体的验收标准。你可以通过给人们一个简单的选择来帮助他们：偏离标准是要付出代价的。你让团队来买单，而不是整个公司，剩下的就是传统意义上的质量和过程控制。做任何你想做的事，只要确保你达到标准，并且你的工具是兼容的，然后就可以了。

Viktor Farcic：那么，如果我说，好像你可以选择你的职责，但这是为了别人的利益在让它变得有吸引力和有趣，以至于你不想偏离太多，你认为怎样？

Júlia Biró：这并不意味着你不会偏离，因为如果你实际上将围绕第三个栈提供的工具对用户体验非常重要的话，那么其他人就会开始使用它。只是你想要实现的主要目标是人们可以很容易地创建一个新的服务并拥有它，并且你想把他们从不必做的工作中释放出来。

这是所有标准栈和工具的用途，也是相同工具的使用要领。你不希望人们重复解决相同的问题，即什么是独立地对一个服务进行 60 次测试或监视的最佳方法。你要做的是给他们好的解决方案，如果不奏效，那么他们可以寻找自己的解决方案，或者他们可以向你提出问题。但是你的最终目标是尽可能减少摩擦并重用知识。

DevOps 领域里的女性……或者缺乏女性

Viktor Farcic：我很好奇，DevOps 领域里的女性去哪了？我在现场很少见到她们。

Júlia Biró：嗯，正在跟你说话的就是一位女性！话虽如此，从历史上看，自 20 世纪 80 年代中期以来，STEM 和技术领域里女性的比例一直在下降。国家公共广播电台有一篇很棒的文章（https://www.npr.org/sections/money/2014/10/21/357629765/when-women-stopped-coding）解释了为什么会这样，我非常想把它推荐给你们的读者。

但是现在，我们发现有一种上升的趋势，部分是由于对多样性差距的关注，部分是由于行业的意愿，因为另一半的人口也想成为工程师。他们意识到有同样比例的女性擅长编程。但问题是：目前，进入技术领域和开始代码学习最简单的方法是通过前端。根据我自己的经验,当我第一次尝试编程时,就只是 HTML 和 CSS,这些甚至不是编程。

"DevOps 中的老手过去是真正的系统管理员,他们在服务器之间摸爬滚打,配置路由器,而现在他们不再这样做了。但是 DevOps 新人来自软件工程和 IT 界的其他领域。"

——Júlia Biró

吸引女性进入技术领域的大多数激励因素都是从前端开始的,她们得以接触前端或动态网站,以及 HTML+CSS、JavaScript、Python+Django 和 Ruby on Rails 等语言和框架。为什么是这些语言呢?可能因为这些语言是最容易在家里尝试的,因为你可以在你的厨房桌上成长为一名优秀的前端开发人员。但是,如果没有一些资源,基础设施编排是无法完成的,而且有些问题只会在一定规模的软件中才会出现。这是一个需要让人们花点时间去了解的领域。

DevOps 领域的老手过去是真正的系统管理员,他们在服务器之间摸爬滚打,配置路由器,而现在他们不再这样做了。但是 DevOps 新人来自软件工程和 IT 界的其他领域,简单来说,在这个领域里的大多数女性主要处于她们职业生涯的开始阶段,所以她们更多地是在前端,但是她们在慢慢地、稳步地进入行业。事实上,不只是我这么说。Stack Overflow 上有一篇很棒的开发者调查(https://insights.stackoverflow.com/survey/2017#developer-profile-developer-role-and-gender)也表明了这一点。

Viktor Farcic:我问你这个问题的原因是,我知道你经常做一些类似 Rails Girls 和 Django Girls 这样的外部活动。

Júlia Biró:我志愿组织的各种活动都是为了邀请更多的女性进入技术领域。我正在与一些组织合作,这些组织正在大力推广这一邀请,这不仅仅是向女孩们传授技能,更重要的是让女孩或女性知道她们应该尝试技术,因为这是一件有趣的事情。

我通过各种方式来做这件事,比如参加 Rails Girls 和 Django Girls,它们是面向女性的开源研讨会。这是一个为期一天的研讨会活动,旨在从头开始构建一个动态 Web 应用程序,参加者通常是没有编程知识的人。有趣的是,在一天结束的时候,她们创建了一些可以向家人展示的东西,因为这些东西被部署在互联网上的真实服务器上。这些研讨会的目的是让你了解当你使用技术创建某个东西时,它是如何工作的。在参加了这些研讨会之后,我认识的一些女性实际上已经改变了她们的职业,她们学习了 Python 或 Rails,最终成为了专业开发人员,现在已经在技术领域拥有了足以胜任的职业。

我工作的另一个领域采用了相同的概念,但对象是孩子。据说,到了 13 岁,一个女孩就会意识到数学和科技并不是女孩的事情。事实上,这篇文章(https://www.theguardian.com/society/2017/sep/20/children-are-straitjacketed-into-gender-roles-in-early-adolescence-says-study)是关于我们如何在青少年早期限制性别角色的重要文献。我的这些项目想要做的是在性别角色被限制之前接触到这些女孩。我们试图通过创建东西给他们一个非常好的技术体验,让她们知道"哇,这对我来说也可以"。如果她们碰巧喜欢,很好;如果她们不喜欢,也没什么大不了的。她们所要做的就是和另外 15 个人在一个工作坊待一天,并参观一间很酷的办公室。

Viktor Farcic:你有没有尝试过让女孩子从高中时代就开始接触科技,这样她们就可以把这种经验带进大学?

Júlia Biró:当然!有个孩子版的工作坊,我们为高中女生开设了一个为期 10 周的 Processing 课程(https://processing.org/)。我很自豪的是,我以前的一些学生已经通过那个课程被培训成为工程师。

但值得注意的是,并不是只有女性没有收到进入技术领域的邀请。我也曾在艺术大学任教,因为我认为编程可以成为艺术创作的工具,我想把这个工具介绍给艺术家们。在这段时间里,我们给艺术家们教授了入门编程课程,他们中的一些人非常喜欢它,一些人甚至尝试在他们的工作中使用它。

我在匈牙利与一个名为 Skool(skool.org.hu)的组织合作,这是一个专门与年轻女孩合作的技术教育基金会的项目。他们有一个项目是与儿童之家的孩子们一起工作。这很神奇,因为他们通常是一群没有收到进入技术领域邀请的年轻人,但现在他们在儿童之家得到了 10 周的课程。

Viktor Farcic:那真是太棒了!

> "多样性不仅仅意味着让更多的女性进入这个领域。它还意味着让更多来自不同背景的人参与进来,比如贫困儿童。"
>
> ——Júlia Biró

Júlia Biró：确实是，因为多样性不仅仅意味着让更多的女性进入这个领域。它还意味着让更多来自不同背景的人参与进来，比如贫困儿童。技术可以成为社会流动的快速电梯。在很短的时间内，你可以极大地提高你的收入潜力。你所需要的只是一台笔记本电脑和一个互联网连接，如果你有这方面的天赋，你就可以成为一名出色的工程师。但有些人甚至连这些基本的工具都没有。尝试让人们能使用这些入门级工具是我们工作的一部分。但同样重要的是要认识到，贫困对学习所必需的技能有严重的负面影响，所以缺的不只是一台笔记本电脑这么简单。

技术的未来和我们面临的挑战

Viktor Farcic：我们接着聊，你认为技术领域接下来会发生什么？如果让你预测未来，今天需要解决的瓶颈是什么？你认为我们今天面临的主要障碍是什么？

Júlia Biró：这听起来可能很天真，但复杂性是我们在不久的将来将要面对的最大障碍之一。即使在使用标准工具时，我们的基础设施也是由相当多不同的部件组成的，我们希望使用得当。不管怎样，我们都要记录下来，所以我们用 Terraform 来做。障碍就只是复杂性本身。

我的直觉是，Terraform 是一个随时会爆的炸弹，因为很难对它进行修改和测试，同样也很难找到绕过它的方法。基本上，Terraform 是一种新的编程语言，而它有很多个 bug。

当你想要在微服务环境中对服务进行修改时，也可能遇到复杂性。在 Contentful，尽管我们有一个本地开发环境，但我需要启动 6 个本地服务，这样服务器才会启动，我才可以测试它。这种复杂性与人类的思维能力有关，这就是为什么我认为这是一个瓶颈。

15 年前，可扩展性曾是一个瓶颈，但现在不是了。如果你做得很好，有合理的限制和基础设施的扩展，这在现在实际上就是一件非常非常容易的事情；现在造成瓶颈的只是技术变革的速度。一旦你达到一定的规模，改变技术是非常非常困难的。但这并不是一个新问题。人们将被困在 Kubernetes 上，就像他们曾被困在 Java 上一样。

Viktor Farcic：你提到的速度，我不知道该称之为新东西的开发速度还是创新速度，但是速度已经加快了。你是怎么跟上的？

Júlia Biró：其实我觉得我跟得并不好。

Viktor Farcic：但是如果速度在加快，我们要成为超人吗？

Júlia Biró：我不知道，所以我说速度是一个瓶颈。随着新问题和新技术的出现，技术本身也会很快过时。但与此同时，下一个更好的工具正以更快的速度出现。这实际上有很大的好处，因为没有人必须有超过 2 年的使用特定工具的经验，所以不管你是在这个领域工作 2 年还是 20 年都没有关系。这意味着最终，进入这个领域会越来越容易。

例如，我不需要有 10 年的系统管理员经验才能成为一名合格的基础设施或站点可靠性工程师。与我不同的是，我的许多同事都比我多 10 年的工作经验，其中一半是在黄金时代作为管理互联网的系统管理员的经验。这有可能成为企业采用新技术的速度的心理限制，使其不会更快。但是就你关于学习的问题来说，跟学习其他事情一样。如果人们投入他们的生命，花 8 个小时工作，然后花 8 个小时学习相关的新事物，那么他们将会非常擅长它。

Viktor Farcic：这是否意味着，如果一家公司能够跟上潮流，那么在那里工作的人就需要有空闲时间来学习？

Júlia Biró：当然！我总是说我的工作是理解新事物，然后将其自动化。我曾经解决过的所有问题都应该是自动化的，或者至少是文档化的，这样我就不需要再找出答案。如果我有时间，我就会把它们自动化，这样其他人就不用再去考虑它们了。当然，还是会有时间做参加会议之类的事情，因为剩下的就只是编程，当然，这不仅仅是编程，也是一种技能。总有另一层抽象和另一套复杂性出现，我们需要处理和为之准备工具。

无可避免和日益增加的复杂性

Viktor Farcic：这是否意味着日益增加的复杂性是不可避免的？

Júlia Biró：没错，那就是进化。

Viktor Farcic：我喜欢进化。

Júlia Biró：事情是这样的。一旦你能做某些事，你把其中的 2 件放在一起，然后当你把 5 件放在一起的时候，你会觉得"哦，这太可怕了！"，然后你把它自动化。接下来，到了第 22 次，你意识到你想要那个特定的实例有一点不同，你想在那里放一个 if。你基本上想要用一套完整的编程语言中的变量来控制它,然后,砰!你已经创造了另一层复杂性。

但是一旦你使用编程语言,就没有什么能阻止你处理 5 000 件事,而不是 50 件。你很容易会说:"我在这里加一个层。"在那之后,你所要做的就是教给每个人这方面的知识,并将其写进代码中,然后审查代码,再进行测试并为此开发一个完整的环境。

Viktor Farcic:你提到了遗留应用程序的复杂性。有没有那么一个时刻,我们不再有理由继续维护下去了?例如,假设你有一个用 COBOL 或 Java 编写的遗留系统。如果你想在某个时候降低复杂性,你需要重新开始。但与此同时,没有人愿意放弃还能用 5 年的应用程序。

Júlia Biró:如果可以重构的话,总是可以把它重构成更小的部分,这似乎就是 DevOps 现在的想法。不是要扔掉整块巨石,而是要把它分解成更小的碎片。当然,更小的碎片会带来复杂性,但是在它们内部,它们更容易被包含和访问。

Viktor Farcic:所以,我们正在用另一种复杂性取代一种复杂性。

Júlia Biró:是的,基本上就是这样。但这样做的好处是,取而代之的是一个更可分割和并行化的复杂性。如果你有一个单体,你有 100 个人在做它,那么这 100 个人都需要在他们的头脑中了解这个单体的复杂性。如果你可以将其分解为 10 个部分,那么其中 90 个人就只需了解十分之一的复杂性,可能还需要了解一些依赖项,而另 10 个人则需要了解 DevOps 工具链或运行微服务的复杂性。

务实地思考

Viktor Farcic:在我们即将结束这次访谈之时,有什么事情是你想说但我还没有问你的吗?

Júlia Biró:在我的职业生涯中,在其中一家公司我真正体验了 DevOps、基础设施和站点可靠性,以及所有这些新概念。然后我在 2018 年 5 月加入了 Contentful,当时它刚刚经历了一次大的增长,花了一些时间(大约一年)来适应它的新规模以及等待必要的工具和流程的出现。在那之后的一年里,它真的迎头赶上了。

现在让我感兴趣的是,这些不同公司之间的差异让我真正务实地思考做了什么、为什么要做以及我应该从 Prezi 那里学到什么并在 Contentful 使用。例如,对于我的新公司来说,哪些 DevOps 理念是可借鉴且值得借鉴的?我之所以这么认为是因为,例如,我的 Contentful

栈比 Prezi 的栈使用了更年轻和更新鲜的技术。然而，另一方面，一些工具更加成熟，而且复杂性是毁灭性的。

让我在日常工作中产生动力的是我对 Contentful 成长性的信念，我选择追随它，因为我想在它成长的时候成为其中的一分子，我想促进它的成长。

Viktor Farcic：你是说在一种情况下比在另一种情况下更容易推广事物吗？是在一家拥有完善的技术栈的成熟公司，还是在一家技术栈不完善的新兴公司更容易呢？

Júlia Biró：情况完全不同。例如，成熟的标志之一是，在我离开 Prezi 的时候，它已经有了一套非常明确的如何推广想法的流程。一年前，当我第一次尝试在 Contentful 推广想法时，我甚至不知道应该从哪个平台开始。一年后，当然有一个明确的流程。另一方面，因为 Contentful 的工程师和层级只有 Prezi 的一半，我真的只需要在午餐时说服两三个人，然后就可以开始做事了。

> "成熟的标志之一是，在我离开 Prezi 的时候，它已经有了一套非常明确的如何推广想法的流程。"
>
> ——Júlia Biró

我对两者没有偏好。在 Prezi，我需要学习很多工具。例如，我是负责监控流水线的团队的成员，而流水线本身由 6 个不同的微服务组成。光只是监控，就很困难。现在在 Contentful，我经常觉得我们没有一个真正结构化的概念来确定我们要去哪里。

最糟糕的是，我一直在想，我们根本不知道该怎么做。我并不是说我们不知道该使用什么技术，而是我们不知道该如何使用这些技术。所有这些东西都是模糊的、没有定义的，这给了你很多不确定性，这对我来说很难处理，因为我不擅长处理不确定性。所以，对我来说，这就是挑战。但另一方面，如果我下定决心整理东西，那就很容易了，因为有时我所需要做的就是写下一些东西，然后试着让其他人照做或同意。就只是创建流程也几乎与创建工具一样有效，因为流程就已经能够解决问题。

Viktor Farcic：这有一个问题。每个公司都认为自己很特别，他们的做事方式也很特别。然而，有一些被普遍证实的方法比其他方法更有效。我们的行业是如此多样化，实际上我们仍然不知道什么比其他更好。还是说，公司根本就不了解情况，没有能力，或者说实际情况完全是另外一回事？

Júlia Biró：不，我不认为我们实际上是异质的。当我打算换工作的时候，我很容易就找到了一家公司，它使用的工具有 60% 和我之前公司的相同，唯一的区别是它们的使用方式略有不同。微服务架构的美妙之处在于它包含了多样性，作为一名工程师，标准化问题意味着你可以有标准的解决方案，这是一个优势。

在 Prezi 有一个想法，我认为是有道理的，那就是你应该把你的精力集中在你的专业知识和服务领域的特定问题域上。你应该试着用一种尽可能简单和标准的方法来解决其他问题。在 Prezi，这意味着我们有自己独特的呈现可视化和其他东西的解决方案，但是我们不想在监控方面重新发明轮子，因为我们是一家视觉通信公司，而不是监控公司。

在 Contentful，我们确保你的内容既易于编辑，又高度可用，因为这是我们的专长，这是我们的服务，我们非常强调易用性。我们不是一家监控公司。我们不会在监控上投入太多精力。这并不是说我们不打算这么做，只是我们不打算在其中从头编写我们自己的解决方案，因为我们的监控问题是标准的，而标准工具应该处理它。

Viktor Farcic：所以，你应该专注于你的专业，然后试着通过标准化的方式来完成剩下的部分。但让我迷惑的是，这有点矛盾，因为一方面，我们可以同意我们应该标准化，所以我们不要浪费我们的时间；但是另一方面，如果事情每天都在变化，你就永远无法提高速度，因此标准化也不能持久。

Júlia Biró：通常每个问题域都有一组很小的标准解决方案，你可以从中选择，可能是 3～5 个，它们都有很好的文档记录和很好的支持。但就像你说的，瓶颈总是在移动。所有的新解决方案都是为了改进一些瓶颈，但是它们并不是一次又一次地解决同一个问题。它们是在解决下一个出现的问题。

Viktor Farcic：因此，每当我们解决一个问题时，总会有另一个问题需要解决，所以实际上，新流程和新工具不断增长的速度反映了我们在提高标准。

Júlia Biró：例如，目前在容器调度和编排方面有五大工具。我不认为在这方面将会出现 50 个行业标准，新技术也不再是关于容器编排的。它将会是关于其他东西的，在它之上的东西。

Viktor Farcic：就像一层一层做蛋糕？

Júlia Biró：是的，就像做蛋糕。例如，一旦虚拟机成为一种容易访问的资源，你就可以扩展你的基础设施，直到你需要与 AWS 就你正在使用的剩余节点的数量进行人为协商。人们可能会有 60 亿个 Kubernetes 集群，但在那之后，它将再次成为一个容易扩展的资源，然后复杂性将转移到其他地方。

Viktor Farcic：我赞同。

Júlia Biró：我的意思是，人们仍然在编写 Unix 工具，但那是因为我们每天都在使用已有 30 年历史的 Unix 工具。为什么？因为它们存在于我们编写的每一个软件中，我们不会采用新的标准，因为它们是一致的标准解决方案。对于服务器，你使用 NGINX、HAProxy 或 Apache 服务器，它们都做同样的事情，然后你知道，这没问题，它能工作，你不需要 16 选 1。

工程中的恒常

Viktor Farcic：非常好的观点。不过，我想知道，做出选择的依据是什么？

Júlia Biró：我有幸和一些非常有经验的工程师一起工作，比如你。我在这方面也是新人，但我们已经说过技术变化很快，我对什么是"工程中的恒常"很感兴趣。

经验会给你带来什么？它们并不是关于特定技术的真正知识，而是可以全面使用且不会过时的技能、思维模式和最佳实践。其中的一些可以让我的工作从中受益，而不是需要花 5 年时间深入学习两到三种技术。由此引出的问题是：哪些东西是我不用在技术领域花 10 年时间就能学到，而且不会过时的？

Viktor Farcic：你可以在一年内学会 Kubernetes。

Júlia Biró：但 Kubernetes 将在 3～5 年内过时。

科技行业是否存在恒常？

Viktor Farcic：开个玩笑。但是会有什么是永远不会过时的吗？在科技行业之外，是否存在不断地改变我们对一切事物看法的文化趋势？而在科技行业中是否存在这样不变的恒常？

Júlia Biró：有一些基本的观念，比如对女性美的描绘，在过去 3 000～5 000 年的艺术领域和整个世界中，这似乎是恒常的主题。操纵大众（让更多的人站在你这边）的方法自政治历史有记载以来也几乎没有什么改变。

Viktor Farcic：好，很好，你说得对。

Júlia Biró：我确实觉得，当我与身边的工程师交谈时，他们可能有来自不同领域的经验，有一些方法是他们一致适用的，不管领域或实际问题是什么。有一些不会改变的方法。不管你是在 1983 年、2003 年还是 2013 年编程，有时候问题是一样的，但答案是不同的，然后解决方案也不同。我对不变的那部分很感兴趣，那部分把工程和编程分开了。

Viktor Farcic：但这在一定程度上难道不是我们这个行业不成熟的标志吗？

Júlia Biró：这在一定程度上是成熟的标志，并且这在我周围很普遍。这也是我从比我更有经验的人那里学到的东西。但我也认为这是一种可以有意识掌握的东西，是一种你可以偷师一点的东西，所以即使你没有那种经验，你也要试着使用它。

Viktor Farcic：不久前，我与我的一位建筑师朋友交谈，我告诉他昨天我们还在使用 Java，今天我们就在使用 Go，天知道明天会发生什么。他向我解释道："是的，因为我作为一名建筑师所做的事情已经存在了几千年，我们有时间去完善它，而你没有。"

Júlia Biró：我的意思是，美学的法则并没有改变，但是建筑的建造方式在过去的 2 个世纪里因为材料的改变而改变了很多。

Viktor Farcic：但是你刚才说了，建筑已经存在了 2 个世纪，而我们这个行业只存在了 50 年。

Júlia Biró：不，事情是这样的。我的一位前同事在一家只有远程办公的公司与所有的高级工程师一起工作。他讲过一个故事："我们要去吃晚餐。我们每年见面一次，我们去参加这个场外/团队建设活动，我们试图解决架构问题。通过问下面这个问题所得到的好处是不可思议的：'我们要解决的问题是什么？'"

这是高级工程师们会做的一个超级简单的把戏。他们不会让自己被拖入细节或兔子洞，但他们会时不时地退一步，试着问："我们离目标越来越近了吗？有没有更近的路可走？"这一切都需要一定的成熟度支撑，但如果你像我一样跃跃欲试，那么你要尽早使用它。我对这些东西很感兴趣。基本上，有没有成为高级工程师的捷径？这是我的兴趣所在。因为我没有那么多时间。

"这是高级工程师们会做的一个超级简单的把戏。他们不会让自己被拖入细节或兔子洞,但他们会时不时地退一步,试着问:'我们离目标越来越近了吗? 有没有更近的路可走?'"

——Júlia Biró

Viktor Farcic:这个观点非常好。谢谢你今天抽出时间来和我谈话。

12

Damon Edwards：
Rundeck 公司的联合创始人兼首席产品官

Damon Edwards 简介

本章译者　姚冬　中国
资深精益、敏捷 DevOps 专家

当 Damon Edwards 创立 Rundeck 公司时,他帮助建立了一个可以使数千个全球化的 IT 运维机构在保持安全性的同时,更高效地运行并且更快扩展规模的平台。这些都是 DevOps 之旅的标志。你可以在 Twitter 上关注他(@damonedwards)。

DevOps 之旅

Viktor Farcic:我想从一个简短的介绍开始。你能和我们说说你自己,以及你是如何进入 DevOps 领域的吗?

Damon Edwards:在 2005 到 2007 年间,我是一家高端咨询组织的一员,该组织专注于现在被称为部署流水线的工作。那时,规模化的 Web 服务仍然是一个相当新的想法,但我们是配置和部署大规模应用程序的专家。

当行业开始变得愈加面向云计算时,无论是用 VMware 还是新生的 AWS EC2 进行虚拟化,一切都成为了软件栈的一部分。我们发现自己实际上在这方面非常适合,因为我们大多都拥有深厚的运维背景。从 2007 年到 2009 年，显而易见，规模化不再是问题，部署在技术方面的问题已被解决。

正如客户告诉我们的那样，当前的挑战是他们希望能够更快地完成工作，以便学习并超越竞争对手的前进步伐。

客户说："这种自动化的效果很好，但是我们注意到，我们并不如其他也使用这种自动化的人那么快。为什么我们没能像他们那样的变得更好呢？"这让我们偶然间成了精益顾问。

这就是我们全面进入精益运动的原因。我们回顾过去的敏捷实践，例如丰田生产系统、戴明、高德拉特等，尝试去解释为什么一个组织可以完成工作、执行速度更快、生产更高质量的东西，而其他组织却无法做到。因为，关于在整个开发和运维生命周期中如何应用这些技术，当时所能够获取到的知识并不多，所以我们通过反复试错的方式进行自我教育，并且学到了很多东西。

Viktor Farcic：从你所说的时间线来看，这似乎恰好也是 DevOps 运动开始的时间。当整个 DevOps 的概念刚刚出现时，你一定还处在零基础的状态。

Damon Edwards：在 Patrick Debois 通过组织第一届 DevOps Days 大会点燃 DevOps 的火花时，我正好和 Patrick Debois、John Willis、Andrew Shafer 和 John Allspaw 等人在一起。实际上，我就是那个发送电子邮件邀请 Gene Kim（他当时因身为 *Visible Ops* 一书的作者而为人所知）来参加第一届 DevOps Days 大会的人，一个他从未听说过的大会。

> "我们对企业中的 DevOps 尤其感兴趣，因为这才是真正存在 DevOps 问题的地方，那些问题才是真正棘手的现实问题。"
>
> ——Damon Edwards

我和我的同事 Alex Honor 秉承的观点是：以企业为中心，运维为先。许多人感兴趣的话题是如何将敏捷一直扩展到部署。相反，我们对如何将运维反推回开发更感兴趣。我们对企业中的 DevOps 尤其感兴趣，因为这才是真正存在 DevOps 问题的地方，那些问题才是真正棘手的现实问题。

如果你是在一个小型组织，抑或是在一个大型的、为单一目的而构建 Web 组织，你的 DevOps 问题都可以得到简单的答案。是的，这需要努力付出和深思熟虑，但是前进的道路是明确的。你需要做的就是让所有人都进入同一个房间，告诉他们停止以旧的方式行事，取而代之以新的方式。通常,你可以通过简单的努力而消除大多数问题。

现在,如果到大型复杂企业中进行尝试,你通常会面对历经数十年时间积淀下来的诸多业务线(有些是通过收购,有些是通过自然增长)。除了拥有庞杂的人员、技能、思维方式和流程之外,你还将面对所有门类的技术栈,并且这是一个庞大的分布式组织,在全球数十个政治结构中拥有成千上万的人员,难以实现系统变革。那将是一种完全不同的物种,很难应对,这些才是最棘手的 DevOps 问题。

Rundeck 公司与 DevOps

Viktor Farcic:你现在在 Rundeck 公司工作。你能谈谈你在那里的工作吗?

Damon Edwards:Rundeck 于 2010 年作为一个开源项目而诞生。它填补了自动化工具链中的一个空白,并且拥有一个我们认为谦虚而有帮助的社区,因此我们一直坚持了下来。在 2014 年左右,我们发现有一些特别的事情发生了。第一个迹象是,所有大型的、家喻户晓的公司都在打电话给我们,以寻求来自 Rundeck 工具的帮助,而非我们的咨询服务。他们会说:"我们知道你是顾问,也许我们可以稍后再谈那个,但是我们在使用 Rundeck,我们需要各种帮助。"

最终,我们发现这些公司正在使用 Rundeck 来解决他们在 DevOps 运维侧的问题。在足够多的人告诉我们 Rundeck 改变了他们的生活之后,Alex Honor、Greg Schuler 和我本人(Rundeck 公司的三位创始人)决定关闭咨询公司,专注于 Rundeck。起决定性因素的是,与一家咨询公司相比,通过产品公司我们可以提供规模化的帮助。

Viktor Farcic:我对 Rundeck 有一个非常基本的了解,如果我说错了,请纠正我。根据我的理解,它有点像一个任务执行器。

Damon Edwards:从技术上讲,这是正确的,但这个使用场景还不是最令人兴奋的,自助服务才是 Rundeck 的最大价值。运维团队将在他们的团队中使用 Rundeck 从他们现有的各种脚本、工具、命令和 API 中创建标准的操作程序。这给团队内部带来了很大的效率提高,然而当他们使用访问控制功能使运维以外的人员可以访问这些程序时,事情会真的变得很有趣,因为那才是他们真正重新考虑组织应该如何工作的时候。

Viktor Farcic：所以，团队会使用它，但是自助服务才是主要目的吗？

Damon Edwards：是的，团队看到了标准化工作方式的诸多好处。标准化鼓励不断的改进和试验，这是一种已知的精益技术。不是我拥有一堆脚本，你拥有一堆脚本，其他人也拥有一堆脚本，让我们将它们全部放入 Rundeck 中。让我们一起合作，说："嘿，让我们想出一个做这些事情更好的方法。"因此，把你现在拥有的所有东西（脚本、工具、命令、API）添加进来，然后 Rundeck 提供工作流、通知、错误处理、用户输入管理、UI、API、日志记录等。

Rundeck 的访问控制功能确实令人兴奋，因为现在他们在说："好吧，嘿，让团队开始做以往并不做的运维活动。"一个简单的示例是经典的 DevOps 理念，即让开发人员在生产环境中重新启动。对于大多数企业来说，这个概念会非常令人震惊。你打算怎么做？ 你不能给他们生产环境的登录名，然后说："这是你的 SSH 密钥、sudo 访问权限和一些脚本……祝你好运！"因为在企业中不会取消这种控制。这是一个足够复杂的问题，涉及太多的人群，以至于大多数人都放弃了。

但是现在，有了 Rundeck，开发人员可以说："好吧，让我们使用 Rundeck。插入重启脚本，运行健康检查以确保其运行正常，接着运行命令退出监控并操作负载均衡器。然后，在它周围设置一些额外的防护，例如限制用户输入选项、通知和错误处理。"随之，他们将使用 Rundeck 的访问控制功能来使开发团队能够安全地在生产环境进行重启。同样，你也可以只授予他们有限的权限来查看受信任的 SRE 在生产环境中重启。无论哪种方式，它们都具有更好的控制性和可见性，这使他们能够在整个组织中传递执行运维任务的能力。

这种自助服务能力能够在那些具有前瞻性的企业中开启你所看到的组织级 DevOps 变革。他们希望解耦并将控制推向更接近交付团队的地方，以便他们可以更快地行动，而在此过程中运维不会挡道。

Viktor Farcic：这就像注重对组织其余部分授权的中心化管理。

Damon Edwards：这种说法很有趣。我们认识到运维的专业知识和能力并没有大的变化，但是由一个集中的运维组织来负责所有"运维工作"的想法已经无法满足当今的需求。你需要一种控制分权的机制，但是需要运维专家来维护监督。

这也体现在 Rundeck 的设计理念中。我们不想成为另一件似曾相识的东西，因为你已经有了太多可以做得很好的东西，无论是 Chef、Puppet、Ansible 还是容器编排器。我们让人们使用他们想要使用的东西，然后从中创建需要跨越所有这些不同工具的逻辑流程。我认为我们所有人都生活在一种错觉之中，即一个自动化工具将统治着所有人。但是 Rundeck 所做的是拥抱异质性是首选现实这种想法。让人们做他们需要做的事情，以完成他们的工作，并专注于帮助他们协调工作，使其安全。

> "让人们做他们需要做的事情，以完成他们的工作，并专注于帮助他们协调工作，使其安全。"
>
> ——Damon Edwards

DevOps 的商业化

Viktor Farcic：对于 DevOps 的商业化以及 DevOps 工具更广泛的理念，你有何看法？

Damon Edwards：这绝对是一个有趣的话题，因为人们喜欢将希望寄托在工具上。最初是 Puppet，然后是 Chef，最近又变成了 Ansible，而现在是云原生和无服务器。每一种新的自动化工具都将接管整个世界，但随后从事该工具的特别项目团队继续前进，它又变成了传统工具。现在我们拥有了一切，与此同时，又有人说如果他们可以引入另一种新工具，将解决所有问题。这是一个周而复始的循环。

如今，许多公司都有 DevOps 计划，他们的员工也在遵循着他们一直遵循的模式，并寻找一种可以帮助他们的 DevOps 工具。我并不怪供应商以 DevOps 工具的名义提供他们的工具，因为这里面大多数都是解决特定问题的完美工具。但是如果你的 DevOps 问题并没有消失，而你还需要另一种支持工具，请不要感到惊讶。

> "如果有的话，这里面是精益的理念，你需要让团队自己选择他们认为需要使用的工具。"
>
> ——Damon Edwards

如果有的话，这里面肯定包含精益的理念，你需要让团队自己选择他们认为需要使用的工具。他们需要关心如何集成，关心工具链架构，或者关心如何与其他人的工具相互集成。自从我们第一次认识到企业的异质性之后，这一直是 Rundeck 的主要设计点。

过早的优化或工具标准化事实上对组织不利。如果你强迫团队去做他们不想做的事情，而且他们有充分的理由不去这么做,那么你只是在给这个团队增加不必要的负担或摩擦。异质性不仅是生活中的一个事实,我们认为这实际上也是一个本质。让团队去做他们需要做的事情以获得成功,并且只需关心他们如何与组织的其余部分集成,同时确保适当的安全性以及合规性控制到位。

Viktor Farcic:完全同意。从我自己的经验来看,我仍然很难找到一家真正往这个方向行进的大企业。我一直觉得 DevOps 就是这样。每个人都在谈论 DevOps,世界上的每个公司都在启动 DevOps,但事实上并没人真正在做。

Damon Edwards:改变工作方式本身是非常困难的。对于那些负责变革的人来说,会感到风险和恐惧。不仅是从组织的角度,从个人角度来看也是如此。

举例来说,你告诉人们:"好的,我们将向交付团队分配运维能力,因此我们应该让这些交付团队跨职能。这意味着我们要缩减运维团队的人数,并将其转化为更多的 SRE 技能。我们将保留某些 SRE 工程师来同时负责平台和专项技能,因为出于现实原因我们无法让中心团队负责。"这就是跨职能团队的想法,听起来很符合逻辑,但是想想你在人事和政治层面上做了什么? 你正从一个小组中调走人员,将其分配给另一个小组。

在大型企业中少有人会承认的一个秘密是,你很难知道其他人在做什么。大型组织的高管需要采取间接措施来识别不同管理级别的绩效。假设你在一家理论上存在的公司里做到总监级别,比 C 级别低了 4~5 级,比手握键盘的人员高了 3~4 级,此时高管希望知道你有什么优点:"Viktor 有什么优点? 他会有所作为还是他的事业已经达到顶峰了?"

Viktor Farcic:很高兴我们能进入 DevOps 日常工作的讨论,但是我想知道的是,在这家理论上的公司中 DevOps 将如何运作。

Damon Edwards:按照传统的公司标准,他们可能会说:"哦,Viktor 看起来还不错。他不断增加员工人数和预算。Viktor 应该在做正确的事,我们应该留意 Viktor,他定将大有作为。"

你是一个有理性的人,你关心自己的事业,你的家庭也依赖于你的职业。你最不会做的一件事是什么? 放弃预算或人员! 在你的整个职业生涯中,你已经习惯于知道这些信号表明你是软弱或者糟糕的管理者。突然之间,你会对把你的下属调到其他团队的想法大为警惕。组织变革很困难,因为人们的个人动机和政治动机常常与组织动机不符,这是我发现的首要问题。

Viktor Farcic：那第二个问题是什么？

Damon Edwards：第二个问题是，企业文化中的许多奖励都是围绕交付而设计的。例如，你获得了一笔大买卖，或者巩固了重要的伙伴关系，因此你赢得了奖金。你交付了一个大型 IT 项目，将我们带到了云端，或者交付了我们向华尔街承诺的新的 Foo 服务，所以你得到了加薪。交付的消息会一路传到董事会，因此，面向业务项目的交付是使自己跻身上升队列的另一种方法。

现在设想你是一位被激励着去应付的开发主管。你想要那种荣耀和战利品，对吗？你最不愿意做的事情就是不交付任何东西！雇用大量 SRE 工程师并共担生产服务的责任，意味着你将被评判，并将资源投入到了交付以外的事情上。

对于公司而言，正确的做法是坚持自己开发的东西，保持它的运行，并对其进行改进以满足客户未来的需求。但是，就个人而言，你不得不说："算了，已经完成了，让其他人去操心，让我着手进行一个全新的项目。"因为那样的话，你将成为 Viktor，去年他交付了客户价值 X，今年交付了客户价值 Y，这是晋升的捷径。

所有这一切的现实是，很难去改变人们的工作方式，这也意味着很难改变大型企业。如果你可以通过仅仅在组织结构图现有的框框上刷上 DevOps 就能引入 DevOps 的话，那么你将会轻松得多。

> "所有这一切的现实是，你很难去改变人们的工作方式，这也意味着很难改变大型企业。"
>
> ——Damon Edwards

这就是 DevOps 在众多企业中被视为发布和系统工程的新名称的原因。实际上，他们并没有做那些让高效 DevOps 组织获得成功的事情，即改变他们根本的运维方式。有很多供应商乐于强化这种行为。为什么要把销售复杂化呢？只要让他们完成"DevOps"装饰工作，然后宣布胜利就可以了。归根结底，这确实不是一个技术组织文化问题，这是一个商业文化问题。

Netflix 的方式能够奏效要归功于其技术部门，这也是他们经营整个业务的方式；Amazon 的方式能够奏效，因为这就是 Amazon 经营其整个业务的方式；Google 也是如此。除非你的企业希望改变其业务运作方式和激励方式，否则不要期望技术部门的行事方式会有很大的不同。我们仍然可以在技术部门内部进行很多改进，但是不要指望业务负责人会被技术所影响，他们还得自己弄明白。

Viktor Farcic：至少从我所看到的情况来看，做出决策的业务方仍然习惯于为软件开发做出同样的决策，如同他们做的其他决策一样。

Damon Edwards：有道理，因为他们只是从自己所做的事情来看这个世界，并且正在为获得奖励而努力。因此，他们会根据他们当前的信念来运作事务。很多时候，你会看到技术部门告诉业务方应该如何运作，以及他们需要如何以正确的方式来做事，而当业务方不这样做时，技术方通常会对这些"白痴"有诸多抱怨。好吧，事实上业务方也是以自己的方式看待这件事。他们知道自己要什么，并且他们认为自己的方式是合理的，如果技术方不同意，那么他们就是在发牢骚或根本没明白。

当然，冲突随之而来。每个人都认为他们是那个理性的人，而他们所做的事情才对公司最有利，这是我们真正要牢记的。世界上几乎没有人会对在工作时说："我怎么能把事情搞砸呢，今天我又会做什么蠢事呢？"

Viktor Farcic：但是在大公司中，人们真的在努力为自己的公司做到最好吗？我这样说是因为，在我看来，大公司实际上是一些小公司的集合，不管你叫它们竖井、部门还是公司，你想叫什么都行。你是否觉得为自己的部门所做的正确的事情实际上不一定合适你的公司？

Damon Edwards：大多数人认为他们在做正确的事，但我想你提出了一个非常好的观点。从业务角度来看，角度和环境确实很重要。你可以将大公司看作多个小公司的组合，因为这些小公司通常在某种程度上处于业务隔离状态，而这种隔离会助长竖井式行为。在这种情况下，你会发现很多只看到整个拼图中的一小部分的人，而基于这样有限的视角，他们会为那一小块拼图尽最大努力，而不是为整个拼图尽最大努力。对于负责拼图的其他部分的人来说，他们可能认为其他人的行为并不符合公司的最大利益，但是这些人的视角同样受限。这种竖井问题一直重复出现，直到我们今天看到的经典的开发与运维之间的分歧。

Viktor Farcic：这绝对真实，因为如果你继续深入，事实上每个人都有自己的目标。运维的目标是什么？永远不要出故障。你怎么做到永远不出故障？嗯，永远不要部署新版本。我的意思是，开发人员想每秒钟发布一次，因为他们不在乎是否有故障发生。

Damon Edwards：没错！你很容易只考虑到你受雇去做的事情，而不是努力去了解端到端系统；或者，同样地，你很容易意外地失去激励，从而导致行事方式不符合端到端系统的最大利益。

为说明这个问题，最直接的方法是询问客户如何看待你的组织。他们看到了一个交易点，也许还有一条水平线，水平线上的每件事都是为了使交易发生。他们不在乎你的功能竖井或谁在做什么。你的组织能满足他们吗？是否以合适的价格为他们提供了所需的功能？是否在正确的时间以正确的价格提供了正确的功能？那就是他们所关心的，这是一个非常横向的视角。

但是我们如何考虑内部的工作呢？我们根据工作职能以及名片上印刷的头衔（通常是垂直的，与职能对应的视角）来考虑。通常，像这样进行分组是人类的天性。让我们把开发人员与开发人员、运维人员与运维人员、测试人员与测试人员以及安全人员与安全人员分别放在一起。然后从此开始，让我们管理这些人以提高他们在这些小组内部的效率。一旦你这样做了，人们就会看不到客户真正关心的东西，即端到端的功能。当人们进行优化时就会发生这种情况，而人们并没有意识到他们所进行的局部优化，实际上是恶化了整个端到端系统，问题就从那里开始了。

质量观念及其对工作的影响

Viktor Farcic：那么，你认为这些人会因为根据客户对质量的反馈而受到激励吗？

Damon Edwards：理想情况下是的。但是他们知道客户对质量的反馈是什么吗？他们是否知道他们的工作实际上应该如何适应整个系统，以及如何影响质量？让我们以一个竖井式防火墙团队为例。

这个防火墙团队可能只提供西半球最好的防火墙规则变更。他们的工作是确保做出最佳和最安全的规则变更，他们通过提供有限的变更窗口来做到这一点。如果你在周二下午2：00给他们提交你的防火墙规则变更，那么到周四下午4：00，你的变更就会完成。

现在，假设我是一名开发人员并且需要变更。我可能会想，虽然我不是防火墙专家，但我将尝试弄清楚在这份变更工单上应该写些什么。我在周一提交了工单，但是由于我的请求出现了一些问题,工单在周三被退回来了。我与网络管理员进行了几次沟通,弄清楚了应该如何请求我想要的东西,但现实是我错过了窗口,不得不等到下周四。

支持团队不会立即执行此操作,因为它还不是一个生产服务,因此现在我必须等待变更发生。问题在于,你现在已经让每个人都在等待此防火墙规则变更,因为他们正在以这种不连贯、孤立的方式工作。防火墙变更规则的优化是从防火墙团队的竖井视角,而不是端到端系统的视角进行的。

Viktor Farcic:绝对是!就像那句话:如果你想真正了解一个社会,就需要了解其监狱系统。对我来说,这就相当于你刚才提到的工单系统。如果你想了解一家公司的敏捷度或精益度,只需了解其工单系统即可。

Damon Edwards:哈!我从未将工单系统比作监狱,但是我知道你说的是什么意思。竖井和工单队列的破坏性趋势在 Rundeck 的世界观中确实起着关键作用。

回到我们做咨询的日子里,我们注意到工单队列会加速竖井效应,使人们失去共享的环境,开始聚焦于内部,并针对他们的竖井视角进行优化。最后,即使每个人看起来都很忙并且他们各自的区域都非常高效,公司还是遭受了损失。

Viktor Farcic:所有这些请求的队列只会增加公司各种经济成本,因为你在增加延迟,你在环境中添加了断点。

Damon Edwards:正是如此。我们从其他领域了解到,工作队列会导致延迟、质量问题、费用增加、士气低落、学习减少以及更大的风险。出于某些原因,IT 运维会忽略这一点,就好像工单驱动的请求队列行为开销很大,抑或会导致破坏性行为一样。

Viktor Farcic:但是工单系统已经成为我们工作的方式,尤其是在运维中。

Damon Edwards:的确是这样。我的意思是,工单系统最初被称为故障单,因为它应该是在出现问题时使用的。它是用来处理异常的。但是一路走来,这已经成为我们管理工作并授权运维人员执行其工作的方式。

我们最终要做的是留下想要成为高速学习型组织的组织,并在整个价值流中丢弃工单驱动的请求队列。我们正在将队列分布到各处,而队列是目前存在的瓶颈、延误、不良移交和知识流失的根本原因。这感觉像是一个真正的行业盲点。

我们的一大主旨一直是，你必须以一种限制移交数量的方式来设计你的组织和底层工作。你必须尽可能摆脱将工作移交给其他团队的需求，而这样做通常意味着需要更多地转型为跨职能团队。但是，跨职能团队的想法有其局限性，在某些情况下你无法完全摆脱这些移交。

在运维中尤其如此，我们将无法从那个优秀的防火墙规则变更团队中抽出足够多的人员以派驻到每个团队中，我们将没有足够的安全人员，并且我们也将没有足够的系统工程师、数据库管理员(DBA)或存储专家。如果真是这样，那么我们将必须接受他们所做的并将其转变为基于拉动的自助服务界面。这意味着其他团队在需要进行这些操作时，将有一个自助服务界面(无论是 GUI、API 还是命令行)来执行他们需要做的事情，从系统中获得快速反馈并继续前进。

Viktor Farcic：你的意思是，比如说，在你需要虚拟机时就可以获得虚拟机？

Damon Edwards：是的，那是一个低层级的例子。我不需要开一个工单让别人来帮我做，因为我有一个 API 或一个网页按钮，我可以得到我想要的东西，而它就在那里完成。你如何让环境团队在没有 DBA 工单的情况下进行模式更新？你如何让开发人员在生产环境中自己重新启动或进行健康检查？你如何让业务分析师运行他们自己的目录更新程序？

核心思想是自助服务式运维不能仅仅是按按钮来运行某项功能的能力。想要按下按钮的人需要定义自己的按钮的能力，就像在 Amazon EC2 中可以定义自己的 Amazon 机器镜像一样。如果 EC2 告诉你可以选择的 5 种类型的实例以及具体是什么，那它就没用了。让人们定义自己的过程，而且他们仍然可以具有安全性，同时运维人员可以对这些按钮进行代码审查。

在 EC2 的示例中，它们之所以有用，是因为它们为你提供了框架和护栏，使你可以掌控并发挥作用。自服务模型不仅是按下按钮的能力，而且是那些团队定义按钮的能力，这是一种强大的设计模式。

DevOps 的最佳定义

Viktor Farcic：这个问题可能听起来很蠢，但我喜欢它，因为每个人给我的答案都不同。在整个讨论过程中,我们已经无数次提到它了,但到底什么是 DevOps?

Damon Edwards:我听过到的最佳定义来自 Adam Jacob。他说,DevOps 是一种文化和专业的运动,专注于我们如何建立和运营高效组织,源于其从业者的经验。

> "DevOps 是一种文化和专业运动,专注于我们如何建立和运作高效组织,源于其从业者的经验。"
>
> ——Adam Jacob(由 Damon Edwards 引用)

我认为这个描述非常好,因为它抓住了 DevOps 运动的本质。DevOps 实际上是一把伞,包含一系列不断发展的问题和解决方案,所有这些问题和解决方案都基于创建更高速度和更高质量的组织的理念。试图对其进行更详尽的描述会丢失重点,因为 DevOps 是一个运动,而不是一成不变的。

我认为那些试图把它变得更具体的人正在发明一些从未真正存在的东西。这样也好,他们可以去尝试这个,也许他们会给运动带来一些新的东西,每个人都会从中受益。但是如果运动忽视了他们,他们也不应抱怨。我记得我是从 Charity Majors 那里首次听到将 DevOps 描述成一种开源运动,社区将去社区会去的地方。

Viktor Farcic:这是一个非常好的定义。

Damon Edwards:它对很多人都有效,使他们专注于重要的事情:改善技术组织的工作方式以及在这些组织内人们的生活。为定义 DevOps 概念发起的战争毫无意义。

Viktor Farcic:你如何看待 DevOps 的商业化? 当我去参加会议时,都看不到没贴着 DevOps 标签的软件了。

Damon Edwards:我对此的感觉很复杂,因为起初,我比较纯粹,声称将所有事物都贴上 DevOps 的标签毫无意义。这就像说一个人敏捷,或者说一个机器人将使一个工厂精益生产一样。但是随着时间的推移,我的立场变得柔和了——部分原因是我意识到市场才是最终决定的因素,那些工具只是在包装盒上贴上 DevOps 标签以便于被大众发现。我还意识到,这至少在宏观层面上表明行业需要改变其工作方式,因为如果连工具供应商都在谈论 DevOps,那么就会有更多的高管听到。

Viktor Farcic:这些供应商中的大多数不是都声称 DevOps 完全是关于部署的吗?

Damon Edwards：许多供应商正在推广这种说法，因为这就是他们要销售的东西。并非所有的，但是的确有很多人这样做。这可能是工具供应商进入 DevOps 领域的负面影响之一。它迎合了企业仅对其旧流程上涂了一层新的 DevOps 涂料的需求。如果 DevOps 只是部署，那么我们可以将其作为工程项目，而不必担心需要处理那些称为人的麻烦。

> "如果 DevOps 只是部署，那么我们可以将其作为工程项目，而不必担心需要处理那些称为人的麻烦。"
>
> ——Damon Edwards

这也体现了大型公司喜欢的解决问题方式。你在食物链中的位置越高，尤其是在大型公司中，事物性管理就越多。他们会说："告诉我问题。告诉我需要签哪张支票，并告诉我从中能得到的收益。我将权衡它与其他支票并在我认为正确的支票上签字。"工具非常适合该模型，供应商知道这一点。公平地说，我也是软件供应商，我知道这一点。但是，我们认为，最后留下来的工具供应商是真正解决问题的人，并且清楚他们可以解决以及不能解决哪些问题。"买我的工具，我将解决你的 DevOps 问题"是不可能的，除非你只是将 DevOps 框定为非常狭窄且基本上毫无用处的一个术语。我们并非只是为了更快地迁移一些软件而精心准备。

Viktor Farcic：对我来说，这听起来像是 Scrum 的反面。人们跳入 Scrum，认为改变人们的人工流程将解决问题，现在我们有了相反的想法：购买此工具，它将解决你的人工问题。

Damon Edwards：从这个角度看问题真的很有意思。我认为相似之处很多。有多少家公司"做了 Scrum"却没有真正改变其工作方式？他们购买了工具，进行了一些小型培训，然后只是用 Scrum 清洗了他们现有的瀑布流程和思维模式。那些这样做的人最终加入了持"Scrum 没用，它一定没用"观点的反对阵营。毫无疑问，我们将看到同样的事情发生在 DevOps、SRE 和即将到来的其他运动中。事情就是这样。

Viktor Farcic：那是很正常的，但也许是你的期望太高了。即便你只完成了某件事的 15％，那仍然也是有了 15％ 的事情。

Damon Edwards：这是一个很好的观点，我们可能忽略掉了积极的方面。至少人们意识到他们有问题并且正在尝试某些事情。我担心的是，他们以这些付出来过早地宣告成功。但实际上，什么都没有改变，或者他们将其作为 DevOps 不起作用的假证据。

Viktor Farcic：总是有这样的人，这使我想起很久以前，当一个 QA 经理来找我时，我一直在推动自动化，他说："我发现了无法自动化的测试用例，这一切都毫无价值。"但是对我而言，"你找到了一个，那又如何？"

Damon Edwards：人才是最棘手的，改变人类的工作方式是非常困难的。

行业现状

Viktor Farcic：我听到一种理论，认为我们这个行业中的很大一部分问题是，今天我们被那些不懂运维的人所管理。有点像是，有了敏捷，突然之间我们就有了摇滚明星。业内总有人在说："这是一个明星开发者，那是一个明星测试者，那是一个明星产品所有者。"但是，在任何有丰厚奖励的情况下，从未有人提到运维人员。

Damon Edwards：这可能是有一些原因的，我不确定是否是某些人获得了摇滚明星的地位，但我更关心的是对广大 IT 工作者的不公正待遇，而不是少数人的绚烂生活。

> "我更关心的是对广大 IT 工作者的不公正待遇，而不是少数人的绚烂生活。"
>
> ——Damon Edwards

你可以前往全球广泛分布的那些公司技术中心，确实，从事这项工作的人很多，仅仅是因为它比卖保险更赚钱一些。我的意思是，他们只是想把这一天度过去，养家糊口，并在周末去看孩子们的体育比赛，但他们所在的组织功能严重失调，常常使人沮丧并且充满重复性工作。由于施加在他们身上的所有压力和冲突，他们全身都在燃烧。

人类拥有巨大的潜力，可以得到更好的利用。如果我们能够采用更好的工作方式，那么对个人收益以及公司盈利都会有好处。这就是为什么我如此看好精益、DevOps 和 SRE 等主题的原因，重点在于人们如何工作及如何使其变得更好。

Viktor Farcic：我觉得现在是时候结束我们的谈话了。

Damon Edwards：我们已经谈了很多了，我真的很喜欢。

Viktor Farcic：我也是，值得为此欢呼！谢谢。

13

Kohsuke Kawaguchi：
Jenkins 软件项目的创建者

Kohsuke Kawaguchi 简介

本章译者　罗排红　中国
资深项目经理
中国 DevOps 社区理事会成员

　　Kohsuke Kawaguchi 是一位受人尊敬的开发人员和受欢迎的演讲者,他最出名的可能是创建了 Jenkins,一个已经广泛应用、成功社区驱动的开源 CI 平台。Kohsuke 在 Jenkins 社区推广的原则——可扩展性、包容性和低障碍——是 DevOps 的许多驱动因素。你可以在 Twitter 上关注他(@kohsukekawa)。

DevOps 是什么?

Viktor Farcic:在我们深入探讨关于 DevOps 的话题之前,你能介绍一下你自己吗?

Kohsuke Kawaguchi:我最为人所知的可能是创建了 Jenkins 项目,该项目最初是 CI 服务器,现在已广泛地应用于计算机行业和自动化领域。目前,我是 CloudBees 的 CTO,我们公司涉及很多领域,其中包括 Jenkins 的产品化以及帮助企业实现数字化转型。

Viktor Farcic:问你一个简单的问题:DevOps 是什么?

Kohsuke Kawaguchi:坦白地说,我觉得现在 DevOps 这个词被滥用了。事实上,我有时在想，人们这么说到底是什么意思。DevOps 到底是什么取决于几个因素。我个人认为，在过去的几十年里，DevOps 与这种日益增长的趋势联系在一起，即自动化程度越来越高，反馈周期也越来越短。

"我觉得 DevOps 这个词被滥用了。"

———Kohsuke Kawaguchi

在过去的 5 年里，这个自动化反馈周期已经包罗万象，从编写代码到管理质量保证（QA），以便将其投入生产并运行。我认为人们通常会默认开展这些实践，然后称之为 DevOps。当我和这些在大企业工作的人员交谈时，我想他们会立刻意识到 DevOps 正在消除现有的组织边界，我认为这对他们来说是一个亟待解决的现实问题。我知道有些人喜欢强调这一点，让 DevOps 在解决组织能力方面更具有代表性。

DevOps 工具及其对组织的影响

Viktor Farcic：聊聊 DevOps 工具集吧，你认为哪些工具可以帮助员工提升工作效能？你是否认为有些工具比其他工具更适合人们对 DevOps 的定义？

Kohsuke Kawaguchi：在更广泛的自动化背景下，自动化跨越了许多不同的领域，并且自动化和人工控制的半自动化的需求越来越大，显然工具是实现自动化的主要手段。我知道很多 Jenkins 用户也都是这样认为的。

像我这样的软件开发人员喜欢发明工具。这就是我们的工作。因此，基于这样的世界观，我们自然会研发出自己的工具来弥补这些差距，并进一步扩展自动化，因为没有自动化，你就不能创建更短的反馈周期，而这正是 DevOps 的关键部分。对我来说，这是很有趣的部分。与企业中的组织结构问题相比，它更接近于我们可以解决的问题，而组织结构问题不仅是由那些技术问题导致的，还有很多其他因素。例如，合规性是一个很好的导致开发和运维部门隔离的理由，因为从历史上看，这是一个一如既往的合规性需要。从根源来说，这不是一场技术之争。

Viktor Farcic：你是 Jenkins 的创建者，它是最流行的开源工具之一，你也是一家公司的 CTO，正如你自己所说，你们公司和很多企业公司进行合作。你认为较小的绿地

(greenfield)开源型公司和大型企业之间在工具和流程方面有显著差异吗？

> "合规性是一个很好的导致开发和运维部门隔离的理由，因为从历史上看，这是一个一如既往的合规性需要。"

——Kohsuke Kawaguchi

Kohsuke Kawaguchi：大企业的员工需要处理的问题和遇到的挑战与小公司的员工有所不同。对少部分人来说，时间就是金钱。正如我之前所说的，这些小公司一开始往往没有太多的员工，所以他们会在选择工作流程方面有更多的灵活性。

完全合规通常不太现实，这并不意味着你可以忽视它，但你可以避开一些不必要的流程。在其他企业中，当引进新员工时，你必须考虑的隔离就像是为一个全球化团队而不是本地团队进行优化。难怪一个团队会觉得另外一个团队有点傻。每个团队都会遇到不同的挑战。

Viktor Farcic：举个例子，当我参观 DockerCon 不同的展台时，每个展台的宣传语都是"DevOps，DevOps，DevOps"。现在所有的软件供应商都有某种形式的 DevOps 与之相关。你觉得是什么原因导致的？

Kohsuke Kawaguchi：我想说两件事。

首先，如果我们回顾一下我所谈到的长达 10 年的自动化历程，那么我们谈论的就不仅仅是 DevOps 了。它现在包括基础设施、服务、虚拟机或软件定义的网络。在这个广泛的趋势中，如果你能用一个实践来描述 DevOps，那可能是持续集成，到目前为止，它已经有 10 年的历史了。如今，DevOps 被用作此次历程的首选标签。我认为这个历程会继续下去，但在某个时候，它会有一个不同的名字。

其次，我们这些工程师可能会对每个人都在说 DevOps 并且歪曲其原本的含义以迎合他们的议程这一事实翻白眼。但是我们也低估了以一种让广泛的受众能理解的方式来传达这些东西的重要性，而做到这些是非常困难的。

为了实现我们所知道的必要的变革，作为工程师，你必须和你的组织保持高度的团结与协作，这意味着你需要跟那些非工程师的组织成员沟通。像"DevOps"这样的术语是非常好的获取想法的方法。当很多人用不同的表达方式说同一件事情时，不同的表达方式会为这个想法的可信度增加一些分量。因此在某种程度上，所有这些说"DevOps"的供应商都在帮我们宣传 DevOps 的部分含义。

Viktor Farcic：我最近听说了很多关于组织变革的事情,他们把很多流程都往前移了。你觉得怎么样? 我的意思是,工具的变革对我们来说是很容易执行的事情,因为你选择了一个可以帮助你完成工作的工具,你将学习如何使用这个工具。在你看来,还需要实施哪些方面的变革?

Kohsuke Kawaguchi：是的,正如你所说,显然在技术层面上有很多困难,然后还有其他方面的挑战。我可以给你举一个例子,Jenkins 产品本身的基础设施容量有限,所以我们将更多的质量保证(QA)往前移,我们只能做这么多。换句话说,这需要资金,而得到资金在开源项目中是一件很困难的事情。

然后,QA 面临一个基本挑战。事实上,QA 是对实现大多数事情自动化的一个永无止境的挑战,这并不容易。我曾经用编译器编写一些工作上的任务,所以我曾经天真地认为测试是非常容易的——实际上它是完全确定的。我有一个输入,我在程序中运行一下,得到输出,将输入与输出进行比较,然后就完成了。但人们正在编写的大多数有趣的应用程序是很难用这种方法来衡量的。

> "事实上,QA 是对实现大多数事情自动化的一个永无止境的挑战。"
>
> ——Kohsuke Kawaguchi

有一次,我去了一家汽车制造商客户那儿,那里有一座灯塔,上面全是车头灯。他们正在测试一种控制车头灯的微型控制器。想象一下将车头灯安装在塔架上、验证灯是否真的打开、重置硬件等挑战。所有这些都是工作。仅仅在技术方面,仍然存在着像这样的巨大挑战。每次我们想执行更多的 QA,都有一个很长很长的待解决问题清单。

Viktor Farcic：如果你在这些公司工作,就更别提那些组织上的挑战了。

Kohsuke Kawaguchi：没错! 你把这些人分成不同的小组,你习惯用你的方式管理这些小组,你的管理流程前移以不同的进度发生在项目的不同阶段。如果你想想一个在运维团队工作的人,他需要与 100 个运维团队成员打交道,而只有这一个人想用不同的方式做事情,他的反馈是:"在工作中我不能只做你一个人安排的工作任务。"

这些事情总是充满挑战。我再给你举一个例子,更快速的交付会给下游带来摩擦。营销团队认为,他们做的事情,例如组织营销活动或其他活动,需要同时兼顾大型活动发布会。你不希望仅仅因为一个特性就开发布会,对吧? 面对客户的人也是如此。他们不想用频繁的沟通给客户造成轰炸影响。你会想把事情批量处理。随着工程工作变得更加频繁,那些人也需要改变他们的工作方式。这并不是什么新鲜事,并不是在我说有了这个之前没人知道的惊人发现。说起来容易做起来很难。

关于容器的炒作

Viktor Farcic:说到技术,过去几年所有的炒作都是关于容器的。你如何看待这些情况之间的联系?

Kohsuke Kawaguchi:当我还在 Sun 微系统公司工作时,我们有自己的操作系统——Solaris。我记得在一次内部会议上,他们讨论了一个叫做 Solaris Zones 的东西。他们会说:"哦,我们可以把用户空间分成不同的部分,我们可以给他们分配不同的 CPU 大小、RAM 等等。它们将像一组不同的计算机,几乎没有任何开销"。所以现在回头想想,我可以理解为,他们所做的事情实际上是把构成容器的构件放在适当的位置上。

Solaris 系统的设计人员肯定设计了容器这个特性,并充分意识到它可能产生的影响。但它没有因此产生很大的生产拉力。还有许多类似的例子。我从 Solaris 中学到的是,作为开源工程师,我们往往认为,如果你把代码放在那里并且注释说明它的功能,那么其他志同道合的开发人员能够看到它并认可你的观点,然后可以使用你的代码。事实证明,原来完全跟你想象中的不一样,这也是我以前不欣赏的做法。

Solaris 系统的设计人员把所有的螺母、螺栓和引擎放在一起来做这个新的困难的隔离工作,他们希望我们其他人能理解它的意义,但我们没有。正是这种特定的包装和定位让主流人群真正看到了它的价值,所以,对我来说,这是一个很宝贵的经验教训。

Viktor Farcic:但是你对容器有什么看法? 这显然是我们在这个领域所做的一切的关键。

Kohsuke Kawaguchi:当然,我认为容器是很棒的。我只是不敢相信我们还得一直说它是好东西,但是这个领域发展得非常快。我记得在一次 DockerCon 会议上,我感觉这些分享主题的嘉宾们所服务的公司将成为下一个 VMware,因为他们将拥有需要部署成千上万容器的公司和大企业。然而,在短短几年内,我们发现人们对容器的使用率上升了。虽然人们已经认可容器是一个很好的工具，但现在它只是和 Unicode 一样令人兴奋。每个人都在使用它，却没有人在意它的发展。

> "当然，我认为容器是很棒的。我只是不敢相信我们还得一直说它是好东西，但是这个领域发展得非常快。"

——Kohsuke Kawaguchi

我对这个领域惊人的发展速度感到震惊。现在，我认为 Kubernetes 很流行。但是，在不久的将来，如果你仔细观察 Amazon 正在尝试做的事情，你会发现他们实际上是在隐藏 Kubernetes，就像隐藏了一个实现细节一样。

一旦某物在某一方面占据主导地位，这种主导地位就会立即推动人们之间对话的升级。现在，人们在谈论所有更高层次的价值观、如何整合它们以及如何隐藏它们。Unicode 和 TCP 都隐藏了相同的细节。我想这已经发生在 Kubernetes 身上了。这就是我所说的"无聊"。

Viktor Farcic：好技术的关键在于，如果它变得无聊，但是每个人仍然在使用它，那么它就完成了它的使命。

Kohsuke Kawaguchi：我认为这是工程师们的终极目标——实现"好的技术"，虽然这已经变得很无聊，以至于没有人再继续讨论它。我住在圣何塞，所以我偶尔会经过金门大桥，这是一个宏伟的工程。我不知道谁是这座大桥的建造者，但我确信这里面有很多艰苦的工程工作。大多数人都不会停下脚步来思考建造金门大桥所涉及的工程工作，即使大桥建造成功后他们都从中受益。

有时候，我觉得全世界应该更多地认可这些人的工作，但我也认为这些人也许不需要得到全世界的认可。我敢打赌他们知道自己做得很好。

会议、开源以及美国与中国

Viktor Farcic：现在，你是 CloudBees 的 CTO，负责技术工作。我很好奇，你如何学习新技术？我问这个问题只是因为我自己不知道如何学习新技术。每次参加完会议时，我都有一种感觉：我需要再花一年的时间来学习这些程序的功能。

Kohsuke Kawaguchi：我希望我知道答案。我也在很努力地跟上新技术的发展。我觉得去参加会议很有用，因为那里有人向你解释他们分享的主题，而不是让你自己去理解那些主题。同时，总的来说，像你和我这样的人善于学习领略大的发展方向，所以从这个角度来看，参加会议是有点浪费时间的，因为我们在旅行所花费的时间里就可以让自己学到更多。此外，当你是一项技术的开发人员时，会议是听取使用者意见的好方法。倾听使用者的用后反馈是值得的。

我参加会议的另一个原因是我一个人无法看录制的视频。我无法长时间保持集中注意力。当我开始看 YouTube 上的一个视频，在 15 秒钟之后就会开始同时处理多项事情，然后，结果你知道的，我完全不知道视频在说什么。如果我能改掉这个不好的习惯，我就能从视频中更有效地吸收信息。

我也认为"经时间考验"的说法是有一定道理的。如果我在很长一段时间内持续听到某件事，那么它可能就值得关注。"口碑"也是一样。如果你信任的人对某件事感到兴奋，那它可能也值得关注。我认为，实际上，这是普通人从噪音中过滤信号的唯一方法。

Viktor Farcic：我不知道他们是怎么做的，也许他们不会做。你对开源有什么看法？在开启你的职业生涯时，开源不是你需要考虑的事，但现在是了。从一开始就没有开源的项目还有未来吗？

Kohsuke Kawaguchi：在讨论这个问题之前，我需要纠正你刚刚所说的。开源已经存在很长时间了，早在我开始 Jenkins 项目之前就已经存在了。我认为这仍然证明了我之前的观点，即寻找更可行的方法来使 DevOps 社会化。我相信有这样的方法，从根本上讲，开源是一种更好的软件开发方式。我亲眼目睹了开源软件打败了许多专有软件。我们已经讨论过 Sun 和 Solaris，这是我了解的开源项目案例。

当我思考是什么使开源如此成功时，我认为一个关键是开源允许来自任何地方的创新想法得到更快的验证，从而迅速地汇聚成一个更有效的解决方案。创新无处不在，这是一个关键的区别。

但我发现，现在，在不同的轴上出现了另一个新的差异，那就是他们正在处理的问题的规模。

Viktor Farcic：你能解释一下吗？

Kohsuke Kawaguchi：我职业生涯的大部分时间是在日本度过的。在全球软件开发市场中，日本占有 10％～15％ 的份额，所以他占有的份额不小，但也不是大多数份额。由于与语言和时区相关的各种挑战，日本软件公司基本上只为他们国内市场解决问题。这是一个封闭的市场。

日本大约有 1 亿人口。如果你在运行一项服务，并且服务于整个日本，那么你所面临的规模挑战上限是 1 亿。我参加了中国的开发者会议，我意识到，尽管他们的国内市场同样封闭，但规模要大得多。因此，他们最大的服务公司正面临并解决日本公司甚至没有想到的规模问题。

中国正在讨论他们如何需要机器学习来帮助他们的运维团队，这给我留下了深刻的印象。在日本，这只是一个科幻小说式的问题，而在中国，这是如今的一个现实问题。世界上唯一能与之匹敌的市场是美国。因此，我相信，未来十年美国和中国将在科技领域形成双头垄断。

因为规模庞大，当一个新问题首次在这些市场被发现时，它们就得到了解决，并且可以被世界其他地区复用，所以世界其他地区并没有真正的创新。

> "中国正在讨论如何需要机器学习来帮助他们的运维团队，这给我留下了深刻的印象。在日本，这只是一个科幻小说式的问题，而在中国，这是如今的一个现实问题。"
>
> ——Kohsuke Kawaguchi

我想说的是，前沿领域面临的挑战与开源相比有一个很大的区别。我说过创新曾经无处不在，但我觉得创新更接近于大市场的挑战。人们说现在终端用户公司是创新的来源，而不是供应商，我觉得也是出于同样的原因。所以这也是我要牢记的一点。

DevOps 的未来十年

Viktor Farcic：你认为 DevOps 在未来十年的发展方向是什么？

Kohsuke Kawaguchi：我希望我能对未来有一个很好的认知，说一些有趣的事情。就像我之前说的，我想说，显而易见的方向是更多的自动化。

全世界对软件和技术的需求将会增加。例如,每次我去机场的时候都要出示驾照以向系统证明自己的身份,我认为这应该是一个可以得到解决的问题。所以,是的,在不久的将来会出现更多的软件,会有更多的自动化。

我想我的生活中已经离不开自动化!除此之外,我认为大数据和机器学习应该在开发软件的过程中发挥核心作用。这些技术已经影响了很多事情,如果有人认为我们的职业不会受到影响,那是不明智的。但我不知道这些事情会多快发生。如果我有那个魔法 8 号球,我就会用它来预测未来,而不是在这跟你聊天了。

"会出现更多的软件,将会有更多的自动化。"

——Kohsuke Kawaguchi

Viktor Farcic:你多次提到过自动化。当我访问公司时,总是有大量的员工一遍又一遍地做重复性的手动任务。我甚至参与了人们质疑自动化的对话,这对我来说完全没有意义。为什么公司员工不喜欢自动化?为什么我们的企业还没有实现自动化?

Kohsuke Kawaguchi:是啊,真有趣。事实上,有时候我也有同感。我觉得,作为局外人,我们正站在一些公司平台去设计解决方法,我们有时确实低估了现状的合理性。总会有一些东西不是你的眼睛可以看到的——反思有哪些东西是我不了解,哪些细微差别是我不了解的,环境,诸如此类的事情。我认为我们对这些事情表现出谦虚请教的态度是一件好事。如果我的父母觉得我们的工作完全是可自动化的,我并不感到惊讶。你去办公室,坐在计算机前,然后下班回家。你似乎每天都在重复同样的动作。有什么是不可以自动化的呢?

Viktor Farcic:没错。

Kohsuke Kawaguchi:我们需要保持谨慎小心的态度,因为当我们关注分析别人的时候,我们自己可能也会掉进那个陷阱。这并不是说没有人在做应该被取代的重复性手动任务。我相信有些人会抵制变革。但我的第一反应总是认为他们掌握了我不知道的重要信息。所以,我不知道。就我个人而言,我没有遇到过真正从事这种重复性工作的人。大部分情况下,我认为人们并不觉得他们的工作是过度重复的。

另一个有意思的观点是,如果你想想日本,他们有传统文化,如茶道、剑道或柔道。这些都是艺术形式,他们强调重复,遵循特定的风格形式,重复同样的任务直到完美。你从模仿大师的风格开始,然后慢慢发展自己的风格。在未经训练的人看来,在同一个地方盘旋的东西实际上是一个向上的螺旋运动。隐含的是对前辈积累的智慧的尊重。"这次我比上次做得更好"的感觉也让人深感满足,我认为这是激励自己长期努力的关键。我觉得这些是很积极的做法,不过也许只是亚洲人心理的一部分。

Viktor Farcic:在我们开始收尾的时候,我想知道,现在这个行业中有什么真正让你觉得兴奋的事情吗?

Kohsuke Kawaguchi:作为技术人员,我们总是对玩新玩具感到兴奋。所以,我想使用这些新工具和新服务是真正让我兴奋的一件事。昨天,我在玩 Google 的新文本-语音转换引擎,它相当不错。这是一种很酷的黑魔法,然后我想我们可以用它做很多事情,比如有声读物、开车时的语音导航或者其他什么。你永远不知道会有什么结果。新技术总是那么有趣。

我确实喜欢玩这些玩具,但同时,一些平凡的问题也让我兴奋。我看到一些大公司在快速部署大型软件方面遇到困难。每个人都有测试不太可靠或者测试太多的问题,大多数情况下,他们没有做任何有用的事情。他们开始质疑运行所有这些测试是否有用。我感兴趣的是看看我们是否能够智能地选择测试的子集以正确的顺序运行。我觉得我们可以把平均周转时间减少一个数量级。

另一个常见问题的例子是我们跟踪 bug、修改代码然后验证的方式。这是任何一家公司内部都会发生的事情,它是人们手动交流和协作的结果。我觉得他们中的一些人已经为自动化做好了准备。

我想一个人的平凡问题对另一个人来说就是令人兴奋的挑战。除此之外,还有十字绣。

十字绣、乐高和 DevOps 之间的联系

Viktor Farcic:十字绣? 你这么说是想表达什么意思呢?

Kohsuke Kawaguchi:十字绣是一种针线活。我开始接触十字绣是因为我的妻子学会了,我觉得和她有一个共同的爱好会很好。这通常是老妇人的爱好。让我用极客们能理解的方式来解释一下十字绣。想象一个屏幕,上面有像素。每个像素可以是不同的颜色。这就是我们构建图形的方式。十字绣是完全一样的,只是它是在一块布上,而不是屏幕上;你使用

的是彩色线,而不是像素。它就是一个视频屏幕的模拟版本。所以,为了好玩,我绣了一些电子游戏角色。

很明显,真正的刺绣是难以置信的手工和重复动作。我觉得我应该可以把它自动化。如果有一台可编程的机器,比如缝纫机,我想看看我能否控制它做正确的事情。一个以 JPEG 或 PNG 作为输入的机器,然后它会为我绣一幅十字绣。我觉得那太棒了。这样我就可以说,我掌握了十字绣的一切,然后我就可以转向另一个爱好了。我希望我能做到这样的事情。在十字绣的圈子里,我从来没有找到一个对这种自动化有热情的人。大多数喜欢十字绣的人喜欢在绣东西的时候和别人聊天,所以对他们来说,自动化的想法是可怕的。他们会说,这样做有什么意义? 这就是为什么我渴望找到机会讨论十字绣的原因。

如果我能做到自动化十字绣的话,乐高可能是我下一个挑战实现自动化的目标。

Viktor Farcic:乐高和 DevOps? 我没想到你会聊一些关于乐高的话题。

Kohsuke Kawaguchi:我是乐高的超级粉丝,在乐高社区中,你可以就如何分类和储存乐高积木进行无休止的讨论。你搭建了一些模型,然后把你建造的模型拆掉。大多数人在小时候把乐高积木放在一个大包里,然后你长大了,不再玩乐高积木,开始玩其他的玩具。但对于我们这些从未在乐高世界中成长起来的人,以及那些继续购买越来越多的乐高玩具的人来说,这些积木太多了,根本装不进一个包里。如果要找到你想要的积木,可能要花很长时间。

我有几个装满乐高积木的抽屉,当我在整理它们的时候,我很自然地开始想:"哇,有这么多块,我需要一个可以自动化分拣乐高的工具。"人们确实在做这种事情。所以,他们制造了机器,而不仅仅是软件。它有一个网络摄像头,可以拍下传送带上的一块积木的照片,将它的形状与目录相匹配,然后用某种喷嘴吹气,把积木推到正确的箱子里。这种自动化分拣真的很有趣,但再次强调,我只是发现自己总是试图把所有事情和任何可能的事情都自动化。这就是我的天性。我不知道其他软件开发人员是否也有同样的感受。这个故事没有结论,但这正是让我兴奋的地方。

Viktor Farcic:我有一种感觉,如果你这样做的话,你就会自动放弃一份有保障的工作。

Kohsuke Kawaguchi:那不是很完美吗? 因为我已经完全自动化,所以即使现在死去我也愿意! 当然,我们知道没有什么东西能让你在任何事情上实现完全自动化,即使是十字绣。

我的意思是，软件开发告诉我们的是：如果你通过自动化解决了一个问题，你就会面临下一个问题，而你的下一个台阶将永无止境。这对我来说很有趣。

以十字绣为例，如果有一天我能像我所描述的那样生产出一台终极十字绣机，那么我接下来要考虑的可能是我如何自动管理我的绣线库存。到那时，我可以绣出任何设计，所以我很确定我会疯狂地使用绣线，这是一个难以想象的规模。现在，去本地商店买颜色合适的绣线要花上好几天的时间。当一个刺绣项目需要几个月的时间时，花几天的时间去买绣线是可以接受的。但如果一幅刺绣作品只要 15 分钟就能完成，是不能接受花几天时间来采购颜色合适的绣线的。那你如何优化解决这个问题呢？

> "软件开发告诉我们的是：如果你通过自动化解决了一个问题，你就会面临下一个问题，而你的下一个台阶将永无止境。这对我来说很有趣。"
>
> ——Kohsuke Kawaguchi

或者想想《我的世界》玩家会遇到的所有次要问题。我玩过一个模组，可以在游戏中创建一个可编程的机器人，所以我可以对机器人进行编程，让它来采矿或建造。一旦你把采矿部分自动化了，那很好，但是我们有几乎无限的原铁矿石库存，然后你开始想："哦，现在我需要把熔炼部分自动化；否则，我就会一直熔炼下去。"你就这样一直熔炼下去。

Viktor Farcic：这是我听过最特别的一个故事。

Kohsuke Kawaguchi：我希望它至少能让读者觉得有意思。

Viktor Farcic：哦，我想会的。我的意思是，对于许多人来说，我认为将其与乐高和《我的世界》联系起来是将 DevOps 与现实世界联系起来的一种很好的方式。

Kohsuke Kawaguchi：谢谢你。这很有趣。我很期待看到你的书。

Viktor Farcic：谢谢你抽出时间来和我分享你的见解。

14

Sean Hull:
云架构师

Sean Hull 简介

本章译者　熊小龙　中国

敏捷转型顾问、程序员、管理 3.0 授权讲师

EXIN DevOps 专家/Kanban 管理专家/Jira 认证管理专家/PMP/ACP

拥有近十年的敏捷开发管理经验，曾辅导跨团队、跨时区大型敏捷团队实施 SAFe 及离岸敏捷开发项目交付；2018 年开始负责某保险公司项目团队千人端到端规模化流程标准化及敏捷转型项目。

Sean Hull 是一位经验丰富的行业顾问、作家、演讲者和企业家，拥有 20 多年的经验，擅长 DevOps 云自动化、可扩展性、Docker 和 Kubernetes。他的经历从小型初创企业到《财富》500 强企业都有。你可以在 Twitter 上关注他（@hullsean）。

Sean Hull 和数据库世界

Viktor Farcic：首先，请告诉我们一些你的个人情况，以及你是如何参与到 DevOps 中的。

Sean Hull：我常驻纽约，从事技术工作，与初创公司合作已有十多年了。我想从曾经为一些大型网站做过的数据库管理、可扩展性和性能调优谈起，比如 *Hollywood Reporter* 和 *Billboard*，这些网站每个月都有 1 亿的独立访问量。在 Amazon 开始壮大的时候，有很多初创公司要么正在向云端迁移，要么就在云上部署自己的应用程序，所以我在自动化这个特定方向看到了机会。

我的背景是 Unix 和 Linux，所以我很适合转战到这个领域，但是我仍然使用 MySQL、Postgres 和 Redshift 做很多与数据库相关的工作。最近我也做了很多有关 Python 编程和各种自动化的东西，比如 CloudFormation 和 Terraform，它们允许你在云中或 AWS 账户中编写所有对象的脚本，这反过来又可以让你对你正在做的所有变更进行版本化。

Viktor Farcic：我在每次演讲中都会被问到同一个问题：我们如何处理数据库？

Sean Hull：我有时会读到一些文章，说有人试图将 MySQL 数据库放到 Docker 容器中，结果造成了很差的性能，所以这绝对是一个好问题。自动化试图通过可复用性等来弥补各种各样的问题，而这些并不一定都适用于数据库。例如，如果你有一个由用户和活动组成的大型 MySQL 数据库，那么这些表会随着时间的推移而变化。我的意思是，有插入，有删除，因此数据库要根据使用情况调整和优化大量的 I/O 操作。

现在，如果你要继续重建该数据库，磁盘上的布局将会有所不同。因此，我们的假设是重建的数据库与另一个数据库完全相同，但事实并非如此。在微服务中，当你进行备份时，必须对所有这些备份进行版本处理或加上时间戳，然后就会出现如何在特定时间点跨整个应用程序进行恢复的问题。当你有 10 个微服务数据库时，如果你想全部恢复，那可能会变得更加困难。

开发与运维——如何定义 DevOps

Viktor Farcic：转到一个更常见的话题，你如何定义 DevOps？我问过的每个人都给了我不同的答案。

Sean Hull：实际上，对此我有很多看法。我几年前在博客上写了一篇名为 *The Four-Letter Word Dividing Dev and Ops* 的文章，The Four-Letter(4 个字母)暗指骂人的那个单词，就像开发团队骂运维团队以及运维团队骂开发团队，但我说的这 4 个字母组成的词是"风险"(risk)。

总结一下我的文章，在我看来，以往的开发团队和运维团队在业务上是独立的，他们的任务完全不同。开发人员的任务是编写代码来构建产品并满足客户的需求,同时直接将变更构建成更为复杂的产品并为用户提供便利。因此,他们每天考虑的内容都是关于如何变更并满足产品团队的需求。

另一方面,运维团队的任务是稳定性,类似"我不希望这些系统在凌晨 2 点宕机"。因此,从长远来看,运维团队考虑的是尽可能地保守,减少可移动部分、减少代码和减少新技术。技术栈越简单,就越可靠、越健壮,失败的可能性也就越小。我认为开发团队和运维团队之间被部门竖井分隔的传统原因就在于两者的任务不同。

当你考虑业务和技术时,它们是区分工作和优先级的两种不同方式。但是,消极的一面是,这些团队之间的沟通并不十分好,他们经常互相碾压,朝着相反的方向相互博弈。

但要回答你的问题:"DevOps 是什么?""我认为这是一场文化运动,它努力让这些团队更好地沟通,这真的是一件好事。"

Viktor Farcic:那基础设施呢?

Sean Hull:我看到的情况是,随着基础设施即代码的流行,很多公司根本没有运维或 DBA,甚至运营团队都没有。他们只有开发人员。在你可以构建基础设施的范围内,这是很好的,但是我们已经失去了一些稳定性、可靠性的思维,以及来自运维团队的保守思想。现在,不仅是编写代码,还有部署基础设施,这一切都落在了开发人员的肩上。

在较大的公司中,有一个独立的 DevOps 团队,因此希望他们仍然承担其中的一些运维工作,但我考虑的是使事情保持简单。"DevOps 是什么?"是一个有趣的问题。我认为它对不同的人有不同的含义。

> "它(DevOps)对不同的人有不同的含义。"
>
> ——Sean Hull

Viktor Farcic:我同意。每个人都有不同的答案,所以没人知道是什么。你刚才说的话让我想起了一个我曾经听说过的有趣的,或者说是可怕的——我不知道是哪种——案例。我和一个人聊天,他说:"哦,我喜欢这个。这对我们来说真的很有趣,因为如果我们实现无服务器的方法,我们可以摆脱所有的运维工作,因为我们将没有服务器。"你觉得怎么样?

Sean Hull:实际上,这是一个很大的问题,而且要复杂得多。我写了一篇名为 *The 30*

Questions To Ask a Serverless Fanboy 的文章,在其中我深入讨论了一个问题:如果我们没有服务器,我们是否需要担心什么。尽管无服务器确实可以简化操作,但还有很多要注意的地方。例如,在无服务器架构中,你可能需要一项服务来进行身份验证,而另一项服务(例如 DynamoDB 或 Firebase)作为你的数据存储。然后,你的 Lambda 函数正在运行。当你在组合中添加更多组件时,你将拥有更多容易受到恶意代码攻击的区域。

例如,在传统的三层架构中,数据库隐藏在 VPC 之后。但是在无服务器的情况下,数据库是在互联网上的,那么如何测试和部署 API 网关更改呢? 在传统的应用程序中,你有 Web 服务器,你部署自己的应用程序代码等等,而在无服务器的情况下,你必须部署 API 网关配置。

对于 Lambda,有一个无服务器的框架,它采用一个无服务器的 YAML 文件,你可以为其配置 API 网关,然后在部署它时,它将使用 CloudFormation 为你完成所有这些工作。但是在无服务器应用程序中,测试是另一个更加复杂的领域。你可以在一定程度上进行本地测试,但这与测试一个使用数据库运行的应用程序有很大的不同,你可以在该数据库上本地运行这些 Web 服务器和数据库。

Viktor Farcic:但是在无服务器的情况下,你通常会连接到其他地方的数据库,那么你在哪里运行该开发数据库呢?

Sean Hull:你可能无法在本地运行所有这些组件,因为事实证明,无服务器框架已经构建了一些存根,以提供在你的计算机上本地运行的 Amazon 类型的资源。就无服务器框架的管理而言,我绝对认为无服务器简化了某些事情,但同时使其他事情变得更加复杂。

探索无服务器函数、SQL 和云

Viktor Farcic:如何对无服务器功能进行负载测试?

Sean Hull:每次调用这个函数都需要付费,那么你真的想对 10 万个客户进行负载测试吗?我不知道。然后,会有超时问题。你的整个 AWS 账户都存在资源限制,因此可能会遇到麻烦,因为你当月只能运行一定次数的 Lambda 函数;或者你有 10 个 Lambda 函数,而其中有一个函数运行不正常,然后导致其他所有资源全部离线,因为此时已经达到了某些资源的上限。

我认为肯定还有事情要处理。我认为 DevOps、基础设施即代码和无服务器已改变了系统管理员、站点可靠性工程师和运维工程师的本质。这些改变了他们的日常工作,但我仍然认为还有很多工作要做。

> "DevOps、基础设施即代码和无服务器已改变了系统管理员、站点可靠性工程师和运维工程师的本质。"

——Sean Hull

Viktor Farcic:我们如何将数据库流程与我们正在执行的所有自动化集成在一起?

Sean Hull:数据库管理比自动化要复杂得多,例如,Web 服务器部署、缓存服务器、Memcached、Redis,甚至搜索服务器或任何其他类型的组件。肯定有更多的复杂性。持续集成的另一件事是,你的代码经常与影响数据库的代码一起部署。

例如,你可能有一个用户表和一个手机号码,希望添加一个工作电话号码。因此,可以围绕它编写代码,然后编写 DDL,即添加列的 SQL 语句,并将它们与 Python 或 Node. js 代码以及 SQL 一起部署。这些被称为迁移。因此,你正在及时地向前迁移数据库的版本,以便现在该表可以支持那个新增列。

关键是,迁移脚本通常包括前滚脚本和后滚脚本。但是使用数据库,你可以看到如何使用代码不是个问题。你回滚到一个旧版本。这没什么大不了的。但是,如果现在回滚数据库,该新增列中可能已经有数据了。

如果你刚刚添加了一个工作电话号码,并且可能有 10 000 个用户添加了他们的工作电话号码,如果你回滚,你将删除该列并且丢失数据。

在某些情况下,前滚和回滚脚本是由 DBA 或负责管理数据库的人员来管理的。但是,如果你是一家自己开发应用程序的企业,那么你就不能这样奢侈地有专职的 DBA 了。也许你盲目地编写代码,而它删除该列,最后数据就丢失了? 这就是我们在企业内某些部分能够进行自动化,但并不一定能以相同的方式处理数据库层的另一个示例。

Viktor Farcic:正如我说的那样,这不是我的专长,但我一直有个印象,那就是宁愿根本没有回滚功能,也不希望人们依靠这种方式来解决数据库问题。它似乎比实际的价值更危险。

当第一个事务进入了你的系统时，如何回滚？你不能。

Sean Hull：这绝对是一个复杂的问题，也是很多人都考虑过的问题。但是与此同时，过去数据库模式的更改通常是临时的，因为你需要将脚本交给 DBA 并说"嘿，添加这些列"，而它并没有与版本控制系统紧密绑定，因为这么做很难。据我所知数据库没有版本化模式，至少 MySQL 和 Postgres 没有，Redshift 也没有。因此，在这一点上，并没有真正支持它。

Viktor Farcic：在进行迁移时，你是否拥有首选的工具，或者只是普通的 SQL？

Sean Hull：一些语言支持迁移。例如，Ruby 有内置的迁移工具，因此在进行代码更改时也可以部署 SQL。这些 SQL DDL（数据定义语言）命令块随后与其他代码分支并存，这样当你签出应用程序的特定版本时，还将签出数据库的一个版本。

Viktor Farcic：关于零停机时间的应用程序部署，人们正在使用蓝绿部署或滚动更新，这实际上意味着将同时运行多个版本的应用程序，如何在数据库层面处理这个问题？

Sean Hull：这又是一个好问题。现在许多公司都在使用 Amazon Relational Database Service (RDS)，它是一个托管的 MySQL、Postgres 或 Oracle，并且由于它是托管的，你没有权限访问命令行或服务器本身。

几年前，我在一家名为 ROBO 的公司工作，我必须对 RDS 进行数据库升级。安装 MySQL 后，需要登录到命令行，并且可以直接访问 MySQL 实例。这样，你就可以在几秒钟内重新启动它，并且通过复制，可以拥有两个主服务器。一个是只读的，你需要来回复制数据，以便既可以进行零停机部署，又可以进行零停机升级，同时还可以在很短的时间内将数据库设置为只读模式。

我在尝试升级 RDS 方面的经验是，升级后至少要花 5 分钟才能重新启动，而且我们对于后台发生的事情真的没有太多的了解，因为 Amazon 控制了服务器。我们只能访问 MySQL 数据库。我们没有访问该实例的权限，因此无法真正看到重启和升级的状态，以及此次升级是否被诸如数据损坏之类的东西阻断了。

Viktor Farcic：那么，你如何处理呢？

Sean Hull：我们进行了多次灾备练习，并在另一个 AWS 账户上创建了数据库，然后对其进行了升级和计时，以查看花费了多长时间。这是一种非常麻烦的升级数据库方式，不仅停机时间不为零,而且有固定的停机时间。没有什么方法可以避免这种情况。然而,对于某些初创企业而言,这是值得的,因为有这样一种托管解决方案:数据库始终在运行,你有一个仪表板,你可以看到正在发生什么。

也就是说,如果没有数据库专家来管理数据库,这样对使用者来说就会简单很多。但是,如果你有 DBA,那么最好部署自己的 MySQL 或 Postgres 并对其进行管理,因为这样可以大大减少停机时间。

Viktor Farcic:那另一种情况呢? 假设我们不是在升级数据库,而是推出一个应用程序的新版本,该版本与数据库进行通信并可能更改模式。在这种情况下,我们将有两个可能需要不同模式的应用程序版本。假设第 1 版和第 2 版引入了一个新列。对于如何处理,你有什么建议吗?

Sean Hull:是的,我之前谈到的迁移脚本以及你的代码更改都已完成。当你签出该应用程序的新版本时,你还将签出添加该列的 SQL 和 DDL 语句的新版本。因此,如果你是从头开始的,则将从数据库转储开始,然后应用所有指向该转储的迁移脚本。

Viktor Farcic:这些更改是否需要向后兼容该应用程序的前一个版本,还是只直接采用一个新的模式?

Sean Hull:通常,你会向前滚动。如果你要回滚,则你可能需要也可能不需要应用已删除的列,如我之前提到的例子,我们添加了用户的手机号码和工作电话号码。如果你返回到该应用程序的前一个版本,程序将无法访问工作电话。

如果有额外的列,也不会有什么问题,除了一种特殊的情况,那就是你在应用程序中使用 select * ,而 select * 正是因为这个原因而不被接受。如果你使用 select * 并改变数据库列,会得到不同数量的列,而你的代码可能会崩溃。你永远不会想使用 select * ,而是希望指定正在访问的所有列。

Viktor Farcic:肯定的。因此,根据你的经验,当与你合作的公司准备迁移到云端时,你认为等待着他们的最大问题是什么呢?

　　我认为最大的障碍是文化。现在,在云端一切都以完全不同的方式完成。

——Sean Hull

Sean Hull：我认为最大的障碍是文化。现在，在云端一切都以完全不同的方式完成。在传统的计算机世界中，需要在物理服务器上做设置，给服务器起一个名字，将其接入网络，然后用与现实世界中相同的方式配置所有这些内容。几乎就像物理事物都有名字一样。

在我们管理主机之前，人们在他们的企业中有一个笼子或一个壁橱，可以实际看到机器将电缆插入其中。但是在云端，一切都是虚拟化的，最终成为一个全新的范式，不仅挑战了业务人员，也挑战了技术人员以一种新的方式进行思考。

Viktor Farcic：你是说挑战，例如安全性？

Sean Hull：是的，让我们拿安全性举例。在 AWS 中，你拥有 VPC，它就像虚拟网络，因此你可以设置私有和公共子网，并且可以通过两种方法控制对这些子网内部服务器的访问：一种是安全组，另一种是访问控制列表。这与过去需要有防火墙（由网络团队管理和配置）和/或在每台服务器上都有一个防火墙（例如 iptables）的控制服务器访问的方式完全不同。

在 Amazon 世界中，它肯定一样复杂，但是这些防火墙的配置是以在你的 VPC 上的安全组和 ACL 的形式进行的，因此其虚拟化网络功能非常强大，但也非常复杂，并且很难进行故障排除。当你尝试访问服务器但没有得到任何响应，并且试图通过调试和故障排除找出可能的原因时，这些问题就是巨大的挑战。

但是回到你的问题，迁移到云端的最大挑战是，对于企业而言，学习曲线很大，不仅在于了解 EC2 服务器如何启动以及如何使用磁盘，还在于它如何访问 Amazon 的弹性块存储（Elastic Block Store，EBS），如何在 S3 中存储文件以及如何编写 Lambda 函数以响应在该环境中采取行动的事件。这是一个全新的范例和一套新技术，因此对于工程师和商业人士来说都是一个很大的学习曲线。

Viktor Farcic：我看过很多这样的工具，他们会告诉你，只要购买了他们工具，他们将把你拥有的一切迁移到云端。例如，Docker 公司在上一个 DockerCon 中宣布，他们将无须进行任何更改就可以放入容器中，并且一切都会正常运转。你对此有何看法？

Sean Hull：销售人员经常会为了完成销售任务而把事情过度简化。根据我的经验，细节决定成败。并不是说像这样的自动化工具就没有价值和用处。这可能是将你的应用程序部署到云端很好的第一步，并且这可能比逐一重建所有东西更容易。但是我怀疑仅仅用一个脚本就能神奇地完成工作。

例如,EC2 实例具有不同的性能特征,不仅在磁盘 I/O、内存和 CPU 方面,而且在较小的实例中,它们实际上限制了网络访问,因此你可能启动了一个实例,但它可能不会表现良好。这可能需要一些时间。实际上,各种各样的事情都可能发生。你可能已经编写了 MySQL 脚本,这些脚本假定你具有对服务器的 root 访问权限,然后在 RDS 中对其进行重建,但由于无法访问 RDS 上的那些资源而收到错误消息。有很多事情要考虑。

Viktor Farcic:应用程序如何? 假设我有一家公司,并且拥有最近 10 年开发的 OpenFrame 应用程序。是否需要某种不断变化的范式或架构? 你对此有何看法?

Sean Hull:可能吧。例如,许多应用程序可能使用共享存储。Amazon 现在有一个名为弹性文件系统(Elastic File System,EFS)的东西,它旨在镜像你在传统数据中心中看到的功能。但是,实际上,正确的方法是将资产和内容存储在 S3 上,但是 S3 在该环境中的那些旧应用程序中并不存在,因此必须重写部分应用程序才能使用 S3。去年,我与一家媒体发行公司合作,该公司使用 NFS 服务器来存储他们的某些内容。

正确的方法是使用插件(在本例中为 WordPress)访问 S3 中的那些文件。但是他们希望通过少量更改将其迁移至 Amazon。在短期内,我们建立了 EFS,它是 Amazon 版本的 NFS。Amazon 在云端构建 EFS 的唯一原因是,正如你在用例中所讨论的那样,你正在移动应用程序,但是不想移动数据。在 Amazon 中执行此操作的本地方法是将其存储在 S3 中,因为 S3 具有生命周期控制和不频繁的访问。它还具有 Glacier 和所有其他功能,因此这将是在云端完成此操作的本地方法。

供应商锁定、AWS 以及与 DevOps 世界保持同步

Viktor Farcic:在与你合作的公司中,他们是否对供应商锁定表示过担忧,例如,当他们使用 Amazon 时?

Sean Hull:是的,事实上,我认为许多公司都被 Oracle 锁定了许多年,经过了这么长的时间,新一代的人不再受到这种影响了。我觉得,现在人们对被 Amazon 锁定的担忧比他们应该有的要少。有像 Terraform 这样的工具可以插入 Google Cloud;它可以与 IBM Cloud、Azure 和 AWS 等进行通信,因此,如果你已经在 Terraform 中构建了基础设施代码,就可以将资源部署到任何这些云中。Terraform 就像是云之上的一层,它以通用的方

式实现了这些东西。

> "许多公司都被 Oracle 锁定了许多年，经过了这么长的时间，新一代的人不再受到这种影响了。"

——Sean Hull

Viktor Farcic：你对 Kubernetes、Mesos、Swarm 等容器调度程序有什么看法？

Sean Hull：我在 Kubernetes 和 Docker Swarm 方面做的还很少。自 20 世纪 70 年代后期以来，容器化已经存在了很长时间，Docker 很棒。实际上，我认为有一个最初的 BSD 项目真正普及了容器，但是显然，Docker 是每个人都非常熟悉的现代版本，它做了很多强大的事情。

你可以非常轻松地启动开发环境并进行 QA 测试，因此你可以封装所有代码以重建使应用程序正常运行所需的一切，并使这一切都更具可重复性等等。我认为容器不会很快消失，因为它们满足了非常大的需求。

Viktor Farcic：我的感觉是，新事物出现的速度只会越来越快。你是如何与之保持同步的，与你合作的公司又是如何与之保持同步的？

Sean Hull：我认为他们没有跟上。我去过很多公司，他们从来没有使用过无服务器架构。他们的工程师中没有一个知道无服务器架构。Lambda、Web 任务和 Google Cloud 功能已经出现一段时间了，但是我认为很少有公司能够真正利用它们。我还写了另一篇博文，名为 *Is Amazon Web Services Too Much Complex for Small Dev Teams*？我在文章中暗示了是有些复杂的。

我确实发现很多公司都希望利用按需计算的优势，但他们实际上还没有内部的专业知识来真正利用 Amazon 可以提供的所有功能。这就是为什么人们跟不上技术发展的原因，因为它的变化是如此之快。我不确定答案是什么。对我个人而言，肯定有很多我不知道的事情。我知道和 Node. js 相比，我更擅长 Python。一些公司拥有 Node. js，你可以用 Java、Node. js、Python 和 Go 编写 Lambda 函数。因此，我认为 Amazon 对新技术的投入使该平台的发展速度快于许多公司能够真正利用它的速度。

> "Amazon 对新技术的投入使该平台的发展速度快于许多公司能够真正利用它的速度。"

——Sean Hull

Viktor Farcic：当我听到他们会议上的公告时，我就是这个印象。我当时想，要花一年的时间，即使我花了一年的时间去跟上，但是我仍然很难跟上他们在一天之内发布的每一样东西。

Sean Hull：最近我有一个客户问我是否有使用 Lambda 的经验。我说："是的。"他说："我们想用一种叫做 Lambda@Edge 的东西。"我说："我不知道 Lambda@Edge 是什么，因为我从来没听说过。"实际上，Lambda@Edge 是四五个月前发布的一款产品，而且还挺酷的。通常，在你的应用程序中，你的内容要么来自 Web 服务器，要么来自 S3，然后你可以使用 CDN 来获取这些内容，并使其更接近于流量的来源。

假设我在纽约托管一个应用程序，但是我在日本有一个客户，他正在访问那个内容。他会到达离日本更近的 CDN 端点，因此访问应用程序会更快。所有的图形图像、CSS 以及其他它可以缓存的东西，它都会缓存在节点上。Lambda@Edge 允许你编写在边缘执行的 Lambda 代码，这样你就可以检查用户通过身份验证的 cookie，然后在 CDN 上查看他们是否有访问某些内容的权限。也可以编写在边缘执行的 Lambda 代码，从而进一步加速应用程序。如果你的大部分应用程序都是 Lambda 的，你的系统就可以完全使用分布式，系统性能会得到巨大的提升。

Viktor Farcic：直到今天我才听说 Lambda@Edge。

Sean Hull：Lambda@Edge 公开 4 个新事件：之前和之后都有一个端点，之前和之后都有一个起源，所以你可以用与任何其他 Lambda 代码响应事件一样的方式在 AWS 中进行响应，而且 Lambda@Edge 暴露这 4 个新事件以允许你编写的代码运行在 CDN 端点。

DevOps 的未来和结束语

Viktor Farcic：我现在要问你一个我讨厌别人问我的问题，所以你可以不回答。你认为 DevOps 的未来会怎样，比如说一年后？

Sean Hull：我看到整个技术领域都发生了越来越多的碎片化，我认为这最终会使事物变得更加脆弱，因为，例如，对于微服务，公司不会再三考虑使用 Ruby、Python、Node. js 还是 Java。他们有 10 个不同的技术栈，因此当你雇用新员工时，要么必须要求他们学习所有这些技术栈,要么就必须雇用拥有这些专业技能的人。这在功能集各不相同的云端都适用：碎片化正在发生。

让我们以 iPhone 为例。想想 Android 与 iPhone 相比,它的应用程序测试有多么的复杂。我的意思是,你有数百种运行着 Android 系统的智能手机,它们全都具有不同的屏幕尺寸、不同的硬件、不同的内存容量以及系统底层。有些甚至可能拥有一些其他厂商所没有的额外芯片,那么如何在所有这些各异的平台上测试应用程序?

> 你有数百种运行着 Android 系统的智能手机,它们全都具有不同的屏幕尺寸、不同的硬件、不同的内存容量以及系统底层。有些甚至可能拥有一些其他厂商所没有的额外芯片,那么如何在所有这些各异的平台上测试应用程序?
>
> ——Sean Hull

当你遇到了这样的碎片化情况时,这意味着应用程序最终不能很好地工作。我认为同样的事情也发生在今天的技术领域,就像 10～15 年前一样,那时的数据库后端有 Oracle、SQL Server、MySQL 和 Postgres。也许某个企业客户还使用着 DB2,但是现在有数百个开源数据库、图形数据库、DynamoDB 和 Cassandra 等。在这些数据库中没有真正的专业知识。

最终发生的事情是,你遇到了与使用 MongoDB 的客户一样的情况。他们费尽周折才发现了所有奇怪行为和性能问题的方法,因为周围没有人对 MongoDB 内部发生的事情有深入的了解,而在 Oracle 领域,例如,有专职的 DBA 是专门研究 Oracle 内部机制的性能专家,因此你可以雇用某个人来解决该领域中的特定问题。

据我所知,拥有 MongoDB 内部专业知识的人并不多。你必须自己打电话给 MongoDB,也许他们有几个工程师可以派出去,那么未来呢? 我看到了大量的碎片化和复杂性,这使得互联网和互联网应用更不可靠、更脆弱、更容易失败。

Viktor Farcic:你认为这种趋势会持续下去,还是会发生逆转?

Sean Hull:我不知道它是否会或如何自我逆转,这似乎是所有人类知识的普遍趋势。看看科学和不同的专业,这些因素在整个范围内都变得越来越复杂,我认为这种复杂性可能会带来非常意想不到的惊喜。

例如,我最近阅读了一篇有关青少年抑郁症的研究论文。我知道这是一个很长的边注,但是研究人员认为,青少年抑郁症与过度使用智能手机有关,因为它们扰乱了人们的社交方式。我认为跨技术范围的、更复杂的碎片化会导致非常预料不到的意外。我不知道我们该如何应对以及如何控制它，因为它似乎每天都在增长。

Viktor Farcic：我也有同感。我认为没有什么可以解决一切，就像我们仍然需要考虑大型机一样。但是最后，你还有什么想说的吗？

Sean Hull：不久前，我写了一篇题为 *How Is Automation Impacting the DBA Role*？的文章。我和一位在 Oracle 领域工作的同事聊过，他们在感叹事情的变化如此之快，许多公司不再雇用传统的 DBA 角色。部分原因是有像 Amazon RDS 这样的托管服务可以简化该过程，因此你不需要专门的人力来担任该角色。

总而言之，在我写的文章中，我认为目前有很多机会提供给具有深厚数据库知识的人，但是他们需要加快步伐，调整方向，展示他们的技能和知识，并以一种新的方式构建它们。

我确实认为，深厚的数据库知识对公司非常有价值，尤其是当他们采用微服务并尝试将数据库放入容器中时，你还会遇到与 Amazon 的多租户相关的其他奇怪的性能问题。我认为拥有深厚的数据库知识和技能的人应该仍然能够应用这些知识，并且在当今的技术领域中具有价值。我只是认为这是一个包装并以新方式推销自己的问题。

Viktor Farcic：我也有同感。我认为它实际上超越了数据库之类的特定例子。我感觉在其他领域也在发生同样的事情，我看到越来越多的 Java 开发人员知道如何编写 getter 和 setter 之类的东西。我觉得这种事到处都在发生，对我来说，这是一个非常重要的警告，警告我们可能会遇到麻烦。

Sean Hull：我认为现在的情况是，招聘经理们开始意识到他们找不到拥有他们想要的特定技能的人，他们必须寻找拥有综合技能的人，以及拥有综合的计算机理解和知识的人。一旦他们找到了这样的人，他们需要问："嘿，你是想要进一步学习这些新东西，还是有信心解决这个问题？"

Viktor Farcic：采访能结束在这里真好！谢谢你！

15

Bret Fisher：

Docker Captain 和云系统管理员

Bret Fisher 简介

本章译者 马杰 中国
DevOps 社区推广者

在互联网金融、国家电网、高校金融、移动社交、体育媒体等
多行业领域从事软件研发及管理工作,现致力于千人以上规
模研发团队的多部门多项目持续交付/持续部署以及项目质
量管理,推广 DevOps 文化、技术和实践。

Bret Fisher 是一名自由职业者,从事 DevOps 和 Docker 顾问的工作,同时也是 Udemy 讲
师、培训师、演讲者和开源志愿者。他还负责教授 Docker 和容器技术的课程。你可以在
Twitter 上关注他(@BretFisher)。

DevOps 是什么?

Viktor Fabrcic:首先我想问,你能否简要地介绍一下自己,以及你是如何参与到 DevOps 社
区的?

Bret Fisher:首先,我是一名 DevOps 顾问,主要致力于 Docker 技术。话虽如此,实际上我
就是一个从事在线编程教育的 Docker Captain。可以这么说,我每天几乎 24 小时都与
Docker 生活在一起。

Viktor Fabrcic:昨晚,我和三名自称 DevOps 工程师的人交流,他们来自于不同的公司。你

可能认为他们会用同样的方式描述自己的工作，但事实并非如此，他们每个人都用不同的术语描述了自己的工作。所以，我的问题是，DevOps 到底是什么？这个问题我问过了这本书中采访的每个人。

Bret Fisher：目前 DevOps 的定义并不是由真正从事 DevOps 的人给出的，所以你问我这个问题很有趣。人们要求在我的 Docker 课程中增加更多的 DevOps 内容，因为他们自称是 DevOps 的初学者。但实际上他们不是 DevOps 初学者，而是 IT 的初学者。

> "目前 DevOps 的定义并不是由真正从事 DevOps 的人给出的。"
>
> ——Bret Fisher

如果刚开始学习 IT 的 John 或 Jane 来找我，说他们想学 DevOps，我觉得这很难做到。为什么？因为对我来说，DevOps 是你从事运维或开发工作一段时间后才能承担的工作。因为在真正了解 DevOps 的总体概念之前，你必须先去了解运维和开发这两者的工作方式。如果你对其中任何一个领域都不熟悉，那你就不可能真正成为 DevOps 的一分子。

Viktor Fabrcic：所以真的没人知道 DevOps 到底是什么吗？

Bret Fisher：对我来说，如果你是一个开发人员，你要做一些操作，从而把软件从开发人员的笔记本电脑上转移到生产环境中，对于这个过程中的每一个步骤你都会非常在意。在软件投入生产之后，DevOps 的工作就是确保项目能正常运行，还能可靠地去更新它，并且保证在这个过程中涉及的每个人都有一个持续的循环反馈机制。循环就是软件如何从开发人员那里一直到发布服务器，然后以越来越快的速度循环更新。

但让我们想象一下，我和你同在一个 DevOps 团队里，将来如果我们仍然以现在的速度发布软件，我会说我们的团队做得可不太好。我们应该优化并提高系统的效率，当然前提是我们想要运转得更快。如果公司不想运转得更快，那也没关系。我觉得很有意思的是，DevOps 现在正成为人们进入技术领域的入口。每个人都说这项技术很棒，DevOps 是我们都应该做的事情，但自己却不明白如何去做。如果你都不知道如何成为一名开发人员，也不知道如何成为一名运维人员，那么怎么可能同时做好 DevOps 和这些工作呢？

Viktor Fabrcic：这就是我一直遇到的问题。我不断遇到那些刚刚开始 IT 之旅的人。在他们职业生涯的初始阶段，他们什么都不知道。他们要从零开始。

这就如同我要在 IT 行业里做第一次自我介绍："我要成为一名 DevOps 工程师"，这跟我要选择是否成为一名测试人员或者开发人员一样，我完全不明白要做些什么。你之前说你学过 Docker 课程，但对我来说，只有当你完成了这些课程，获得了 DevOps 认证，你才有能力说："我是一名经过认证的 DevOps 初学者。"

Bret Fisher：如果有人说自己是这个行业的新人，想进入 DevOps 领域，那么我可以录用他们，为他们提供培训以实现这个特定的目标。如果我必须让他们成为一名 DevOps 工程师，他们的第一项工作显然是要去学习团队正在使用的开发语言，并有效地成为一名非常初级的开发人员。

我会把新人放在构建团队中，所以他们必须使用 Jenkins 构建或测试应用程序并将其自动化。对我来说，这是他们不必开发代码的唯一角色，相反，他们只需要稍微理解一下代码。他们其实不需要了解运维，但他们要和运维人员交流，因此他们将会感受到一点运维人员的痛苦。

> "如果我必须让他们成为一名 DevOps 工程师，他们的第一项工作显然是学习团队正在使用的开发语言，并有效地成为一名非常初级的开发人员。"
>
> ——Sean Hull

在一年之后，我会对他说："你已经做了一段时间了，现在让你来负责一些服务器吧，在那里，你会学到一些运维管理经验。"再过一年，就可以说："好吧，也许你可以开始关注与 DevOps 相关的问题了。"人们刚开始做运维时会发现这是一件很困难的事情，因为他们并不了解软件和服务器，会产生这样的疑问：到底应该如何做运维？

我敢肯定有一些工作描述是说他们在找一个初级 DevOps 工程师。我不禁想问，谁能做好那份工作呢？是一个喜欢维护服务器的开发人员，还是一个对如何编写脚本和编写代码略有所知的服务器管理员？我真的不知道，但我知道的是我对你的问题没有一个好的答案。有趣的是，所有这些课程都说你现在可以做 DevOps 工程师这份工作，但他们所做的只是教你使用一个像 Jenkins 这样的工具，而这并不能让你真正学会 DevOps。

就在这里，就在现在！

Viktor Fabrcic：我觉得这很有趣，因为过去两年里，当我去参加各种会议时，我看到的是每一个供应商和每一个产品都被贴上了 DevOps 的标签。是的,这已经存在多年了,但今天,每一个产品都被称为 DevOps 产品。看看 Jenkins 就知道了。我知道你参加了很多会议,所以我想知道你对此有什么想法?

Bret Fisher:DevOps 就像新的云。还记得 2013 年我们都在开什么是云的玩笑吗?我们只知道那只是互联网上的服务器。就只知道这些。但是我们有了这个新术语,每个人都必须使用它。所有这些公司推出的这些产品,它们都在某个地方用上了“云”这个词。

那么,是什么云?云没有任何意义。这就是互联网。我觉得 DevOps 这个词也是这样,我必须举手表示我很惭愧,因为我的课程标题中也有 DevOps。

Viktor Fabrcic:甚至我以前的书的标题里也都有 DevOps——*DevOps Toolkit* 系列。

Bret Fisher:我的头衔是 DevOps 从业者,只是因为这个头衔很有用。我在 LinkedIn 上获得很多面试请求,也仅仅是因为我的头衔中有 DevOps。

Viktor Fabrcic:我可以说,如果我将我的书命名为 *Operations Toolkit*,而不是 *DevOps Toolkit*,它只能卖 7 本,其中 6 本还是我亲戚买的。但让我们把焦点转移到容器上。我从未见过什么东西会这么快就流行起来了,所以我就想知道为什么会这样?

Bret Fisher:每当我做 Docker 101 的演讲时,我都会谈到我们在 IT 领域待了很长一段时间,过去我们从来没有从中得到过报酬,但实际上我们仍然在做这个工作。最初我们这样做只是为了好玩,但现在我们能得到报酬了。当我们从大型机过渡到个人计算机时,我就在技术领域里,当时 PC 实际上还只是 DOS 操作系统。我们还必须在个人计算机上安装鼠标,因为要使用 Windows,我们必须在没有互联网的机器上安装软件。最终,我们有了 TCP/IP 通信协议套件,并能够简单地将所有计算机连接到互联网上。

在互联网出现之后,我们有虚拟化技术,在那段时间里,我是一家拥有 50 万员工的大公司里的一员,我四处宣传“虚拟化才是未来”。与此同时,其他人却都在说:“你太蠢了,你疯了啊,服务器会运行得很缓慢,我们永远也无法确保安全性。”这和我们今天听到的关于容器的争论,以及去年听到的关于云的争论是一样的。现在有了云,基本上就是把我们的数据都放到了互联网上。

你将你的数据从数据中心拿出来,放到互联网上,让别人来处理。尽管 Amazon 推出 AWS 服务已经 11 年了,但今天仍是这样。尽管我们都说“哦,每个人都能加入了”,但事实是并不是每个人都能参与进来。

Viktor Fabrcic：出于兴趣，你是如何看待今天的云概念的？

Bret Fisher：我想说云就是容器。就在三年前，我改变了我的整个职业生涯，转而专注于容器。为什么？因为它带来足够多的转变，让我确信它就是下一波浪潮。如果你仔细观察这些浪潮，就会发现它们中的每一波——从大型机到 PC，从 PC 到互联网，从 PC 到虚拟化，再从虚拟化到云，现在是容器——似乎都比前一波发生得更快。至少，这是我的理论。

虚拟化花了 10 年的时间，但它很快就被接受了。然而对于许多公司来说，转向云要比虚拟化快得多。今天我们能看到容器的采用速度要快得多，至少与虚拟化相比是这样的。我认为这就是我们所处行业的本质，无论接下来会再出现什么技术，它都会比容器发展得更快。

Viktor Fabrcic：但是我认为，它也有可能持续较短的时间。

Bret Fisher：也可能会持续很久。但问题是，它可能更不稳定，以至于让我们最终得到了非常好的容器，从而不再需要大多数的虚拟化技术。也许在未来，虚拟化将变得不是必需的了。

Viktor Fabrcic：但是，如果它发展得这么快，人们怎么能跟上呢？

Bret Fisher：这个是做不到的。

跳过一代——好主意还是坏主意？

Viktor Fabrcic：每次我看到一个新发布的东西，比如说 Docker，我都觉得我还没有完全掌握上一个，就已经有一个新的需要学习了，我根本不知道技术会怎样发展。

Bret Fisher：没错，所以你的公司可以跳过一代。例如，X 公司现在可能正在进行虚拟化。他们并没有真正做过云计算，所以他们跳过了，但现在他们要做的是容器，而不仅仅是在云中进行虚拟化。

Viktor Fabrcic：但你会这么做吗？跳过一代是个好主意吗？

Bret Fisher：如果不这么做你会更加痛苦。痛苦之所以增加，是因为你只是团队的一分子，而组织的学习意味着我们都必须看清自己根本不是一个个知识孤岛。整个团队必须一起学习,所以,即使你要在一个规模庞大的组织中雇用一名容器专家,也要花上数年的时间才能让整个团队跟上所有技术的发展速度。

如果公司还没有做云计算,而你要把他们带去云计算,但现在他们还打算做容器,那就太糟糕了。他们可能会犯更多的错误,但最终还是会到达那里。你只会遭受更多的痛苦和折磨。CloudBees 的工程总监 Laura Frank 实际上对此有一个新的术语。她称之为"滞后税"。

如果你看过钟形图,当技术刚出现的时候,你将你的人放到最前端,之后有一些人在比较靠前的位置,接着是普通人,最后是那些落后者。Laura 将滞后税描述为,如果你在采用这项技术方面太慢——比如我们的云计算例子——那么从长远来看,实际上会让你付出更多的成本,因此你可能不得不直接跳过一代技术。但问题是,这些都不是绝对的。我们仍然有人使用大型机,也仍然有人没有完全虚拟化,仍然有一些公司在运行 10 年前的那些从未实现过虚拟化的服务器。

> "我们仍然有人使用大型机,也仍然有人没有完全虚拟化,仍然有一些公司在运行
> 10 年前的那些从未实现过虚拟化的服务器。"
>
> ——Bret Fisher

Viktor Fabrcic:我认识一些人,我不是在开玩笑,他们仍然在学习 COBOL 语言。

Bret Fisher:即使展望未来十年,仍然会有一些人还没有做容器,而只做虚拟化或类似的事情。

几周前在芝加哥 GOTO 有一个很好的会议,主题演讲人谈到了 30 年前在技术领域,生活是多么美好,因为你可以成为这样一个人——你只要全身心地投入到社区,对大多数事情就都能有些了解。你可以对大多数编程语言和技术有很多了解。但他重点说的是,现在还没有人能什么都懂。我们都只是掌握了一小部分关于当前技术的知识。即使在一个团队里,你可能连十分之一的编程语言都不懂。我们如何才能做出明智的决定,充分意识到我们所拥有的一切呢? 答案是我们不知道。

> "没有人能什么都懂。"
>
> ——Bret Fisher

作为一个产业,我们在黑暗中蹒跚而行,只专注于目前对我们有用的事情。除非你被黑客攻击,然后你知道错了,否则没有对错之分。在这个行业中,失败的第一种方式就是等待,

直到你的产品被黑客攻击，然后突然每个人都会因此而责怪你。但在你被黑客攻击之前，只要它能工作，就没什么关系。

我记得是在 GOTO(洗鞋店品牌)时，我对你在一家普通公司里的表现大发雷霆——"普通"并不是指像 Google 或 Netflix 那样的公司——你开始对他们的技术栈的所有不同部分进行批评。那这家公司至少能有半打的事件值得登上头版头条。公司 A 仍然将他们的密码存储在电子表格中，而公司 B 甚至不监控他们最关键的 DNS 服务器。又或者公司 C 的服务器在过去 5 年中使用了相同的 root 密码，而在这段时间里，有 30 人被公司解雇，但他们从未更改过密码。你会在每家公司发现这些问题。如果一切都很混乱，一切都很糟糕，或者只是运气好才没有崩溃和宕机，那么我想，归根结底，真正重要的是把自己的事情做好，并在那一刻做到最好。它永远不会完美，也永远不会伟大。

不过，回到前面的问题，我认为 DevOps 的定义本身就意味着妥协。任何一家公司的运维和开发人员都必须做出妥协，才能让所有东西协同工作，并提升速度。也许这是对安全性或测试的妥协。也许我们的测试生命周期不再是 4 周的用户测试，也许离我们投入生产只有 4 天？但在很多情况下，如果不做出某种妥协，最终使得所有的参与者都能接受，我们就不能加快速度。

使用容器

Viktor Fabrcic：让我们多谈谈你吧，Bret。据我所知，大多数时候，你是在帮助公司或其他人去适应使用容器。你认为我们应该使用容器配置所有东西吗？作为一个对这个概念如此投入的人，你有没有想过说："不，请保持原样——我们不打算使用容器？"

Bret Fisher：显然，我们可以说，从技术上讲一切都可以在一个容器中运行。真正需要问的问题是，为了让你的"东西"在一个容器中运行，你要经历多少痛苦和折磨？

以我个人的经验，如果我和客户一起启动一个项目，我会看看他们要运行的是什么工具或技术，然后我们一起尝试想象最终目标是什么。如果是在一个容器里，该如何使他们的产品或服务更好呢？如果他们的目标是一个数据库，而我们每 6 个月只更新一次该数据库的引擎，那他们便不需要每个月都打补丁。他们不会迁移环境，它已经在一个有备用电源、备用内存、备用交换机和备用网卡的服务器上，这是很多数据中心的标配。

许多私有数据中心仍然非常注重备用硬件,不像云,它是完全相反的。对我来说,我总是更喜欢那些每天/每周都会更新的东西,而不是那些原地不动,一连几个月都不会改变的东西。通常,这意味着你的 Web API 或系统后端 PHP 工程师的新工作任务会不断变化,这些都是我试图让他们先做的事情。当我们到了需要大型复杂数据库那一步的时候,公司往往已经没有钱了,我们就不再那样频繁更新,所以就会举步不前。

> "我总是更喜欢那些每天/每周都会更新的东西,而不是那些原地不动,一连几个月都不会改变的东西。"
>
> ——Bret Fisher

很多公司,特别是在做新产品或应用程序时,会首先将数据库容器化。但我总是告诉他们:"不要把这个数据库作为你放入容器的第一个东西!"任何带有持久数据的东西,不管你做什么,不管它是在容器中还是在容器外,都会更困难一些,所以我一开始会尽量避免这样做。但如果它是全新的,如果我可以给他们一个 Docker 文件,他们可以将它放到容器里——即使它不在编排中,它只是在容器里的一个服务器上,它是那个服务器上唯一的东西,它也从不迁移——那就一点问题都没有。我会很高兴的。因为,至少在那时,它在容器中,他们不用编写 shell 脚本去用 apt-get 安装 MySQL。

Viktor Fabrcic:假设某人对容器一无所知。你是否还会建议从头开始学习,就像我们 4 年前学习容器时一样?让他们从容器开始,然后转到调度程序,还是他们应该直接跳到调度程序?现在新手应该从哪里开始?

Bret Fisher:我总是试图在本机上教他们。我觉得这可能是因为它是通用的,即使你不是开发人员,你只是一个系统管理员,给你展示 Mac/Windows 机器如何运行一个 Ubuntu 容器或 CentOS 容器,然后把所有这些工具都放在你面前,这样你就不必想办法把 curl 命令放在你的 Windows 桌面上。不管你的背景如何,我觉得这对每个人都很有价值。

也许我是一个传统主义者,我不想教你如何去做容器编排,因为我觉得先教容器编排,就好像在你还不知道问题的时候就告诉你解决的办法。对我来说,这就好像你是数据中心的 Windows 管理员。传统上,你会使用微软的 System Center 或一些大型的企业服务器管理工具,但是如果你是服务器管理新手,那么在一开始就向你展示这个工具可能会让你感到困惑。对于新手来说,这看起来非常复杂,因为新手甚至不知道如何运行 1 台服务器,更不用说运行 1 000 台了。如果我教你使用这个工具，而你都不知道如何管理一两台服务器，那我觉得这个帮助你管理 1 000 台服务器的工具似乎就不是很有用了。

> "也许我是一个传统主义者，我不想教你如何去做容器编排，因为我觉得先教容器编排，就好像在你还不知道问题的时候就告诉你解决的办法。"
>
> ——Bret Fisher

Viktor Fabrcic：我有一种怀疑。我曾在很多情况下解释过容器，但后来发现我面对的是一个对 IT 非常陌生的人。"我向你讲解这些东西有什么好处吗？"我想问他们，"如果你都没有经历过痛苦，你怎么能看到好处呢？"

Bret Fisher：这很难，但还是有可能的。如果你回到 2013 年，你会记得创造 Docker 的 Solomon Hyke 曾谈到我们为什么都要教 Docker。他谈到了地狱矩阵，并展示了它的各种弊病，还解释了什么是地狱矩阵，以及为什么我们有这些关于系统和补丁交织的烦恼。

假设你想在我的本地机器上安装一个 Ruby 应用程序，而我的开发团队同时拥有 Windows、Mac 和 Linux 机器。但是，我还拥有多台 Linux 服务器，其中一些服务器在云中运行着不同版本的 Linux，我还有一个不同的包管理器。现在我有了所有这些不同的环境，我的目标是在所有设备上安装相同的东西，并确保它们的工作方式是完全相同的。希望这能让你意识到你有两种选择。你可以这样想："好吧，听起来很痛苦。"或者"我可以只做这一件事，然后一遍又一遍地做。"所以如果你是个新手，也许应该经历一下整个"为什么选 Docker？"的过程。

Viktor Fabrcic：是啊，这不应该包括在课程里吗？这有点像在说："我会让你在没有 Docker 的情况下做任何事情，让你意识到 Docker 有多有益，甚至是容器有多有益。"

Bret Fisher：没错，这就像说，首先，我们要在 Ubuntu 上做这个。我们将在 Ubuntu 上安装 Node. js 应用程序，然后使用 Node v10 引擎，这意味着你不能使用最新的 `apt-get` 工具。抱歉，你得去用别的东西。你必须自己制作，然后我们会让你在 CentOS 上做，之后在 Red Hat、Enterprise 和 Linux 上做。哦，顺便说一下，也会让你在 Windows 上做。但这还没完。除了这 4 个系统，我们还要再在 Docker 上做同样的 4 个系统。这会浪费他们很多时间。事实非常简单，他们根本不想这么做。但也许你只需要展示一个安装文档，上面写着：这些是你必须要做的事情。只需要向他们展示一下这个告诉他们怎么做的 12 页文档，也许那就够了。

操作系统的未来

Viktor Fabrcic：我的印象是很多操作系统除了都有 Docker 容器的镜像之外，还让我们对很多事情产生了质疑，比如我们还需要 Ubuntu 和 Red Hat 吗？

Bret Fisher：这就是发行版的问题。Linux 发行版可不想听到它们变得不那么重要了，但事实是它们真的变得不那么重要了。我毫不怀疑他们中的一些人会成功地使自己与容器变得更加紧密相关，并且他们会想出一些工具，让我用 Ubuntu 来运行容器而不是选择其他东西。在某种程度上，现在已经是这样了，之所以我会选择一个而不是另一个，仅仅因为它带有一个更现代的内核，可以更好地与 Docker 一起工作。如果你还在用一个 5 年前的还是 3 系列版本的内核，我知道我是不会喜欢的，因为我现在必须去更新内核，我甚至都不想把 Docker 放在上面。所以这是基础。

> "Linux 发行版可不想听到它们变得不那么重要了，但事实是它们真的变得不那么重要了。"
>
> ——Bret Fisher

Viktor Fabrcic：回到你的问题，先学习基础知识，在学习解决方案之前先学习问题。例如，我一直在谈论诸如 TCP/IP 之类的东西。当一开始讨论的时候我们就已经了解很多了，我们那时正在读一本叫做 *TCP/IP* 的书。

Bret Fisher：我一直在努力回忆书名，你唤醒了我的这段记忆。谢谢！

Viktor Fabrcic：我记得这本书的名字实际上是 *TCP/IP Unleashed*，不是第 4 版就是第 5 版，他们一直在改版发行这些书，因为这些是我们在 Google 时代之前所学的东西。这意味着，多年来，我一直认为我是有幸成为第一批建设互联网的人。我们主要是从 IPX 切换到 TCP/IP、Thicknet 和 Thinnet，以及从这些不同的协议和标准到以太网。因此，我必须了解 TCP 数据包的大小、报头、不同的协议以及所有这些东西。

Bret Fisher：但今天的问题是，你可以让任何一个 30 岁以下的人来分解 OSI 的层次，他们可能什么都不懂，但他们仍然可以得到并做这项工作。

Viktor Fabrcic：这是件好事。

Bret Fisher：这既是好事又是坏事。很长时间以来我都坚信，我们最终将拥有一个几乎没有人了解网络如何运作的世界。在缺乏知识的重压下，一切都将开始崩溃。在你的团队中，当事情开始出错时，你会发现我们不知道我们使用的东西是如何工作的，因为它一直都在工作。

就像公共基础设施。我们中有多少人知道如何修理电网？我们没有人会。然而，当它破损时，我们都希望我们真的能帮得上忙。但我们还没有遇到问题，所以我什么都不会。也许这不是什么大问题。不过，当我采访人们时，我仍然会问他们这样的问题："交换机运行在OSI 堆栈的哪一层？"或者"路由器在哪一层工作？"

Viktor Fabrcic：你得到答案了吗？

Bret Fisher：有时会吧，但这真的取决于你问的是谁。如果他们想成为一名开发人员，他们便不会在意这些。但如果我要雇系统管理员之类的，那他们就应该知道。他们都必须认真思考，因为对我来说，这是一切交流的基础。如果你连这些基本的知识都不知道，你怎么可能在 Docker 里排除计算机故障呢？

我们在 Docker 中创建虚拟网络，但是当你遇到 IP 地址冲突时，突然你就必须开始关心子网和子网掩码了。

Viktor Fabrcic：这就提出了一个问题。

Bret Fisher：是的，这是有些人要解决的。

Viktor Fabrcic：我有一种感觉，这实际上是我们在这个行业中的发展方向。我对编程也有同样的看法。其实没有人知道如何编程，但是我们都知道如何使用库来做事情。

Bret Fisher：这是一个很好的观点。如果你除了库之外什么都不做并且你必须自己编写所有东西，你会怎么做？听起来像我们最初从书本上抄代码学习编程的样子，我学习 BASIC 语言就是用这种方式的。

Viktor Fabrcic：我不知道你有没有经历过，但当我还是个孩子的时候，我会看一些计算机杂志，里面有四五页的代码，你可以读和写。

Bret Fisher：我不记得这些杂志的名字了，但我记得我爸爸带回家的一本 3 英寸大的书，里面会有五六个程序。我整个周末都没有出门，就是坐在计算机前，照着书键入代码，一行接一行，只是为了做一个应用程序或游戏。

Viktor Fabrcic：让我猜猜，它不是一种强类型语言。你需要先完成它，才能发现是不是出了什么问题？

Bret Fisher：对！因为如果不起作用，你就得一行一行地检查，一共 600 行。这是在 Tandy 彩色计算机 TRS-80 上完成的。最大的问题是保存设备是一台磁带记录器。因此，你必须插入一条模拟线，它会发出类似调制解调器的声音，然后录制到磁带上。要知道保存是否有效，唯一的方法是关闭计算机，然后重新打开，播放磁带，然后期望你的程序能运行。如果它不能运行，你必须重新输入整个 600 行的代码。

我记得有一个周末，我因为没做完而让计算机开了一夜。我在星期天把它录到了磁带上，然后回放，但程序没用工作。我把声音开得太大了，有点失真。所以，我不得不重新输入整个程序，只是为了再次运行它，这是一种可怕的学习方式。

Viktor Fabrcic：我发现自己在讲述这些故事时会说："你们这些孩子根本不知道你们在做什么。"但后来我发现自己说的话听起来像我妈妈说的你们这一代人不知道该做什么。

Bret Fisher：是啊，你的故事很无聊，但你说得对，这也就是为什么这个故事会很无聊。因为无论你多大年纪，每个人的第一个网站都是非常令人兴奋的。当你第一次做一个程序或者编写代码时，总是感到非常兴奋，但对其他人来说却是令人难以置信的无聊。

展望未来

Viktor Fabrcic：如果你有一个水晶球，你可以预测我们在明年、未来 10 年甚至更远的未来会是什么样子呢？显然，现在最先进的技术是容器，但接下来呢？

Bret Fisher：我认为我们需要很长时间才能等到容器编排的普及。

Viktor Fabrcic：你是说，我们才刚刚开始。

Bret Fisher：它现在比将来困难得多，在大多数人使用它之前，它必须变得容易上手得多。我非常喜欢每个虚拟机就是一个容器的概念，比如 Linux 的 Clear 容器。VMware 做了一点，微软做了一点，Docker 用 LinuxKit 做了一点。我不知道我们最终会是一个每个虚拟机只有一个容器的世界,还是一个虚拟机中包含多个微型容器的世界。但我认为不管容器的未来如何,锁定应用程序都将成为常态。

> "我不知道以后会如何发展,也不知道什么会取代容器。但我认为我们需要很长时间才能在操作系统层面提出一个新的概念。"

> ——Sean Hull

10年后,如果一家软件公司销售的软件没有以某种形式的容器镜像发布,那就太奇怪了。我的意思是,这有点奇怪,在这个行业里下载镜像才是很自然的一件事。如果我们以某种方式达到了用程序包管理器下载一堆软件的地步,我也不会感到惊讶。现在,你还不得不使用 docker pull 来获取 Docker 镜像,但我可以将其视为未来的 apt-get。yum 的未来是下载镜像、各种容器镜像压缩包,并在后台运行镜像或其中内容,这对于那些应用来说是很正常的。

但我想我们要花更长的时间。我不知道以后会如何发展,也不知道什么会取代容器。但我认为我们需要很长时间才能在操作系统层面提出一个新的概念。每个人都在谈论单内核,但我并不完全信服。

Viktor Fabrcic:我还没听人真正谈论过使用单内核。

Bret Fisher:不,我想发行版之间的战争已经结束了。未来是推出自己的发行版。所有的发行包都将变得更加模块化,运行的是什么发行版并不重要。我喜欢 LinuxKit 的想法。这是我落后的地方。

Viktor Fabrcic:我也一样。

Bret Fisher:我希望自己发行操作系统的这个想法能够流行起来,并能变得更加主流和受欢迎。我很想说我在 DigitalOcean 上或者我在 AWS 上——无论我在哪里——都有我喜欢的发行版。我会有一个 YAML 文件,我只是提供它,而不是选择 Ubuntu、Amazon 或 CentOS。我只需要上传我的 YAML 文件,然后他们会为我制作我的操作系统,并将其放到虚拟机上。我不知道这会不会是未来,但我希望这成为可能。

Viktor Fabrcic:无服务器计算会消灭容器吗?

Bret Fisher:我个人认为无服务器和容器是相辅相成的。如果没有容器,你真的不可能做好无服务器的工作。

Viktor Fabrcic：谢谢你！你是第一个这么说的人。我试着向人们解释无服务器和容器是如何相互支持的，他们都看着我，表示这不可能。

Bret Fisher：无服务器对我来说就是一种容器服务。

Viktor Fabrcic：但这是否意味着一切低于编排器和容器层的东西都将成为商品？你甚至需要关心以后会发生的事情，例如，你所评论的操作系统？

Bret Fisher：我真的不这么认为。我们以前谈过这个。如果我们放眼望去，5 年是很长的一段时间。我是说，5 年前，还没有容器编排器。5 年将是这些工具当前生命周期的两到三倍。所以，当然。

让我再来解释一下吧。对我来说，我要推荐给别人的任何新工具都必须能够取代至少一个其他工具。它不可能是一个纯粹的添加，因为没有人会为任何新工具花费时间。如果不能取代至少一个（理想情况下是两个）工具，他们就不能在技术栈中添加另一个工具，他们不太可能采用它。但现在，我觉得编排器还并不能完全取代任何一个工具。

Viktor Fabrcic：这非常正确。

Bret Fisher：我仍然需要 Ansible、Chef 或 Puppet 来部署服务器。但现在，你看到的是像 InfraKit 这样的东西，它还没有流行，但就像一个 Terraform plus Swarm。它的基本思想是，一个工具既可以是我的编排器，也可以部署我的基础设施和管理基础设施。对某些人来说，这听起来更有趣也更有用。

现在你已经有了这样工具，可以用它来管理你的基础设施，但是对基础设施进行更新确实还是一件非常痛苦的事。所以，如果我给你一个工具来解决这个问题，加上更新和日常的自动化管理呢？也许这就是我们 5 年后的结局。我知道现在有工具可以管理你的基础设施，但这并不是始终开启的默认选项。

也许，我们最终都将可以使用一个统一的创建基础设施、更新基础设施和部署应用程序的工具。所有这些功能默认都具备，不再需要任何额外的包或任何额外的工具。它只是一个单一的工具。我觉得这是让人们采用它的唯一方法。因为你得摆脱一些东西。也许这意味着你真的不再使用现在正在使用的那些工具。比如，我们可以摆脱 Puppet、Chef 或者

Ansible，我们只需要这一个工具就行了。

Viktor Fabrcic：也许那是个问题。在我的印象中还没有一家大型企业公司曾经这样抛弃现有工具。也许我不走运，但我从没见过。

结束语

Bret Fisher：最后我想说的是，它既困难又罕见。一个工具必须非常棒，才能成为一个纯粹的添加，除了你目前正在做的一切，Docker都做到了。Docker本身就很有用，你仍然可以用你的Ansible和Puppet。你还可以使用VMware、apt-get和其他软件包安装工具（如npms）以及你的容器编排器。你拥有一些额外的工具，并且人们也都在这样使用。这种情况不会经常发生，所以不管接下来发生什么，都可能无法做到这一点。不过，我也不能完全确定，可能只是因为我抱有怀疑态度。

Viktor Fabrcic：非常好！时间差不多了，感谢你今天能抽出时间和我说这些。和你交流我非常高兴，我希望很快能和你再次见面。

Bret Fisher：没问题！和你谈话也很愉快。

16

Nirmal Mehta：
技术顾问

Nirmal Mehta 简介

本章译者　刘恋　中国
商业分析师

具有多年 IT 行业商业分析和自动化交付经验，精通 ITSM
理论体系，致力于 DevOps、敏捷的推行和实践。

Nirmal Mehta 是 Booz Allen Hamilton 公司战略创新小组的首席技术专家，专门从事新兴技术的研究、实施和集成，为联邦政府客户群提供服务。他带领公司开展数字研发、沉浸式机器智能和新兴技术战略方面的工作。此外，他还是容器化技术领域的专家和 DevOps 实践的思想领袖。他是备受瞩目的 GSA 综合奖励计划 AWS 云平台的首席架构师，在公共部门实施了首创的生产型开源、以数据为中心、基于微服务的分布式应用程序。Nirmal 热衷于机器学习、沉浸式技术、开源、DevOps 以及集成新兴技术来满足客户需求。他致力于将前沿技术引入商业和公共部门客户的企业系统。他还是 Docker Captains 组的成员。你可以在 Twitter 上关注他(@normalfaults)，在 LinkedIn 上关注他(https://www.linkedin.com/in/nirmalkmehta)，还可以访问他的个人网站(http://nirmal.io)。

DevOps 的含义

Viktor Farcic：Nirmal，首先，我想请你简单地谈谈自己，以及你与 DevOps 的关系。

Nirmal Mehta：在我的职业生涯中，我有幸看到很多组织走上了 IT 转型之路。通过这些经验，我总结出了那些对我们这个行业行之有效的方法，当然，也包括那些不太起作用的方法。我致力于通过新兴技术、方法论和解决方案来传播知识，尤其是通过 DevOps！

Viktor Farcic：那么，"DevOps"对你来说意味着什么？

Nirmal Mehta：DevOps 是上世纪到现代 IT 文化发展过程中流程改进技术的应用。如果我必须要提供一个更全面的定义，我会说 DevOps 是一种 IT 运营模型，它专注于利用工具和文化变革来简化和自动化 IT 服务的交付。它是根据上世纪 W. Edwards Deming 等人所提出的优化生产模型发展而来的。

更简单地说，相较于组织已建立起来的传统的部落文化，DevOps 正在将组织的文化转变为一种实现共同目标的观念。

> "相较于组织已建立起来的传统的部落文化，DevOps 正在将组织的文化转变为一种实现共同目标的观念。"
>
> ——Nirmal Mehta

Viktor Farcic：谢谢。能看到每个人都以如此不同的方式定义 DevOps 是非常有意义的一件事。那么，你认为 DevOps 和敏捷有什么区别？

Nirmal Mehta：我认为敏捷的 12 条原则是指导方针。更重要的是，我认为敏捷不应该像今天所看到的那样被商业化和采用。在我看来，一些组织采用了敏捷，却对此进行了过度思考。

另一方面，DevOps 可以说是应用于组织级别的敏捷，而不仅仅针对开发流程。或许我的区分仅仅是语义上的，但是从广义上，你可以说 DevOps 包含了敏捷方法论。DevOps 就像一个超集。

Viktor Farcic：是的，我认为 DevOps 就像在引入更多的专业技能到组织中来，甚至是更多的自动化。当然，更多的职位可能由此产生——有时我会看到组织中存在大量所谓的 DevOps 工程师。老实说，我甚至不知道他们是做什么的——你是如何定义 DevOps 工程师的呢？

DevOps 工程师是什么?

Nirmal Mehta：这正是存在争议之处，因为并没有 DevOps 工程师这样的职位。甚至不应该有 DevOps 这样的团队，因为对我来说，DevOps 更像是一种文化和哲学方法论。它是在 IT 组织内部进行思考和沟通的一种过程和方式。

> "并没有 DevOps 工程师这样的职位。甚至不应该有 DevOps 这样的团队，因为对我来说，DevOps 更像是一种文化和哲学方法论。"
>
> ——Nirmal Mehta

但是回到定义，我认为 DevOps 工程师是一种工作，表明了一个组织并不想同时雇用开发人员和运维人员，只是希望让一个人做两倍的工作。

Viktor Farcic：我喜欢这种解读。虽然除了你可能没有人会愿意承认，但现实往往就是这样。你可以看看发布出来的 DevOps 工程师职位描述。

Nirmal Mehta：我认为组织只是希望有人能够同时承担软件的开发和运维工作。这种 DevOps 工程师角色随处可见，只不过对于 DevOps 工程师到底是什么，还缺少一个公认的定义。

原因在于 DevOps 工程师实际上关注的是两件截然不同的事情：工具和文化。我相信 DevOps 主要是关于文化的，然而 DevOps 流程中也包含一些工具，这些工具的存在自然会使一些组织进行更多的 DevOps 实践。因此，DevOps 工程师可以被定义为运用那些工具并践行相关理念的人。

当然，仅仅安装了一些工具并不意味着组织就能自动采用 DevOps。因为无论工具有多么神奇，都有可能被滥用。由此，我们更要认清，DevOps 工程师更像是一个咨询角色，而不单单是运维那些工具的人员。

最初，组织只是希望有人加入来运行这些工具。而最终，员工被要求既做开发又做运维。

Viktor Farcic：是的，我经常看到将一个现有团队简单重命名的情况。他们继续使用相同的流程和工具执行相同的任务集，只不过换了个更加时髦的名字。

Nirmal Mehta：我曾参与过一个项目，他们需要组建一个独立的 DevOps 团队，对我而言这根本没有任何意义。这个 DevOps 团队的合同是单独签的,他们甚至不算正式员工。因此,该项目最终有开发、安全、运维和 DevOps 团队。

现在,你告诉我,这个 DevOps 团队应该做些什么?他们唯一的任务就是做部署到生产之前的最后一步。这个团队除了在代码投入生产之前处理签字工作外,其他什么也不用做。这不能叫做 DevOps 团队。他们只是一个随机的团队,一个没有目标的随机权威。

Viktor Farcic:这让我想到了将系统管理员重命名为 DevOps。

Nirmal Mehta:没错,这样一个 DevOps 团队本质上只是一个鸡肋的质量保证团队。因为听起来很迷人,所以改名叫 DevOps 了。

如今对 DevOps 依然存在很多粉饰行为。正如我在一次演讲中提到的,如果你花了一个多月的时间来弄清自己所在组织的 DevOps,或者你开了 15 次会来弄清楚你的 DevOps 是什么,那么你就想得太多了。

> "如果你花了一个多月的时间来弄清自己所在组织的 DevOps……那么你就想得太多了。"
>
> ——Nirmal Mehta

并非一切都要复杂化!对复杂化时间和程度的把控,都是由你自己来决定的。好好审视一下你的组织,找出一些痛点,然后就从那里开始。与其花一个多月的时间去争辩什么是 DevOps,这是我们 IT 行业喜欢做的事情,倒不如去读一些书并尝试实现这些流程中的一两个部分,这才是一个更好的开始。我们喜欢争论一些事情,最终却一无所获。

我们喜欢待在自己的部落里,我们喜欢推卸责任,我们需要争论以及某种对抗力量。我认为 DevOps 和敏捷恰恰有助于重新定义谁才是我们的对手。DevOps 将我们的对抗力量引向了我们要为客户解决的问题,而不是内部团队之间的摩擦。DevOps 让我们直接与实际问题进行对抗,而不是彼此冲突。

Viktor Farcic:但最终结果会不会是我们向咨询顾问购买了为期一个月的培训,声称能让我们转变为敏捷专家?

Nirmal Mehta:没错,这就是让我所费解的:为什么我们必须接受如此多的敏捷培训?我认为所有这些培训首先都与敏捷的目标背道而驰!我们会发现自己被复杂的琐事所包围,而忘记了敏捷的核心原则。

我认为这就是敏捷人士提出宣言的原因，迫使我们将其打印出来并贴在墙上。他们知道，如果不提醒我们敏捷的全部意义，我们将忘记真正想要实现的目标。

对 DevOps 的过度思考

Viktor Farcic：这听起来像是对敏捷的误解和过度复杂化。其实从本质上讲，敏捷非常简单。

Nirmal Mehta：作为一个行业，我们总是过度思考一切，我认为 DevOps 也存在同样的问题。

DevOps 非常简单。它是一些初创公司、运作良好的组织和聪明人士所实施的流程改进技术的应用。其他人士听了这些方法后会说："嗯，听起来不错！这有助于我们提高效率、降低成本或提高质量。我们不妨也采用它！"

> "作为一个行业，我们总是过度思考一切，我认为 DevOps 也存在同样的问题。"
>
> ——Nirmal Mehta

不要让 DevOps 过于复杂化。如果你想减肥，你只要消耗掉比摄入多的卡路里即可。这是多么简单的事实。不要被复杂的饮食分散精力，毕竟你要的只是一个简单而有效的方法。DevOps 的理念也同样很简单：脱离你原有的模式。

DevOps 的理念——脱离你原有的模式

DevOps 的理念就是要脱离你原有的模式。这肯定很难，因此我们尝试寻找一条捷径。这条捷径可能是一种工具、一名顾问、一些 YouTube 视频或一本书。但归根结底，我们还是不能跳过务必遵循的理念。我们可以一直实施 Jenkins，但如果不去遵循 DevOps 的理念，我们将一事无成。

> "DevOps 的理念就是脱离你原有的模式。这肯定很难，因此我们尝试寻找一条捷径。"
>
> ——Nirmal Mehta

这是当今组织中正在发生的根本性转变——人们认识到实际且有成效的变革一定会更加痛苦。这是一种深刻的文化转变，我们必须与他人、他们的态度以及所有一切打交道，包括那些不想改变的人。

如今，在我们的行业中对于什么是 DevOps 存在很多误导信息，这是因为没人愿意认真倾听并接受这些简单但重要的真理，例如"消耗更多卡路里"，而且还有许多人不想面对改变。你认为像 Facebook 和 Google 这样的组织也会进行此类辩论吗？

Viktor Farcic：我希望 Google 和 Facebook 现在就机器学习和神经网络进行一些重要的辩论，而我们其余的人将在 15 年后展开这样的辩论。例如，Google 是否也在讨论 SRE？

Nirmal Mehta：是的，像 Google 这样的组织最近进行了一些辩论，并将其编入服务水平协议和站点可靠性工程(SRE)的理念。他们并没有回避那些痛点。

DevOps 和 SRE

Viktor Farcic：那就让我们来探讨一下 Google SRE 与 DevOps 的关系。你如何定义 SRE？

Nirmal Mehta：站点可靠性工程师指的是那些基于 Google 的 DevOps 方法论为开发团队和生产系统提供支持的 IT 运维工程师。

SRE 理念中很重要的一点是与预算相关的风险，即 SRE 团队为他们的项目团队提供多少小时来修复所发生的一切。

你可以根据需要部署一款具有风险的软件，但是如果你用光了预算，那责任就在你了。如果你提供的服务不是非常关键，你手里有多一些的预算，那么你可以承担更多的风险。或者你可以说："你知道吗，我需要将其保存起来，以备一年中的某些时间或某些事件之需，然后抵消掉。"

Google 的 DevOps 方法论以这种方式消除了绕过痛点的可能性，因为痛点已经摆在了前面并且穿插其中。

解决关键痛点是许多组织都难以处理的问题，这也是敏捷中非常普遍的问题。例如，如果你正从瀑布模式过渡到敏捷，那么项目经理、领导者和所有者都希望采用敏捷——但敏捷是有截止日期的！

Viktor Farcic：你的意思是，经理们希望其他人采用敏捷，但是他们不希望调整自己的工作方式？

Nirmal Mehta：是的，正是这样，那些人希望给敏捷加上截止日期。因为截止日期可以让某些人将责任归咎于其他地方。

截止日期是一种逃避手段，而敏捷只是迫使你考虑以更常规的节奏或按优先级来实施，并更频繁地做出决策。

没有一位领导者愿意按照敏捷要求的频率做出决策，因为决策意味着责任。许多组织及其员工都是规避责任的大师。敏捷迫使人们在一开始就进行讨论，而不是在截止日期之后或很接近截止日期时才就优先级进行讨论。

> "没有一位领导者愿意按照敏捷要求的频率做出决策，因为决策意味着责任。"
>
> ——Nirmal Mehta

DevOps 也一样，因为它迫使你去了解如何将项目投入生产并在周期开始阶段就付款。在 DevOps 中，你会尝试在周期初始就抓住一切，而不是等到最后节点。

我们今天面临的许多问题都是由于一些人不到最后一刻是不会主动做出决策的，也就是他们不得不做出决策的时刻。他们其实知道自己想做哪些决策，只是没有足够的信心说出来，直到他们不得不做出回答时。

敏捷和 DevOps 迫使你从一开始就更加频繁地做出决策。我认为要想做到这一点，人们是需要经历一段艰难时光来提高信心或者坦然面对失败的。具有讽刺意味的是，与之前的方法相比，DevOps 和敏捷其实可以包容你更频繁地做出错误决策。

经常做出（错误）决策

Viktor Farcic：你是说 IT 部门的组织和人员应该更频繁地做出错误的决策吗？

Nirmal Mehta：如果每年部署 4 次，那么你只有 4 次机会做出决策。因此，每个决策都会产生重大影响。如果你在采用敏捷，那么你就要做出很多较小的决策。这样一来，即使你做出了一个错误的决策，也可以在下一个截止日期前更正它，因此带来的损失也会很小。这就是讽刺之处。

> "如果你在采用敏捷，那么你就要做出很多较小的决策。这样一来，即使你做出了一个错误的决策，也可以在下一个截止日期前更正它，因此带来的损失也会很小。"

——Nirmal Mehta

当然，错误的决策总会带来痛苦。但是出于某些原因，我们发现不得不每两周做出一次决策是更加痛苦的。

我认为这类事情也会在其他行业中发生，有时甚至更多。例如，在航空业、制造业或建筑业，当你出现了重大决策失误时，带来的可能是数百万美元的损失。因此，这类组织已经发展了自己的技术来强制做出增量决策。

DevOps 模式

Viktor Farcic：在过去的几年中，我在参加各种会议时发现大家对 DevOps 的关注骤增。这种关注通常围绕在特定的几个主题，包括不可变基础设施、容器和调度程序。它们之间是否存在某种联系可以解释这种关注度的增长？

Nirmal Mehta：是的，它们之间存在一定的联系。人们于对它们的关注度增加，是因为它们反映了人们现在开始采用的一些重要模式。

也许只有 10% 的人真正知道他们今天在 IT 领域正在做什么，而这 10% 的人也不可能同时出现在每个组织里。当然，是否有人真正知道自己在做什么还存在争议，因为我敢打赌，如果你问那 10% 的人，他们会说："我不清楚自己在做什么！"

那 10% 的人所知道的是，当他们这样做时，他们的压力减轻了；当他们这样做时，他们的站点会更可靠；当他们这样做时，他们每次都能多得到客户。因此，他们的看法是："如果我这样做，我能获得额外的 100 万美元投资资金；如果我这样做，我的评估价值就会提高；如果我这样做，我就能保持竞争力。"这是我们行业中唯一的探索方法。

现在，让我们纵观一个人的 IT 职业生涯。在他们职业生涯的高峰期，也许会有平均 3 到 6 次的工作变动。

Viktor Farcic：是的。要么是一辈子待在一家公司里，对外界的任何变化都充耳不闻；要么是每隔几个月就频繁换公司，很难在这两者中取得一种平衡。

Nirmal Mehta：没错。那么我们在整个职业生涯中要做些什么呢？每年我们都会想："嘿，这种工作方式，我花了 6 个月的时间才让它见效。"而在 DevOps 中，我们试图做的是从每个人那里收集尽可能多的探索方法，并以某种方式将其提炼出来。这样将来有一天我们才能说：这是最成功的探索方法。

举个例子，曾在 Docker 就职，目前在 Red Hat Ansible 工作的 Aaron Huslage 找到我，他说："你们为什么要打补丁？只要将服务器销毁，然后将容器移动到新的打过补丁的服务器上就行了呀。不要去逆向打补丁，要始终向前。"这倒是个好主意！可以节省我的一些时间，毕竟我现在少了一个需要操心的软件了。

我认为我们在 DevOps 中所做的就是不停地挖掘和寻觅这些想法。每一个想法都需要发生相关的文化变革。采用这些实践时发生的文化变革就称为 DevOps。

Viktor Farcic：你是说 DevOps 仅与新想法相关，而新想法需要 DevOps 来管理组织以实现文化转型？

Nirmal Mehta：我认为无论有没有这些想法，DevOps 都可以存在。我的意思是你可以使用 DevOps 法来打补丁，也可以进行 DevOps 传统操作。只要你了解涉及的沟通环节，能够持续检查和理解流程，并且为改进做好准备。

毕竟，采用 DevOps 没有时间表，也没有宣言说你必须实现更大的软件部署。

> "采用 DevOps 没有时间表，也没有宣言说你必须实现软件的更大部署。"
>
> ——Nirmal Mehta

在我的客户群中，更快地部署软件并非总是真正的需求。有些组织甚至不关心成本。在我的客户群中有一种很常见的情况是，如果今年的钱花不掉，明年给他们的钱就会缩减。所以他们想花更多的钱。

并不意味着在这种情况下 DevOps 就不适合这些组织：他们仍然可以从 DevOps 获得自己所需的其他东西，例如更安全、更可靠。

可靠性是一个大话题。从本质上讲，服务的可靠性正是 DevOps 如今能引起人们极大兴趣的原因之一。在我看来 DevOps 就是用更少的人员来实现可靠性。随之而来的风险就是，对像我们这样的人的需求可能会逐渐减少。

Viktor Farcic：你所说的"像我们这样的人"指的是哪些人呢？

Nirmal Mehta：我指的是开发和运维人员。随着这些服务变得更加基于 SaaS，我认为在将来的某个时候，新软件的绿地开发将更接近于初级的、预先封装好的业务对象，例如 Azure 或 Amazon Web 服务。

Viktor Farcic：也就是说，你并不看好开发和运维人员的职业前景？

Nirmal Mehta：我的直觉告诉我，将来，我们会看到大多数 IT 组织中开发的定制软件越来越少。取而代之的是，新软件的开发将在硬件中进行。

这其中不容忽视的是机器学习，它已经席卷整个软件开发的新世界。通过将不同的深度学习和神经网络结合在一起进行编程可能成为软件开发的一个新领域，并且可能是许多人都要面临的转变。我们不再需要用一整天时间为 Web 应用程序制作 API，我们只需要优化机器学习，就能做到更具编程性。最终，80％的服务将由 4 个领头服务供应商提供，仅此而已。

　　"最终，80％的服务将由 4 个领头服务供应商提供，仅此而已。"

——Nirmal Mehta

Viktor Farcic：老实说，如果我还年轻并且我的职业生涯还有很长的路要走，我会感到非常害怕，因为我认为大多数人将无法跟上不断加快的发展步伐。

那些只专注于一个领域的人被淘汰的风险更大。我的意思是，当公司决定迁移到云时，那些花了数年时间在基础设施上的人要怎么办？当然，他们可以申请 AWS、Azure 或 Google Cloud 的工作，但我担心对于许多人来说门槛可能太高了。

Nirmal Mehta：我们已经在行业中看到了这种现象。看看有多少组织正迁移到 Office 365，又有多少组织还拥有自己的 Exchange 服务器。这个数字变得越来越小。长期以来，管理 Active Directory、Exchange 和 MS SQL 一直是 IT 的核心角色，但那都是过去了。

DevOps 真正的敌人

Viktor Farcic：我猜这种转变是公司乐于接受的，它使公司可以将大部分资源投入到真正为他们带来价值的事情中。你认为它为公司管理 Exchange 带来价值了吗？

Nirmal Mehta：不，并没有。但是有那么一种嘲讽的观点，认为在这些公司中有很多目标都能轻易实现。这种观点在我看来挺有意思。

对于那些已经处于垄断地位或已经通过竞争建立了足够坚固的堡垒的公司来说尤其如此。对于这类公司来说，价值增长甚至没有回报。这样的公司也不需要追求完美。这并不是说他们不需要零漏洞代码，他们只是需要有一些产出，即使只是很糟糕的东西。

我们在这里谈论的是 DevOps 和敏捷真正的敌人。真正的敌人不是 benders，不是对 DevOps 的错误解读，也不是那些处于困境的 IT 公司。DevOps 真正的敌人是我们一直试图实现的所有目标之间的基本平衡变得无关紧要了。DevOps 真正的敌人是不再追求更高的质量，而只是试图走出困境。

> "DevOps 真正的敌人是不再追求更高的质量，而只是试图走出困境。"
>
> ——Nirmal Mehta

我在各种会议中遇到的很多人都是 IT 人员，他们中的大多数人显然都在争取获得更多的价值，赢得名声，降低成本或保住自己的工作。但是在大多数组织中，如果你去问非 IT 人员，他们可能会认为目前存在的一切都很好，现状能够长久维持下去。

Viktor Farcic：我认为大家在速度上存在严重差异。尽管我们已经习惯了事物经常变化并且以越来越快的速度变化的事实，但世界仍在设法弄清这意味着什么。非 IT 人员仍然不能接受这样一个事实，那就是昨天有用的东西在今天可能完全不同。

Nirmal Mehta：是的。他们认为每半年更换一次网站的颜色，同时更换产品名称，这样已经做得足够好了。

这就是为什么竞争是一件好事。因为 DevOps 真正的敌人在 IT 组织中现出了原形。在这些组织中，对"足够好"的评判标准比我们想要的要低很多。

从这个意义上讲，DevOps 只是那么一种方法，让组织在过渡到完全的软件即服务（SaaS）方案之前,少用 2~3 个人去完成一项足够好的工作。这种困境和无动于衷,正是 DevOps 真正需要去努力对抗的。

敏捷也在努力对抗这种无动于衷。传统的瀑布模式习惯于在投产之前的最后一刻做出决策。敏捷迫使人们更早地做出决策,这样大家就不会对一切都无动于衷。也就是说,关于我们将要做哪些事情,我们希望别人做哪些事情,我们必须今天就做出决策。敏捷就是要激励人们做出决策。

DevOps 也非常类似,它的作用正是激励组织和员工对想要部署哪种代码或服务做出决策。

安全部门中的 DevOps

Viktor Farcic:我认为你对 DevOps 的角色理解是完全正确的。但我也认为做出决策是很多人都试图回避的事情。这可能就是为什么我们所说的 DevOps 与实际如何实现 DevOps 之间存在如此巨大的差异。对于当今的许多组织而言,一个关键的决策领域是安全性。那么,DevOps 如何在 IT 安全部门中发挥作用呢?

Nirmal Mehta:我认为 IT 安全非常重要,但我也知道我们很容易低估现在有多少人对安全性毫不关心。这是因为对许多人而言,安全问题与污染问题是一样的。在他们看来,IT 安全和气候变化几乎都归于负外部效应范畴。

让我来解释一下。假设消费者征信报告机构 Equifax 遭到黑客入侵,并且所有信用信息都被泄露,而 Equifax 并不需要承担与之相关的成本。这就好比我建了一座发电厂,但是不需要对产生的污染付出代价。这就是一个与成本无关的负外部效应,而这种情况在没有政府干预的情况下无法修复。从根本上讲,政府存在的目的就是消除公共悲剧。我认为,如果不需要承担后续责任,安全性绝对也会陷入公共悲剧中。

> "我认为 IT 安全非常重要,但我也知道我们很容易低估现在有多少人对安全性毫不关心。"
>
> ——Nirmal Mehta

举个例子,假如我投入 100 美元改善安全性,而我的竞争对手分文不投,然后我们俩都被黑客攻击了。事情到此结束,我们都不需要承担后续责任。那么我和竞争对手唯一的区别是,我损失了 100 美元,而对方什么都没有损失。

Viktor Farcic:我从与企业单位合作所获得的经验是,安全永远是重中之重,可惜大多数人并不能真正理解这一点。在他们看来,安全性仅仅是在 Excel 工作表中标记某些字段,而不是真正帮助 IT 团队开发出安全的应用程序。很多时候,似乎安全部门存在的唯一目的就是能够说:"这不是我们的错。"

Nirmal Mehta:这就是我们所面临的糟糕状况,而我想说的是,我们甚至在 Spectre 和 Meltdown 漏洞出现之前就已经面临这种状况了。这些种类繁多的安全漏洞依然存在,而我们却不愿花精力对安全性的糟糕程度做出合理解释。因此,每当涉及隐私和 IT 安全问题时,我们都像鸵鸟一样把头埋进文明社会和现代社会的沙子里。我认为这种做法会一直持续,除非有能够影响整个行业的大事件发生。即使到那时,我认为也不会发生什么实质性改变,因为这种改变本质上意味着毁掉 IT 行业。

试想一下,如果开发人员必须为他们编写的代码投保,就像医生要为医疗事故投保一样。假如真有这样一种计算机或开发人员工程执业过失保险,它将在一夜之间毁掉整个行业。如果资金充裕,一些开发人员会购买它,但是作为一个行业,我们现在急需人才和资源,而这最终将淘汰 90% 的开发人员。

最重要的是,那些因为自动化趋势而不得不转型去做开发的人员都必须购买这种保险,来应对他们在职业转换初期可能写出来的糟糕代码。这个想法其实是不切实际的,除非有一天一切都变得更加昂贵,而安全性没有任何改变。

Viktor Farcic:天啊,给代码买保险这个想法我还是第一次听说。但我越想越觉得这是有道理的。为什么软件要被和其他有保险的事物区别对待呢?我们都在用它,我们都依赖它,而故障可能导致严重的损坏甚至彻底崩溃。它完全符合那些我们理所当然地为其购买保险的许多其他事物的特征。

但是,正如你所说,保证代码质量会在一夜之间毁掉整个行业。不知何故,我们已经习惯了这样一个事实,即软件并非能够一直正常运行,黑客入侵也是生活的一部分。我们并没有很大的动机让我们创建的东西百分百安全,至少不是在所有情况下。

Nirmal Mehta:这并不意味着一家公司无法在安全方面做到与众不同。像 Apple 等公司就没有把我们视为产品,这让我们感到很高兴。

> "我认为也不会发生什么实质性改变，因为这种改变本质上意味着毁掉 IT 行业。"
>
> ——Nirmal Mehta

如今，当我们谈论 B2B 或电子商务方面的安全问题时，我认为解决方式是转向更多基于 SaaS 的服务。

当你与组织就迁移到云端进行对话时，你就可以感受到它是如何使一切变得更加安全的。为什么这样说？因为组织很快要被迫面对现实：他们不得不兑现之前声称在做，但实际并没有做到的安全方面的承诺。当然，与许多内部云服务相比，Amazon Cloud 的安全性更高，这是因为 Amazon 能提供大量的财政激励措施，而这些措施正是政府服务所缺乏的。

DevOps 确实有机会增加许多组织所缺少的安全性激励，但良好的 IT 安全仍需要强大的领导力做后盾。

Viktor Farcic：需要这种强大领导力的 IT 组织真正所欠缺的是什么呢？是更多的资金投入、更高的教育水平还是更好的实践？如今我们在安全问题上又有哪些欠缺？我之所以这样问，是因为在我拜访过的公司中，有非常多的合作伙伴都会说："看，我们只要能满足这3.5 万项要求，就是安全的了。"而据我所知，还没有人能完全满足这些要求。

Nirmal Mehta：这里我们要提到几个问题。第一个是修复 bug 或安全问题不会带来任何荣誉，但部署新特性却可以。

第二个是修复漏洞、发现安全漏洞并以正确的方式进行操作通常需要更多的耐心、更多的思考、更多的工程、更多的时间和更多的成本。这些是大多数组织不具备的。大多数组织甚至没有足够的资金或资源来实现他们为其软件所设定的最初目标。这些事项一般都列在优先级清单最靠后的位置。

> "修复 bug 或安全问题不会带来任何荣誉，但部署新特性却可以。"
>
> ——Nirmal Mehta

第三个是经验和理解。试问有多少人能真正理解预测执行和处理器？假如你为了成为Web 开发人员去报名参加所谓的编程训练营，你坐在那里学着导入了 1.5 万个 npmJavaScript 库，会有人给你解释 CPU 的工作原理吗？答案是没有。

Viktor Farcic：而且你甚至都不知道这些库的作用。

Nirmal Mehta：没错，能够真正理解这些的人是非常稀缺的。这些人的经验和知识目前尚未被编入任何软件套件中。软件安全行业在适应更频繁的部署以及将常见 bug 和渗透测试进行集成方面的能力是远远落后的。

当然了，相较于那些什么都不做的竞争对手而言，这需要组织付出更高的费用。失去客户的可能性依然存在，但实际上并没有带来全球性的后果。

Viktor Farcic：直到真的有事情发生了。

Nirmal Mehta：是的。我的直觉是，很多地方的安全性都比我们想象中的要差。保险模式只能赔偿一些损失，并不能真正解决问题。出了事情才进行赔偿的做法要比每年花 25 万美元雇一名安全专业人员便宜得多。

聘用安全专业人员也存在很多问题。其中一个就是，相比于 Google、Facebook 或 Apple 这样的顶级机构的安全人员，其他组织中的一些安全人员根本称不上专家。他们可能刚接受了一些培训并获得了认证，仅此而已。没错，我们不能否认这些人在防止 SQL 注入和网络钓鱼诈骗方面可能做得还不错，但他们可能只是承担这一任务的小团队中的一名普通成员，他们更关心下班后要吃些什么。

当然，相比于 IT 组织中的其他员工，从事安全工作的人员确实拥有一项秘密武器，那就是无条件说"不"的能力。

Viktor Farcic：你不能一句带过！

Nirmal Mehta：这就像一种认知偏差，就像一种假设……但它实际上并不是假设，而是真的！想要消除漏报和误报是非常困难的。

安全部门不是司法系统，在被证明有罪之前，你并不是清白的。有充分的理由认定你有罪，直到安全部门证明你无罪，这就是为什么我们需要症状清单。

> "安全部门不是司法系统，在被证明有罪之前，你并不是清白的。有充分的理由认定你有罪，直到安全部门证明你无罪，这就是为什么我们需要症状清单。"
>
> ——Nirmal Mehta

但这意味着漏报率和误报率也会飙升，因为很难不去说不。

Viktor Farcic：如果在被证明无罪之前我都是有罪的，那我就无法证明自己无罪。

Nirmal Mehta：的确如此，100％可靠且无 bug 的软件是不存在的。我们有非确定性复杂系统，而这是一个挑战，因为每个人想要的结果都是 0 或 1，是或否。但是在非确定性复杂系统中不存在是或否，只存在接受率和概率。

问题是，安全部门希望把所有事情都看作是或否，并承担一定的风险，但每个人都需要将安全性视为一种概率。与此同时，没有人愿意为困难的事付诸努力。

这里的难点在于既编写优秀的软件，又不导入所有这些东西（安全问题），同时还得查看所有代码，还得查看你在用的开源工具，还要验证你正在做的事情，实现双向 TLS，续订证书，确保域名是双因素认证的。

这些对安全至关重要，其作用等同于"消耗的卡路里要多于摄入的"，但是我们所有人都只是在寻找捷径。安全人员的捷径就是说"不，这是症状清单"。

这份清单只列出了过去出现过的症状。它不是治疗方法，也不是对系统的诊断。它仅仅是一份症状清单。例如：你打喷嚏吗？不太打。你咳嗽吗？不太咳嗽。你发烧吗？不太烧。好吧，那么你并不存在安全风险。

对抗安全威胁

Viktor Farcic：如果可以的话，我们要如何应对安全威胁？有时仅一个人就能利用我们的系统漏洞造成严重破害。我们又需要出动多少人才能阻止那一个人的攻击，你能说出具体数字吗？

Nirmal Mehta：到目前为止，我们能做的事情都是被动的：我们如何为这个问题买单？需要多少人？

类似的问题还有很多。IT 安全的核心借助了相同的力量，使我们的现代科技公司可以用比以前少 100 或 1 000 的人员来完成惊人的工作。但难题也由此产生：科技极大地提高了一个人的影响力，这种影响力也适用于攻击你的人。

这和恐怖主义有相似之处。一个人要成为自杀式炸弹袭击者只需要花费 500 美元，但要防止自杀式炸弹袭击的发生，则需要花费 1.5 万亿美元。攻击一家公司的基础设施的攻击者身上可能同样具备让这家公司生存下去的 1 000 种甚至更多的优势。

　　"攻击一家公司的基础设施的攻击者身上可能同样具备让这家公司生存下去的

1 000 种甚至更多的优势。"

——Nirmal Mehta

除非把自己的系统发送到太空,否则不可能真正安全。那么这一切意味着什么呢? 这意味着你必须在 0%～100%的安全故障概率范围内找到适合自己的位置。

你肯定不会将同等比例的实际资金用于安全风险,因为这比你想象的要贵得多。需要做到的是一种平衡,通过某种成本/效益评估,让我们实现只需很少的投资就能获得同样多的效益。

未来的技术

Viktor Farcic:从现在开始的未来 10 年里,有什么在等待着我们?

Nirmal Mehta:我工作的一部分就是研究未来的技术,现在我正为云计算做这些工作。在某种程度上,云计算对我的冲击非常大。

事情是这样的。有一次我在 AWS 上看到了一个幻灯片,上面写着:Invent;那是一个条形图,在 x 轴上是 2011、2012、2013 和 2014 年(年份),在 y 轴上列出的并不是新服务,而是 AWS 将提供的特性的同比增长。在这个图表中,第一年是 50%;第二年增加了 50%,所以是 100%;第三年是 500%;接下来是 1 000%;再然后是 4 000%。

如果你是一个内部 IT 组织,你正在构建服务并且看到了这个图表,而我正在推销云服务以及使用云服务来构建你自己的应用程序的能力,你还能拒绝我吗?

我很清楚,Amazon、Azure 和 Google 正在垂直发展。他们希望尽可能地垂直整合,因为每次向上移动,他们都会获得更高的价值,也因此商品和价值都会不断攀升。

"我很清楚,Amazon、Azure 和 Google 正在垂直发展。他们希望尽可能地垂直整合……"

——Nirmal Mehta

现在你以每年 4 000%或 5 000%的比例增长,最终会没什么可开发的了。你是在告诉我,不会有这样一项服务,你只需将三件事拖放到屏幕上,就可以获得一个完整的业务应用程序吗? 当然可以。这就是那个图的必然性。

如果这种情况能够持续下去，即使不能持续下去，即使回到 50%，那么他们也只需要在这里和那里添加一点点零碎的东西，并更好地将现有服务连接在一起，就可以了。完全没有理由开发自己的软件。你只需要拥有业务用例，选择语言和容器格式，选择 CICD 管道，就可以完成。

一年前，我接受了一些 Azure 培训，我们必须构建一个具有身份验证的 Web API。它需要一个 JSON 格式的字符串，将其转换为中文，进行情感分析，搜索 Twitter，然后提供对于该短语中下一个单词将是什么的机器学习预测。

如果 5 年前我遇到了这个挑战，那我将不得不构建一个可能带有一些机器学习的架构。我甚至不知道如何启动一些 EC2 实例。这些是预先安装的容器，但是还没有 Docker，所以我不得不将它们拼凑在一起，并花 99% 的时间来验证网络连接和运行 EC2 实例，只是为了让它们启动和运行。

相比之下，我们在 15 分钟的培训中设法做到了所有这些。我们将一个框拖到该窗口上，然后拖动另一个包含 Cortana 翻译服务的框并画了一个箭头，这样就由 Cortana 完成了情感分析。我们将 API 密钥放入其中，一切顺利。我们单击部署，它是一个完全负载均衡的 API，是自动创建的，已经包含身份验证和证书。我们用 JSON 格式和 boom 工具来实现。现在我们可以将其打包并投放到市场，并且以每次 API 调用的 1% 的价格将其出售给你。

Viktor Farcic：我需要做无数次 API 调用，但最终我所付出的代价只是我自己可能永远无法成功实现所付出的代价的一小部分。

Nirmal Mehta：确实，所以我在那次培训期间说过："我们很可能会成为顾问，再花 15 年时间来继续开发这些产品。但在未来的某个时刻，将不再有新的待开发领域，我们将在 Amazon、Azure 或 Google Cloud 上将它们组合成商业智能应用程序。"

> "我们很可能会成为顾问，再花 15 年时间来继续开发这些产品。但在未来的某个时刻，将不再有新的待开发领域。"
>
> ——Nirmal Mehta

可能会有一些其他的服务将这些服务组合在一起，但在某些时候，这将是完全垂直集成的。事实上，你已经可以在 Amazon 的视频编辑工具中看到它。他们发布了一系列 3D 网络虚拟现实工具，可以说，他们已经开始与这些行业抗衡。在这些行业中，人们认为这些不可能在云端完成，但现实是他们确实做到了。所以在某个时候，我们没有理由不去构建自己的服务。

我的意思是，Lambda 允许你根据调用来付费，所以，如果你是一家初创企业，你甚至无需运行服务器，并且你的成本可以随着客户数量的增加而线性变化。

Viktor Farcic：一家初创公司一开始的成本基本上为零，因为在最初的几个月内你一般都不会达到免费的上限。

Nirmal Mehta：我预测这会是未来的趋势。企业所有者和内部 IT 团队之间将不再进行对话。企业所有者将直接选择 Azure。然后，企业用户（不是开发人员，不是运维人员，也不是安全人员，而是企业用户）将拥有其 Azure 账户。

企业用户可能是一些精明的实习生，企业所有者会说："好吧，我需要一些信息来告诉我，我们的竞争对手的物流运输路线。"企业所有者对此会说："好的，这是一个地理空间服务。"然后，企业所有者将添加一些机器学习模块，放入一个 API，单击部署，对其进行测试，仅此而已。最后，他们只需将账单传递给企业所有者。

我对此有些害怕，但是当这些东西真正实现之时，也意味着我们的 DevOps 职业生涯接近尾声了。如果我现在刚刚开始自己的职业生涯，我只会选择从事数据科学和机器学习方面的 DevOps。因为如果可以收集数据并从中学习，这将是现在和未来几年的真正价值所在。

> "如果我现在刚刚开始自己的职业生涯，我只会选择从事数据科学和机器学习方面的 DevOps。"
>
> ——Nirmal Mehta

Viktor Farcic：就像你说的，没关系，对吧？这一切就像气候变化，我想在我退休之前是不会发生的。那么你最后还有什么想说的吗？

Nirmal Mehta：我最后想说的是，相比于保持旧系统运行的惯性，有时我会高估对更新系统进行变革的动力。我的意思是，人们对 IT 领域中真正糟糕的事情可以容忍的时间远比我们预期的要长很多。

临别之际我还想说，对于容器、CI/CD 和 DevOps 本身，我们现在可能会感到兴奋，但是在将来的某个时刻，这一切可能都不再被需要。

17

Gregory Bledsoe:
敏捷、精益和 DevOps 顾问

Gregory Bledsoe 简介

本章译者　王立杰　中国

资深敏捷创新专家

华为云 MVP、中国 DevOps 社区核心组织者

拥有多年产品研发管理与敏捷实施经验,专注于敏捷组织转型、研发效能提升、创新落地指导。曾任京东首席敏捷创新教练、IBM 客户技术专家、百度高级敏捷教练、北大光华/新华都商学院 MBA 特邀讲师,著有《敏捷无敌之 DevOps 时代》《京东敏捷实践指南》。

Gregory 最近加入了 MThree 咨询公司,主要专注于帮助企业实现敏捷转型。此前,他曾在 SolutionsIQ 担任敏捷、精益和 DevOps 顾问。Gregory 还写了大量关于 DevSecOps、内核和虚拟化的文章。你可以在 Twitter 上关注他(@geek_king)。

Viktor Farcic:嗨,Gregory! 在我们深入探索 DevOps 世界之前,先告诉我们一些关于你自己的事情吧。

Gregory Bledsoe:到目前为止,我的职业生涯所达到的高度完全归功于我是一名非常成功的工程师这个事实,正因为如此,人们提拔我担任管理职位。话虽如此,但我不认为这是最好的方式,因为优秀的工程师并不一定能成为优秀的管理者。从来没有人给我们工程师做任何关于如何管理的培训,也没有人花时间解释我们作为管理者应该做什么。正因为如此,我不得不把自己重新塑造成一个管理者的角色,在这个角色中,我实际上应用了快速失败、实验和测量结果的工程原理来看看会发生什么。这一切都发生在 DevOps 甚至还没有作为一个词出现的时候；但是，回顾过去，我发现我已经把 DevOps 的原则作为我在这个行业做任何事情的核心部分。通过这个过程，我认识到一个人不能同时做工程和管理工作。

> "DevOps 这个词的含义可能是最根本被误解的问题."
>
> ——Gregory Bledsoe

随着时间的推移，我继续在不同的公司工作，渐渐地，我被邀请在越来越多的会议上发言。快进到今天，我最近在与管理咨询和专业服务公司 Accenture/Solutions IQ 公司和 MThree 咨询公司合作，专注于为《财富》100 强企业培训和提供新兴人才。但是回到 DevOps 的理念，我发现自己在新的工作中完善了"DevOps＋"方法论。值得补充的是，而且我相信我们会回到这一点，我使用了"＋"，因为方法论除了 DevOps，还包括敏捷和精益。

DevOps 和戴明的第 9 条原则

Viktor Farcic：这就引出了我想问你的第一个问题：DevOps 这个词的含义到底是什么？我已经和很多人谈过了，其中很多人在这本书中都有出现，当我谈到这个问题时，我想我从来没有得到过同样的答案。你对此有什么看法？

Gregory Bledsoe：定义 DevOps 这个词含义的整个想法可能就是最根本的误导问题。这并不是说问题本身是错误的，因为尽管有许多有效的答案，但还有无限多的无效答案，这就是我们的根本问题所在。即使人们给出了有效的答案，也只是部分答案，那些给出答案的人并不完全理解问题的整体范围。作为一个行业，我们不断地学习新的经验和吸收新的东西，而 DevOps 是收集每个人的最佳实践的一种方式。正因为如此，我不再试图简单地定义它，因为定义每天都在变化。

你知道 DevOps 这个词的核心是来自美国工程师和统计学家威廉·戴明的 14 点哲学吗？在这个清单中，第 9 条原则是打破部门之间的壁垒。Dev 和 Ops 的名字就是这么来的。因此，如果不在定义中包含戴明的理念，就不能定义 DevOps。当我们开始采用 DevOps 时，我们不知道我们具体是在实施 DevOps 还是戴明的 14 点，但是在某个时候，我们找到了答案。假设你正在应用精益方法论（2018 年它的发展远远超出了最初的水平），我们意识到我们真正在做的是逐步将戴明的 14 点实现到软件开发中。一旦开始，我们就必须继续前进，驱除恐惧，同时不断改进，让每个人都加入进来。这时，我们就已经让每个人都成为转型代理人。如果你不明白所有这些都隐含在 DevOps 的定义中，如果它们真的没有包含在你的 DevOps 定义中，那么你的 DevOps 定义可能是错误的，或者至少是不完整的。

Viktor Farcic：我真的认为这是一个很好的视角。你所能做的就是展示出这个词含义背后的很多思考，而这经常被省略。但是在 Gregory Bledsoe 的字典里，DevOps 这个词的定义是什么？

Gregory Bledsoe：正如我们讨论的那样，在我给你答案之前，我需要想出一个不会改变的 DevOps 定义。因为它应该是所有 DevOps 的总括，我对 DevOps 的定义是"围绕业务价值重组 IT"。在这个定义中，我们引用了精益，同样，也引用了我们已经包含的所有经典的 DevOps 元素，但是我们没有排除任何其他未来的最佳实践。我认为这是现在应该传播的，这给了我们不排斥未来创新的极大自由。因为，当这种情况发生时，有些东西，比如 DevOps，变成如此定义的时候，它最终会挤压出未来的创新。

> "我对 DevOps 的定义是'围绕业务价值重组 IT'。"
>
> ——Gregory Bledsoe

我不太喜欢声称能解决所有可能问题的规范框架，因为作为一个行业，我们面临的问题变化得太快，这点是毋庸置疑的。因此，在现实中，一切解释都必须是开放的，并随着环境本身的变化而变化。我们都想从 DevOps 的定义中得到一些东西，这些东西从根本上告诉我们它是什么，但并不排除所有我们还没有想到的、正在向我们走来的未来创新。我们已经有了一系列可能性，像无服务器和单内核这样的实践开始进入越来越多的企业。但是，在未来两年里，我们与技术的交互方式将会发生不可预测的变化，以至于所有这些实践都可能会被抛弃，换成其他东西。

一个很好的例子是开始出现的直接神经接口。我们已经有了虚拟现实形式的人工现实以及人工智能。如果我们把人工智能反馈直接输入人工现实或虚拟现实环境，那么我们就是在使用一个直接的神经接口。我们面临的问题是，我们完全不知道两年后世界会是什么样子，我们也不知道如何调整我们的流程以适应即将到来的变化。事实上，我们都需要做的是，放弃我们可以为 DevOps 制定一个五年路线图的想法，因为正如我们刚刚谈到的，我们甚至不能预测未来两年的情况。相反，我们所能做的是现在就开始实施最佳实践，尽力使其成熟，但最终还得要做好尽快重新解释、忘却和重新学习的准备。

代代相传

Viktor Farcic：这是一个很好的答案，直达对这个问题的思考的背后，真的很好。我看到的唯一问题是，就像你提到的我们不知道两年后会发生什么一样，我印象中很多公司，尤其是大公司，甚至不知道今天会发生什么。

Gregory Bledsoe：你想知道一个秘密吗？事实是，许多大公司实际上并不知道他们今天的实际环境是什么。那些环境中的一些元素已经变成了一个黑盒，因为最初构建大公司环境中的这些元素的人已经离开了。现在的问题是公司里没有人真正知道这些元素是如何工作的。这些脚本和部署都是从过去几代人那里传下来的经典，在现在这一代，没有人真正想去挖掘和尝试改变。

圣经是不容置疑的。过了一段时间，你甚至不知道它是如何工作的。所以，我认为你是完全正确的。即使是大公司都不知道今天他们自己的环境中正在发生着什么。

Viktor Farcic：话虽如此，我个人并不认为这是件坏事。最糟糕的情况是，一些公司被自己说服，自认为他们知道正在发生了什么。

Gregory Bledsoe：这是我的重点之一。我总是用这样一种方式来描绘它，即这些公司的高管们正坐在一场"悄悄话"游戏的末尾。在游戏中，你有一个长长的队伍，其中一个人对另一个人窃窃私语，然后下一个人再对下一个人窃窃私语，依此类推。这个游戏的做法是，让他们都试图小声说出他们听到了什么，但当声音传到另一端时——在这种情况下，你作为管理层——会得到完全不同的结果，当他或她比较队伍两端的人所说的话时，每个在场的人都会笑出声来。

他们所有的信息都是经过层层过滤的，过滤的动机是不透明的，当然也不会得到准确的信息。所以，最好的情况是他们不能对正在发生的事情有最好和最准确的了解。同时，最糟糕的情况是，一切都经过了这样的过滤：我的老板想听什么？不可避免的是，在链条顶端的人不知道底下到底发生了什么，你认为你做得越多，你就越发现自己错了。除非你真的度量它——这是 DevOps 的一个组成部分——并且你正在进行文化和满意度调查，你会发现你必须对重要的指标进行深入思考。

进一步讲,除非你知道你正在有效地收集数据,除非你知道数据的含义,以及如果度量值上升或下降的话你会采取什么行动,否则你真的不可能知道发生了什么。我们可以假装知道,但这是完全不可能的。对我来说,在过去的 15 年里 IT 的全部进步都是从极限编程开始的。然后,有了敏捷以及正式的《敏捷宣言》和《敏捷 12 原则》,这意味着我们逐渐学会不再假装知道我们不知道的东西。

Viktor Farcic:我喜欢你这个说法,当我们不知道一些事情时,要有效地学会承认。

Gregory Bledsoe:对! 我们正在粉碎这些少数人——这些贵族——的傲慢,这些人受到更好的教育、培养、与生俱来的权利或其他因素的影响,不知何故,他们觉得他们在过滤掉这些所有信息的情况下,还能更好地做出所有决策。

我们一直不得不尽可能地在组织的最高层做出每一个决策,因为我们认为只有位于组织顶端的那些人才真正知道发生了什么。我们现在需要做的是停止假装这是真的,因为事实完全相反。真正的事实是,我们需要在组织最底层做出每一个决策,因为在那里才可以找到准确的信息。

我们的组织必须开发一个自主神经系统,在这个系统中,做出的大多数决策都不是战略关注的。如果高管们不得不参与日常运营,那就大错特错了。你的主管们应该做一个元分析,制定一个战略,并提出正确的问题。很显然,让预测性自主系统保持完全一致是错误的,这也是 DevOps、敏捷和精益从根本上就正确的地方之一。

我们一直努力打破壁垒,消除那种互相指责、争名夺利和推卸责任的掩盖文化,以打造一种赋能的文化。在这种文化中,人们真正感到自己拥有成果的一部分,而不仅仅是流程的一小部分。如果人们能解决自己的问题并且必须从根本上摧毁整个流程的其余部分,那么他们会这样做的,因为这样你就会得到这样的回答:“这不是我的工作,应该有其他人去担心这个问题。”这正是那些跨职能协作团队能从根本上解决的问题,因为他们让每个人都成为成果的所有者。

Nokia——巨人的倒下

Viktor Farcic:不久前,我和一个在 Nokia 工作过的朋友聊了聊。我问他,Nokia 真的有可能没有看到智能手机的到来吗？因为你会记得，当年，Nokia 是那场游戏中的佼佼者。

迄今为止，他们的 Nokia 1100 系列手机，加上 2003 年和 2005 年的型号（世界上最受欢迎的两款手机），已经售出超过 5 亿部。事实上，有史以来最畅销的手机中有 70％是 Nokia 的产品。然而，在 2017 年第四季度，该公司仅获得了 1％的市场份额，出货量仅为 440 万台。

我问我的朋友，Nokia 是否真的没有看到即将到来的智能手机浪潮以及智能手机对行业的影响。他回答说，Nokia 的每个人都知道接下来会发生什么，更重要的是，也知道需要做什么，但没人敢告诉管理层。这就是问题的症结所在。这就是我所说的文化产物，因为每个人都知道他们上面的人想听什么。他们知道自己会因为什么而得到奖励，但同样，他们也知道自己会因为什么而受到惩罚。他们知道，告诉高层管理真相并进行艰难的谈话，这可能是令他们受到惩罚的事情。那么，我的问题是：在这样一个组织中，谁能真正发起变革？

发起变革/承担责任

Gregory Bledsoe：每个人都可以发起这样的变革，因为归根结底，这是我们所有人的责任。如果你和你的舞伴跳舞，你想改变舞步，你不能强迫你的舞伴改变他们的舞步，但是你可以改变你的舞步，而当你改变你的舞步时，你的舞伴不得不适应你。

我记得我的第一次演讲主题是克服 DevOps 的障碍。我指出，任何人都可以发起变革，这是会产生连锁反应的。如果你理解这种连锁反应，你就可以利用它。你可以确定你的盟友；你可以影响被影响者，管理你的管理者，传播这种好的变化。这是你可以在组织的任何地方做的事情。你能够激励他们；你可以用经济和数学的术语以及通过度量来阐明论点。你可以随时开始这样做。你可以打破限制，这是在组织中的任何地方进行变革的唯一方法。

> "每个人都可以发起这样的变革，因为归根结底，这是我们所有人的责任。"
>
> ——Gregory Bledsoe

现在，显然，如果你在组织中已经有了地位权力，你就可以更有效地做到这一点。但即使是在组织的最底层——这也是我觉得让我成为一名优秀工程师的原因之一——我也能让人们参与到我想做的事情中来。我可以让没有个人动机的人帮助我完成一些事情。为什么会这样呢？因为我可以把这作为我们创造的价值的一部分兜售给我们的经理。但我必须按价值销售它们,我不得不从经济角度进行论证。

如果你处于组织的最底层,进行这种经济论证并开始通过吸引更多的合作者以及设置自己的标准来改变你的舞步。这不是为了赢得今天的争论,而是为了通过长期的博弈来赢得明天的争论。变革通常是渐进的,所以人们实际上并不知道事情正在变化,直到他们碰到了想要这种变革的关键人群。然后,无论高管们想要什么,这种变革都变得不可避免。

没有地位权力的人低估了他们的拥有的权力。与此同时,高管们也低估了他们的权力,因为他们习惯于在会议上说"告诉我问题所在,告诉我所有可能的解决方案",然后简单地要求人们按一个给定的解决方案去做。这是一种从根本上落后的管理方式,但这是我们习惯的做法。

这是泰勒主义的产物,即工业革命后,Frederick Taylor 制是市面上唯一的管理套路,我们都接受了这一点。但现在是时候向前看了。我知道我以前说过,在一个大公司里,你必须确定你的盟友,你必须影响被影响者,你必须管理你的管理者。如果你能做到所有这些,那么你就可以发起变革,并且你可以在组织内的任何位置引领它。

Viktor Farcic:但是,还有时机的问题。当我和人们交谈,我给他们讲故事时,我经常得到这样的回答:"是的,但是我不知道该做什么。我不知道从哪里开始,20 年来,我一直在做一个本应在昨天完成的项目。"

Gregory Bledsoe:所以,这是你必须从经济角度进行论证的另一观点,即可持续交付速度的敏捷原则。许多在项目中实施敏捷的人想要一个灵活的范围但是固定的日期,这实际上跟你应该要做的正好相反。你需要的应该是一个固定的范围和灵活的日期,因为当人们设定一个灵活的范围和固定的日期时,只是不断地把事情强加给团队,让团队负担过重。结果,没有人有时间去思考如何让事情变得更好,更不用说真正努力去让事情变得更好了。这是另一个精益原则,你可以把它作为一个经济论点。你必须把它兜售给你的经理,而且你必须帮助你的经理把它兜售给他们的经理。

> "你必须把它兜售给你的经理,而且你必须帮助你的经理把它兜售给他们的经理。"
>
> ——Gregory Bledsoe

我们现在不得不做的是挤出时间来改进。同样,这纯粹是经济学。你可以制作一个图表来显示你的技术债务在增长,因为你只是在构建东西,却从不修复它们。最终,这将使系统陷入停滞,即你不可能动了某些东西而不去破坏任何其他东西。随着时间的推移,整个系统将变得更加脆弱。这些都是你可以提出的经济论点,因为它们存在数学上的确定性,这一点毫无疑问。

Viktor Farcic:所以,为了改变他们的工作环境,人们需要向他们的老板进行经济上的论证?

Gregory Bledsoe:没错。如果你想开始改变你的工作环境,那么你必须挤出时间来改进。对于需要做出的变革,你必须从数学和经济学方面进行自我教育。这是你在自己的有限时间里不得不做的事情,不然,你又会被交付的要求淹没。

一旦你开始这样做并且一旦你开始并最终赢得经济论证,如果你的论证足够一致的话,这就会发生。因为这存在数学上的确定性,到那时你就可以真正开始进行变革了。关于人,还有另一件基本的事情:我们复制有效的东西。即使我们不知道它为什么起作用,我们仍然会试着复制它,如果随着时间的推移,有足够多的人把它做对了,我们就能够清楚地解析它为什么起作用。只有到那时,变革才开始真正落地,并且真正被人们接受。

你只需要看看爱德华·戴明的理论在美国是如何被拒绝的,因为他们认为自己已经知道该怎么做了。爱德华去了日本,突然日本开始在市场上踢美国制造商的屁股。直到那时,美国人才注意到并开始试图模仿日本正在做的事情,但他们花了很长时间才接受这一点。直到 30 年后,他们才解决了这个问题,因为他们没有花精力去理解爱德华·戴明的理论为什么能从根本上起作用,他们只是试图复制流程范例。但是区别远不止于此。

一些人来上班并关心自己工作的结果,而另外一些人来上班,只是准时上班,按要求做事,然后并不关心结果就下班了,这会有何不同? 德鲁克和戴明指出,如果你把"人肉打卡器"放在另一个环境中,让他开始关注结果,他的表现就完全不同了。同一个人在两种不同的文化中会产生截然不同的结果。

这是日本人很早就从戴明那里学到的秘密,当你接受这些想法并将其扎根于你的文化土壤中时,你就能赋能人们去改进流程。你会奖励他们指出问题,而不是惩罚他们,因为我们不在乎失败的感觉,我们在乎的是成功的事实。

Viktor Farcic:但是,在你看来,是什么阻止了我们深入理解,而是去盲目抄袭? 是虚荣心还是缺乏能力?

Gregory Bledsoe:这是一种骄傲、傲慢、虚荣、懒惰和贪婪的混合体。没有人想对自己说,他们过去 15 到 30 年的职业生涯是错误的,他们已经适应病态系统并取得了成功。但是,在当今世界,这是行不通的,所以我们必须从根本上改变我们的做事方式。这是一件极难把握的事情。人们总是想做出他们想做的最简单的经济决定,我们过去总是那样做。针对我们想要的结果,如果我们不花时间去弄清楚什么才真正是最容易做的事情,那么我们就会做表面看起来最容易的事情。

> *"只有当激励措施一致时,协作才会发生。激励错位是企业文化和竖井产生的激励结构的产物。"*
>
> ——Gregory Bledsoe

例如,作为一家公司,我们仅仅安装了 Jenkins。我们将从试图复制这些流程范例的工具开始。如果这不起作用,我们将组建一个试点团队,为他们提供成功所需的一切,并将所有精力放在他们身上。我们对此给予了很多关注,我们清除了所有的障碍,然后建立起了持续交付流水线,这是一个巨大的成功。但是,当你试图在试点团队之外复制这些成果时,你无法成功,因为试点团队得到了前所未有的关注,障碍被清除了,而其他团队没有。当试点团队不再拥有这些时,他们在流水线中的集成工作都会中断,然后就会想:修复它们是谁的工作? 当然,这不是任何人的工作,因为集成就应该是集体协作的一个职能。

只有当激励措施一致时,协作才会发生。错位的激励措施是企业文化和竖井所产生的激励结构的产物。简而言之,为了重组你的文化,你必须改变激励结构。但是,这又是一种完全不同的,完全不符合我们一贯作风的做事方式,所以很难被人理解。

修复数字化转型

Viktor Farcic:你说的让我想起了数字化转型。几乎每一家公司多年来都在潜在地进行数字化转型,他们都成立了一个新的部门,但人员还是原来的。他们引进了 Jenkins、Kubernetes 等工具,但我还没有发现这些数字化转型带来的任何改进。也许我有点偏执,也有点夸大其词,但我看不到任何改进。

Gregory Bledsoe:首先,你没有偏执或夸大其词。在一家《财富》500 强公司中,你所描述的情况很正常。这些公司多年来一直试图做出这些改变,但他们与美国制造业处于完全相同的状态,就是不起作用,他们不知道为什么,因为他们根本不理解这一点。还记得戴明吗?

正是他经常被特意问到："好吧,如果日本可以,为什么我们(美国)不能?"他回应说,美国人只是期待奇迹。他们想要复制流程范例并期望得到相同的结果,但问题是这些公司不知道要复制什么。

　　"美国企业没有给予人们合作的动力。"

——Gregory Bledsoe

这是美国大部分企业中正在发生的新数字转型故事。在整个组织中没有深入的思考或愿景的分享来建立共识或激励合作。人们在构建这个复杂的自动化框架上做了大量的工作,但是他们没有构建一个包含 DevOps 共享部分的复杂协作框架。美国企业没有给予人们合作的动力。

但与此同时,那些你想要激励他们合作的人也不一定了解这么做的关键。你可以让他们参加一个功能优化会议,但是你不能让他们开始思考真正需要一起做的是什么,直到工作作为一个项目送到他或她的办公桌上。这是他们习惯做的做法。我们都等着它被从墙里扔出来,然后我们才开始思考我们真正需要用它做什么。但是特性优化、故事细化和敏捷的全部目的是我们想尽早发现我们需要知道但不知道的东西。

Viktor Farcic:那么,我们该怎么解决这个问题呢?因为,对我来说,这听起来可以解决我们一直在谈论的许多问题。

Gregory Bledsoe:我们需要开始使用前移心态。我参加过故事优化会议,没有人问任何问题,也没有人有话要说。第一次会议就这样被毁了。这样没用的,因为人们习惯了只是等待工作。例如,开发人员打开 IDE(集成开发环境),开始一个大的 if 循环,然后开始思考他实际上需要怎么做才能完成这项工作,但此时为时已晚。

你仍然会遇到在瀑布文化中遇到的相同问题,因为你不知道自己没有得到你所需要的一切。但现在,到了最后一秒钟,每个人都将争分夺秒地试图让事情顺利进行,并对其他组件做出根本性的改变。关键是要尽早开发。

从上到下改变这种心态不是一件容易的事,但这是你必须做的第一件事,才能理解它必须如何改变。大多数时候,我们甚至还没有扫除这个障碍,但一个赋能的协作文化意味着什么?人们试图进行这些数字化转型,但他们甚至不知道从底层看应该是什么样子。如果没有一个宏伟的愿景,你就不能让底层做出朝着同一个方向前进的变革。但是,如果不能理解愿景是如何影响底层的,那么再宏大的愿景也没有用。它必须来自两个方向,这也是需要你的协作框架发挥作用的地方。

Viktor Farcic:但是,我们还有第三种影响,我认为是外部的。假设我引入了一个工具,这个工具应该可以让我获得 DevOps 认证。或者同样,我请来了这个顾问,我们每天都开例会。我的印象是你经常参加会议,现在每个人都在试图推销理想世界。

Gregory Bledsoe:当然,这是有道理的。告诉人们他们想听的东西一直有很大的市场。推销东西最简单的方法就是告诉他们你有一颗神奇的子弹,可以解决他们所有的问题。他们会很满意地说:"哦,耶!我们要买下它!"但这是行不通的,因为购买它的人不知道他们需要问什么问题,而销售它的人此时已经完成了交易。但那时他们已经迈出了第一步,后续失败得越多,他们收费越多。这种激励结构在根本上就是错位的。

告诉人们他们想听的东西的市场太大了,有太多的人愿意在这个市场上销售。我们必须从两端改变这一点。作为咨询顾问,如果我们真的想改变这种工作方式,从而最大化我们对客户的价值,那么我们必须以一种完全不同的方式销售。我们必须进入客户,直接告诉他们残酷的事实,让他们习惯于从我们这里听到真相,而不是觉得:我们只是把他们想听的告诉他们。我们会向他们承诺我们可以做任何事情,一旦我们开始第一步,我们就会开始尝试和他们进行艰难的对话。但这通常很难行得通,因为你只会融入他们的文化,却不能改变他们的文化。你只会进入"是的"文化,因为他们在那个时候什么都不想听。他们只想听到:是的,你不能改变。

如果你一开始就走错了路,这真的很难再改变。作为顾问,我们必须以不同的方式处理这些客户关系。我们必须愿意直截了当地告诉他们残酷的事实,让他们习惯这样的事实,那就是他们将从我们这里得到真相。关键是在最初的震惊之后,人们真的会很欣赏这种诚实,他们明白,现在他们正在解决正确的问题。

在 DevOps 中,我们按顺序处理人、流程和工具这三件事。这是有原因的,因为是人推动了流程。一旦你明白你的流程应该是什么,你就必须找到工具来填补流程中的空白,帮助你消除浪费,减少等待时间和摩擦。但真正的问题是,太容易先去购买一个工具,然后试图围绕它构建一个流程,甚至强迫人们使用它。

"告诉人们他们想听的东西的市场太大了,有太多的人愿意在这个市场上销售。

我们必须从两端改变这一点。"

——Gregory Bledsoe

Viktor Farcic：但事情就是这样。在我看来，几乎每一种工具都是一个人的流程和文化的结果，Kubernetes 就是一个最好的例子。不同的组织最终都死在同一个平台上。我不明白的一件事是，人们怎么会认为在完全不同的文化中制造出来的某样东西会在他们的文化中起作用。

Gregory Bledsoe：你刚刚说到点子上了。答案很简单，它不会。你首先要理解的是：在你的文化背景下，在你组织的价值观背景下，在你组织的具体业务背景下，你的想法是什么？ 你需要什么样的流程？ 你有什么想法可以在最短的等待时间内实现价值？ 只有当你回答了这些问题，你才可以去寻找你需要的工具。你必须先问基本的存在主义问题：我们为什么存在？ 人们给我们钱的原因是什么？ 我们如何尽可能高效地实现这一价值？ 如果你不从这些问题开始，你就无法得到正确的答案。

敏捷和 DevOps——有什么区别吗？

Viktor Farcic：但是如果忽略概念上的实施，你觉得敏捷和 DevOps 之间有什么真正的区别吗？

Gregory Bledsoe：是的，这就有一个案例。Accenture 最近收购了 SolutionsIQ，这是一家致力于建立业务敏捷性的咨询机构。SolutionsIQ 非常擅长发展那些深厚而值得信赖的关系，在这种关系中，他们告诉人们残酷的事实，并帮助他们逐步朝着一个不那么病态、更加经验主义的组织结构和交付链发展。

SolutionsIQ 将 DevOps 视为敏捷基础设施和流程的交付方法，这并没有错。但是我认为 DevOps 包含并扩展了敏捷，因为 DevOps 一开始就从敏捷中汲取了很多东西。例如，跨职能协作团队：我们已经扩展了这一点。我们瓦解了额外的竖井，因为我们希望在敏捷中，业务人员与开发人员真正地协同工作。采用 DevOps，一开始，我们希望开发人员和运维人员能够很好地合作。但后来我们说："好吧，我们为什么要就此打住？"至此，你已经意识到你还需要引入监控和安全人员，不久之后，你意识到你也需要引入测试人员，然后是几乎所有其他人员。你只需要扩大合作的范围，让每个人都前移，尽早解决所有的问题，因为如果效果不好,试图在最后加强安全措施也是行不通的。你必须改变这一点,把它全部前移。这就是 DevOps 的理念,它包含了一个扩展的敏捷。

敏捷和 DevOps 就像精益三明治里的花生酱和果冻。他们真的很相配,如果没有其中的一个,你不可能取得超级成功。尽管这个比喻可能并不适用于所有地方。例如,在德国,你可以说它们就像香肠和泡菜。关键是,敏捷和 DevOps 能够很好地相互补充和扩展。

有趣的是,我注意到的另一个问题是,那些认同规范性敏捷框架的人确实会与节奏、速度和体验结合在一起。但是有了 DevOps,你将会到达一个不需要等待冲刺完成就能交付的地步;只要一切都准备好了,你就能把一切都交付出去。当你准备好生产时,就投入生产,然后你就开始想如何缩短生产前的准备时间。在我看来,随着你在 DevOps 和敏捷方面的成熟,冲刺周期可以分解成持续交付。但是如果你与这种规范性框架长相厮守,你会碰壁的,这就是我不喜欢它们的原因。你可以把它们作为指南,但它们不是圣经,也不是神圣不可改变的。他们什么都没教你。Scrum 和看板的所有元素都是用来教授原则的,而不是最终的和万能的机制。

Viktor Farcic:它们可能是用来教授原则的,但我还没在实践中见过。我是说,人们经常说,"哦,我会按照敏捷方式去做。"不,因为基于这些原则,我们不会去实践这个。

> "在我看来,随着你在 DevOps 和敏捷方面的成熟,冲刺周期可以分解成持续交付。但是如果你与这种规范性框架长相厮守,你会碰壁,这就是我不喜欢它们的原因。"
>
> ——Gregory Bledsoe

Gregory Bledsoe:没错,这就是为什么当你尝试做一些新的事情时,一个规范性框架可以在一段时间内有所帮助。但同样重要的是,要知道何时它的价值已经下降到它所带来的浪费和管理开销已经超过了收益的程度。问题在于对每个组织来说这都是一个困难和不尽相同的算法。

一个规范性框架可以让你远离瀑布文化,从精神上完全脱离瀑布文化可能是件好事,但是你必须超越那些基本的规范性元素。你必须让它适应你的组织,就像 DevOps 一样。但是正如我们之前说过的,没有一种真正的 DevOps 方式。你必须使它适应你的组织。这是实施 DevOps 的另一个大难题。人们总是想被确切地告知该做什么,他们希望生活在一个需要别人替他们思考的世界里，但答案是否定的。你必须让你组织中的每个人都思考这些问题，这样才能得到最好的答案。

Viktor Farcic：但这难道不是一个恶性循环吗？有少数人试图改变大多数人已经根深蒂固的旧工作方式。然而，在少数人设法改变一些事情的情况下，他们已经开始做同样的事情，因为现在，没有人摆脱这种新情况。

Gregory Bledsoe：这可能会成为一个恶性循环。信仰和习惯保持不变有非常重要的人类学和社会学原因，我们跟你有相同或一致的偏见。我们希望今天、明天和昨天一样，因为我们已经了解昨天的威胁和机遇，而必须不断重构我们自己的认知机制来应对新的威胁和机遇是很困难的。我们正进入指数级变化的时代，在这个时代，每一天看起来都将与前一天大不相同，直到我们能够发展出依赖经验的系统方法来验证你的变化——当你这样做的时候，就没那么可怕了。

以创新周期为例，最初创新传播和存活的时间是一千年。但是后来，它变成了几个世纪，然后是几十年，几年，现在只有几个月了。过不了多久，将是几周，最终创新将是瞬间的、没有停顿的。为什么？因为我们正在进入一个指数级变化的时代。我们必须明白为什么我们很难适应变革，我们必须明白变革不能脱离我们的上层建筑，因为这种文化和意识形态的上层建筑给我们带来了价值观和道德这样的东西。

在 20 世纪，我们了解到，当你试图一下子改变一切，当你试图脱离所有这些上层建筑时，你得到的结果可能不是那么好。所以，对我们来说，关键是我们不仅要学会如何管理这种变革，还要学会如何拥抱它。

Viktor Farcic：这是我们可以阻止的吗？

Gregory Bledsoe：问题是我们无法阻止，是注定会发生的。我们需要做的是把它锚定在某个东西上，这个锚必须是我们的价值观。但问题是我们必须理解它是什么样的，对很多人来说，这意味着要回到启蒙哲学。这就是为什么这些会议演讲、书籍和播客，类似一个黑暗的知识网络，被捆绑在一起形成新的上层建筑。这些新的上层建筑将引领我们进入前所未有的指数级变化时代，它们根植于现代性和启蒙价值观。我们正在回归到这一点，我们看到它真的起作用了。我觉得我们现在正进入后现代主义时代，变革因此开始。但这里有个关键，即 DevOps 是变革之敲门砖。

我知道这有点夸大其词,但当你真正开始明白为什么所有这些都起作用时,你会发现它起作用的原因和自由民主起作用的原因是一样的。赋予个人权力并将社会的成功与个人的成功和自由以及他们对自己生活的掌控权和主人翁感联系在一起是一种超级强大的力量。与一百年前相比,当今世界的生活水平简直是荒谬的,我们甚至都没有庆祝这一点,因为我们太忙于担心那些仍然糟糕的事情。但是如果我们能接受这种变化和这种新的后后现代主义,那么我们甚至能加速这种好的变化。如果是这样的话,谁知道它会去哪里?

2019 年的 DevOps——成功还是失败?

Viktor Farcic:但是,你会说 2019 年的 DevOps 是一个成功的故事吗?我能去一家公司说:"看,很多人都已上车,他们看到了成功,结果他们做得很好。错过火车的只有你。"或者,我们是否刚刚看到转型的开始,还没有看到真正的应用?

Gregory Bledsoe:在大多数情况下,应用是肤浅的。因为文化是偶然建立的,所以它试图把一个流程范例置于病态文化之上。几乎没有人有目的地建立他们想要的文化。这是对事件反应的累加。文化通常就是这样产生的。有意识地解构和重建文化是困难的,这是真正变革的一个重要部分,只有极少数人有意这样做。这将是下一个让赢家从输家中脱颖而出的方法,因为这样做可以获得巨大的市场优势。你将超过你的竞争对手。你必须这样做,因为你在每个问题上都运用了最大的脑力,这是真正的秘密之一。

你的主管可能是这个房间里最聪明的人,也可能不是,但是这个房间里最聪明的人并不比房间里所有其他人加起来都聪明。当没有人愿意大声说出真相,因为他或她知道房间里最聪明的人不想听到某些事情时,那么你就把所有解决问题的能力都锁在门外了。这就是为什么市场比集中计划运作得更好,因为世界上最聪明的集中计划者不可能比市场中的其他任何人都聪明。

他们的集体智慧是一种涌现性(emergent property)。在许多方面,它就像一个蚁群。蚁群是一种涌现性,每只蚂蚁都只是根据自己的本能和指定的职责做一些非常简单的事情,它在追踪信息素的踪迹,还带着食物。但是蚁群作为一个整体,是极其高效和聪明的,就像市场一样。我们需要做的是让我们的组织变成这样。因为能够成功转型的组织一定会更加成功,这在数学上是确定的。

Viktor Farcic：这是否意味着未来将从金字塔结构走向更扁平化的结构？

Gregory Bledsoe：是的，因为我相信我们的组织将从等级制度走向精英制度。合弄制（全体共治）的概念已经出现，我确信人们正在进行实验。我不知道合弄制是不是我们最终会得到的结果，但肯定会是某种赋能的健康组织，在这种组织中，每个人都被赋能做自己工作的老板。我认为这是最终形态，任何组织都可以朝着这个方向前进。我不知道将是官方的合弄制，还是类似的机制，或者是非常不同的机制。但关键是，组织内的任何领导者都可以主动停止使用强制手段，开始采用激励措施。

这才是真正的领导而不是管理，当你开始这样做的时候，你就会自动开始扁平化等级制度，你就会自动开始建立更多的精英制度。所以，当我们开始选择不同品质的领导人时，这种情况可能会在没有官方合弄制的情况下发生。这将是活下来的组织和死去的组织之间的区别。

预测 DevOps 的未来

Viktor Farcic：没错。说到未来，你认为有什么在等待着我们？我不会要求你预测未来 10 年，因为，正如我们之前所说的，我们甚至不知道两年后会发生什么。

Gregory Bledsoe：谁知道呢？我真的认为我们可以预测一些短期和长期的事情。我认为 DevSecOps 这个术语将会过时。人们将会意识到 DevSecOps 实际上是在讲成熟的 DevOps，在其中，你不会忘记安全性是一件事，你会将安全性前移，并将它们纳入设计讨论。人们可以问这样的问题："嗯，这看起来是一个 SQL 注入的机会。你想过吗？"

我最讨厌的是，因为在开发过程中没有提出这个问题，所以 SQL 注入仍然存在。开发人员没有动力去担心安全性，除了将功能推出之外，他们还远远没有考虑到这一点。这必须改变，这将从根本上改变安全性。DevSecOps 是一种成熟的 DevOps，你可以把安全性前移。我认为这个术语将被归入 DevOps。现在，它是一个术语，因为人们发现我们必须包括安全性，我们必须包括合规性，我们必须包括审计，因为这是我们能够大规模应用的唯一方法。

Viktor Farcic：那么 DevOps 这个术语呢？你认为这个术语将来还会有同样的含义吗？

Gregory Bledsoe：我认为 DevOps 这个术语将成为 IT 的同义词，因为每个人至少都会明白这就是做事的方式，如果你不这样做，你就做错了。我认为这将会被理解，并且仍然会留下结果的分化。有些人会比其他人做得更好，那些能够最快忘记和重新学习的人将获得持续的竞争优势。他们会走在人群的前面，这就是为什么人们现在必须拥抱和接受这一点。你等得越久，胜算就越低。你的业务周围的护城河有多深并不重要。

"DevOps 这个术语将成为 IT 的同义词，因为每个人至少都会明白这就是做事的方式，如果你不这样做，你就做错了。"

——Gregory Bledsoe

看看那些大银行。他们的业务周围有巨大的监管护城河，但这并没有拯救他们。他们仍被淘汰，能够适应的银行才能够抵御金融科技公司。纵观交通运输业或酒店业，他们认为购买房产是他们对市场风险的对冲，但他们真正的竞争对手现在甚至没有任何房产，那就是Airbnb。进入市场的成本比以往任何时候都低，而且只会越来越低。

对于通信领域来说，如果你拥有在邻近地区铺设电缆的权利而其他人没有，你认为那是你的护城河，但这并不重要，因为 5G 就要来了。5G 将改变游戏，使得通过物理线路和光纤提供的服务将比以往任何时候都更没意义，进入门槛也将比以往任何时候都低。每个人都会被颠覆，问题只是你要自己颠覆自己，还是要外部竞争对手颠覆你。那些明白并理解自己必须适应这种指数级变化的人才会生存下来，而其他人将会死去。这是一个长期预测。

Viktor Farcic：但是当你被颠覆后，还有时间生存吗？

Gregory Bledsoe：是的，有个窗口期，但它正在缩短，我们实际上并不知道它有多短，这就是为什么每个人都必须从现在开始。那些真正将自己置于一个不受未来影响的位置上的人，是那些在提出存在主义问题的人，是那些费心去深入思考这个问题的人。他们是那些注定会成功的人。

你不能一开始就说："好吧，没有 DevOps 我们就无法生存，让我们把 Jenkins 架设在任何地方，但之后我们得创建一个竖井来管理它。"你只是加剧了你的根本问题。知道这样做是错误而戴明的 14 点才对的人，就是那些将来会成功并且能够最好地驾驭指数级变化时代的人。因为戴明的 14 点已经指出，最重要的是让每个人都成为变革推动者。

Viktor Farcic：绝对正确，尤其是当你提到 Jenkins 的时候。我持续拜访过这些公司，没有一个开发人员能接触到 Jenkins。

Gregory Bledsoe：必须是你构建，你运行。

Viktor Farcic：没错。但这很难，因为这是一场革命。如果有权力斗争，你不能告诉我是不是我建造了整个虚荣工厂，这意味着我昨天就在运营它。

Gregory Bledsoe：这是真的。权力斗争不仅仅是组织上的，还是意识形态上的。这是科学管理或者说是泰勒主义与精益，这就是它的本质。那些拥抱精益并成功改变组织中每个人想法的人就是关键所在。

Viktor Farcic：但是我们还需要多少时间？因为从有软件到现在已经过了非常长的时间，我们仍然认为组织是一个工厂。

Gregory Bledsoe：让我这样对你说。回到 2014 年，有人发现 75 年前，《财富》500 强公司的平均寿命是 75 年。快进到 2014 年，这一数字已经降到了 10 年。这些公司正被新的、更敏捷的公司所取代，这些公司仍在努力拓展市场。

这是另一个我认为人们并没有真正理解的秘密，当你试图停止扩大市场份额并开始试图保护市场份额的时候，你是在为保护市场份额而优化而不是扩大市场份额，你已经开始死亡了。有一些更小、更灵活的公司，它们的开销和基础设施都更少，等待着在你死前享用你的尸体。

就像你进入一个食人鱼池，食人鱼都很饥饿。这时，不是大鱼吃小鱼，是快鱼吃慢鱼。我们将会看到《财富》100 强和《财富》500 强公司之间的巨大更替。我认为平均寿命将会减少 3～5 年，然后你会看到这些名单上有一个巨大的更替。那么，我们还有多少时间？你的余生。如果你的主降落伞出现故障，你拉动紧急降落伞需要多长时间？你的余生。

Viktor Farcic：没错。我要用这个比喻，我喜欢它。我真的认为你对 DevOps 理念的定义很棒。

Gregory Bledsoe：谢谢！你可能会觉得我可以一整天，每天谈论这个话题。令人着迷的是，这种讨论真的是无止境的。

Viktor Farcic：再次感谢你。

Gregory Bledsoe：也谢谢你。

18

Wian Vos:
Red Hat 解决方案架构师

Wian Vos 简介

本章译者　张楠　中国

精益、敏捷教练

IT 流程顾问

从事 ITSM 流程管理工作多年,热衷于推广 ITSM 实践和精益、敏捷、DevOps 实践以及技术人员的思维方式转型。

Wian Vos 是一位经验丰富的 DevOps/云顾问,在信息技术和服务行业有着丰富的从业经历。他精通 PaaS、敏捷方法、DevOps 和云技术。你可以在 Twitter 上关注他(@wianvos)。

Viktor Farcic:嗨,Wian! 在我们深入探讨有关 DevOps 的话题之前,你能告诉我们一些有关你自己的情况吗?

Wian Vos:我目前是 Red Hat 的解决方案架构师。Red Hat 总部位于阿姆斯特丹,是全球最大的开源公司之一。我在 DevOps 这个名词出现之前就一直在从事 DevOps 工作,从 2005 年就开始参与基础设施自动化,2013 年开始推动容器化。在我的职业生涯中,我曾在 ING 银行、荷兰合作银行(Rabobank)和荷兰的几个小型政府部门工作过。近几年,我曾经在赞丹(Zaandam)的 CINQ ICT 做过 DevOps 管理顾问。在那之前,我在波士顿的 XebiaLabs 工作了两年。

定义 DevOps

Viktor Farcic：我想从"DevOps 是什么？"这个问题开始，同样的问题我问过在这本书中采访过的每个人。每个人都给了我不同的答案。就个人而言，我不知道为什么每个人的定义都各不相同，但我希望这将是我们在讨论中所触及的东西。

Wian Vos：实际上，这和我的预期差不多。我认为 DevOps 在不同的时间点意味着不同的事情。在该术语最初被创造时，它基本上是从 DevOps 宣言开始兴起的一种新的工作方式，我认为这在当时非常有意义。但是后来 DevOps 变得流行起来，并且与所有流行的事物一样，大型供应商也加入了这个潮流——包括我目前的雇主 Red Hat——并将其变成了一个营销术语。

但是对我来说，DevOps 是什么呢？DevOps 是一种如何去运营 IT 业务文化的范式。如果你从最纯粹的字面意义来看待这个术语，那么它就是这样一种方式：将开发和运维置于同一个团队环境中，所有人朝着相同的业务目标努力。到现在，我参与 DevOps 已有 9 年了，但我从未加入过那种神话般的团队，也从未见过哪个神话般的团队（把 DevOps）做得很好。而我所做的就是，使用类似于 DevOps 的实践和 DevOps 工具来工作。根据我的经验，我发现 DevOps 基本上是与文化和工作方式相关的。

Viktor Farcic：那么，如果你还从未见过 DevOps 奏效，那我必须承认，就算有，我也没见过。这是因为很多公司在这方面都失败了吗？还是因为这些公司从未真正尝试过以应有的方式让 DevOps 融入进来？

> "DevOps 在不同的时间点意味着不同的事情。"
>
> ——Wian Vos

Wian Vos：如果你想在一家公司里实施 DevOps，你会面临很多障碍。首先是开发部门和运维部门之间的实际关系。你与新成立的初创公司或正打算上线一个全新应用程序的公司打交道时，这些都不算什么大问题。为什么？因为你可以组建团队，他们可以各司其职。

但是，如果你看看传统公司大多是如何组织起来的，就会发现开发部门和运维部门之间总是存在这种传统分歧，这基本上是因为每个部门有不同的优势。一方面，开发部门为稳定性而努力;另一方面,运维部门在业务的支持下为变革而努力。不同于初创公司,在传统公司中,将这两方聚集在一起是很困难的。

Viktor Farcic:如果是这样的话,你认为公司想要在其组织中启用 DevOps 时面临的最大问题是什么?

Wian Vos:我一直认为 DevOps 公司是自下而上对技术进行投资的公司。它不仅仅是关于创建一个团队,更多地是关于如何让团队之间相互倾听,并且技术变革是自下而上决定的,而不是自上而下传递的。

你问到了公司今天面临的最大问题是什么。实施真正的 DevOps 时遇到的最大挑战之一是人员调动。为什么呢? 因为这些(开发和运维)团队已经相互斗争了多年,而现在你的管理者们试图把这些人放在一个团队中。然后,以前的管理者被采用不同工作方法的新管理者所取代。

> "我一直认为 DevOps 公司是自下而上对技术进行投资的公司。它不仅仅是关于创建一个团队,更多的是关于如何让团队之间相互倾听。"
>
> ——Wian Vos

管理者最基本的职责是什么呢,如果不是为了保住人员编制的话? 比如说,我是一名管理者,手底下有 20 名员工,打算让其中 10 名员工离开。那我现在算是什么呢? 好吧,和以前比,我只能算半个管理者了。我知道这些话听起来很刺耳,已经算得上是对管理者的不尊重了。从 DevOps 的角度来看,我遇到过一些优秀的管理者。但是,要 DevOps 真正起作用,需要一种非常开放、非常特殊的公司文化。

过去 10 年来,我们看到了轰轰烈烈的开源技术运动,我认为 DevOps 将成为(这场运动的)强大催化剂。但在实践中,它是很可怕的。好吧,我们不说它可怕,它只是难以实现。

真正的敏捷意味着什么以及 Kubernetes 的重要性

Viktor Farcic:那么让我再问一个问题。你见过多少真正实行敏捷的公司?

Wian Vos:我见过很多真正实行敏捷的开发团队。我在 Xebia 工作了很长一段时间,所以我了解什么是敏捷,它是在哪里实现的,以及它要的是什么。

但是做到真正的敏捷需要坚持不懈，这在当今的企业界是很难找到的。这可不仅仅是在一个有很多便利贴的板子面前做两周的迭代这么简单。远不止这样，敏捷是一种意识。这并不是说："我现在就要这个功能，因为我有钱。"（敏捷）更应该像这样："好吧，让我们计划一下，先把它放到代办事项中，然后对其进行分类。"

就算是有做到真正敏捷的公司，我也没见过多少，但我见过很多公司试图变得敏捷。在此之前，有些公司试图做好精益，从某种意义上说这是好事，因为这些公司试图融入敏捷，试图融入精益，这些最终都给他们的公司文化带来了一些积极的东西，尽管并不一定使他们变得敏捷、精益或 DevOps。如果你在经营一家拥有连续性业务的公司，敏捷是最难做到的。

Viktor Farcic：那么，当公司超过一定规模时，从文化角度看，他们就不会进行变革吗？

Wian Vos：我不是这个意思。我想说的是，问题并不在于 DevOps 所涉及的技术。问题在于人，特别是在企业文化中，关于人的改变都很困难。但请记住，我从来没有在初创企业工作过。所以，我没有初创企业的经验。

Viktor Farcic：我想初创企业是另外一回事。因为他们的规模小，至少理论上他们可以做任何他们想做的事。他们没有那么多的遗留问题。

但当我去拜访一些公司并试图向他们解释技术前景的时候，这就是我遇到的问题。我们以微服务为例。它们本该是在特定环境中特定文化的成果，就像任何其他技术或流程一样，最终却沦为了一种工具。

Wian Vos：或者一个流程，或者一个流行语。

Viktor Farcic：但是如果你没有完全接受它，或者只是简单地把它当成工具，那么你的处境就非常糟糕，就像微服务的情况一样。如果没有自给自足的团队，你能提供微服务吗？如果不改变文化，你能拥有自给自足的团队吗？

至少以我的经验来看，它通常都会失败得一塌糊涂。再回来说说工具，我们都为软件供应商工作过。我的印象是，世界上每一个软件供应商现在都将其工具贴上 DevOps 的标签。在今天的大型会议上，谈的都是 DevOps。对我来说，过去 10 年我用过的所有工具都是 DevOps 工具。

Wian Vos：我不想说这本身就是个问题，因为通常并不存在这样一种工具，只要买回来就能像变魔术一样实现 DevOps。但给这些工具贴上 DevOps 的标签确实有助于它被高层管理人员采用。如果某个东西被标记为 DevOps，那么工程师或开发人员使用它的机会也更大。

"……通常并不存在这样一种工具，只要买回来就能像变魔术一样实现 DevOps。"

——Wian Vos

如果你问我："他们只是从我们这里照搬 DevOps，然后直接拿去照做，这是坏事吗？"我的回答是："我不知道。"我当然反对这样的想法：如果你有足够多又酷、又新而且开源的工具，那么你就可以声称你的公司是 DevOps 公司了。这种事我看过太多，已经有点厌恶了。我说不好这是坏事还是好事，因为它给我们带来了很多好玩的东西。

Viktor Farcic：接下来，我们聊聊 Kubernetes 吧。Kubertenes 现在是最无与伦比的，是吗？

Wian Vos：在接下来的两年里，可能是这样的。在我成为 Puppet 工程师之前的 10 年里，我在 Puppet 和 XebiaLabs 做各种各样的工作，构建平台即服务的东西，使它容易调用。在 2001 年的时候，我们很容易就能预测，在未来 3～4 年内，甚至那之后的更长一段时间里，我们将使用 WebSphere ND。

你看，在 21 世纪的第一个 10 年里，预测未来 5 年你将做什么、投资哪里、专业领域在哪里是很容易的。但从 2009 年，甚至 2010 年开始，我就不知道了。首先，出现了带有配置的平台即服务。然后是容器化，甚至是——我不知道你是否还记得——不可变的基础设施，包括 Foundry、Heroku 以及所有那些很酷的东西。

接着 Docker 出现了，那就像，哎哟！但我们不要忘了，这项技术在 20 世纪 90 年代末就已经出现了。Docker 只是让它变得可用，当时，Docker 是最酷的公司：每个人都听说过它，每个人都想和它合作。但突然之间，Kubernetes 突然出现在舞台上。这很有趣，因为它基本上和 Docker 一样老，而现在 Kubernetes 到处都是。每个人都在标准化它。每个人都在用它。每个人都不得不用它。每个人都想和它一起工作。我认为它是我在过去 10 年中见过的最具说服力的技术，因为我们需弄清楚公有云，而 Kubernetes 在这一点上做得很出色。也许再过三四年我们会厌倦它，因为它本身就是一头野兽（很难掌握）。它（使用起来）很复杂，有时也很困难。它的发展取决于 Google 和我们。

Viktor Farcic：我发现 Kubernetes 的有趣之处在于世界上每一个软件供应商都采用了它，

在我的职业生涯中，我已经不记得上一次出现这样一个软件、平台、应用程序或你能想到的任何东西是什么时候了。即使是那些倾向于等到最后才肯采用一种新技术的传统软件供应商也采用了 Kubernetes，这是我始料未及的。

Wian Vos：在 20 世纪 70 年代，大型机相当流行。但是，坦白说，我认为上一次发生这种情况是在 Java 应用服务器上。所以，我得同意你的看法，Kubernetes 引发了一场相当大的运动。但是，大多数人并没有真正意识到 Kubernetes 实际上是什么，因为在大多数情况下，如果你听到人们谈论 Kubernetes，他们谈论的是容器工作负载调度，从这个角度说，它和负载有关。

但如果你看看它真正的好处以及它为什么会成功，就会发现它其实为你提供了一个通用的接口，可以连接到任何云端。通过实现 Kubernetes 集群，你可以在 AWS、Google Cloud Platform、Microsoft Azure、Electric Cloud 或任何云端口平台上近乎透明地部署工作负载，只要你不使用它们提供的本地部署容器解决方案。

着眼于云

Viktor Farcic：但这难道不是对那些云供应商的威胁吗？如果它是如此透明，那么我可以很容易地从一个云供应商转换到另外一个。

Wian Vos：我认为这对我们消费者来说是好事。但这确实让这些云供应商为了得到我们的生意而竞争更激烈。至少在过去的 5～6 年里，如果你和任何一位 IT 人士交谈，你会发现都是关于云的。在那个时期，我们的经济空前繁荣。所以，我在想，一旦经济再次开始衰退，会发生什么：人们将不得不再次削减成本吗？如果是，会发生什么呢？我们要回到硬件上来吗？

Viktor Farcic：但是云计算比本地部署更贵吗？

Wian Vos：是的。

Viktor Farcic：我有一个理论，不知道对不对，当你计算每个 CPU 的价格时，如果我们把数以万计的管理本地基础设施的人包括进来，我认为算上人工成本的因素，云计算应该不会贵太多。

Wian Vos：只要你的云基础设施足够小，你可能是对的。但是，如果你着眼于大规模的云实现，如果你谈论的是分布在多个云上的成千上万个节点，那么它们仍然需要大量经过认证的、身价很高的人来运行它们。我可以告诉你，一个获得 AWS/Google 云认证的人要比一个一辈子都在插拔 Cisco 交换机的人的身价高得多。

Viktor Farcic：没错。

Wian Vos：所以，你可以用雇一个云专家的钱雇差不多两个那样的人了。

Viktor Farcic：我曾经和一个人谈过，他们公司就是从本地部署转到了云端。最终，这家公司又回到了本地部署，理由是"哦，当我们在云端时，我们终于知道该怎么做事了，所以我们终于知道在本地部署需要做什么了。"

我认为这个说法是正确的。我对 AWS 很有经验，如果你看看 AWS 是如何工作的，就会发现基本上它提供的组件与你自己的数据中心提供的那些是一样的。不同的是，它还为你——工程师或开发人员——提供了控件，这意味着你不必与网络人员没完没了地讨论这样或那样的防火墙设置，或者来来回回地提出变更请求。相反，你可以坐在那里，自己做，自己改——好了，完成了。

你还是要知道你在做什么。这并不是说 Amazon 有一个神奇的网络设备，它能吐出（你要的）连接。它的工作原理不是这样的。所以，从这个角度来看，我认为把你的基础设施移植到 AWS 是很好的，因为它澄清了很多你做错的事情。我是否认为它能支撑一切？估计不能。

Viktor Farcic：但你的客户对它有一定的期望。如果你是一个基础设施团队，其他人都使用 Azure、AWS、Google Cloud Platform，或者其他什么，而你用本地部署，那么你需要改进你的方法，不是吗？

Wian Vos：是的，这是我们希望在未来三四年内看到的。最后，公司得努力想清楚，如何在混合环境中保证常备生产系统 60％ 的容量，就像在本地部署的环境一样。这样一来，可变的产能会带给你灵活性和能力，以便快速将产品推向市场。我真心觉得这是我们想看到的结果。

Viktor Farcic：也许你是"不识庐山真面目，只缘身在此山中"。作为事后诸葛亮，我现在看到更多的是困惑。假设我们在一家公司工作，最终决定使用 Kubernetes。然后，我们就要从最受欢迎的 57 个版本和其他 500 种不太常见的版本中选择一种,这留给我们留下的问题就是"现在我们该怎么办?"

Wian Vos:我只能给你一条建议:选择我们——开个玩笑啦。也就是说,我认为 Kubernetes 发展太快以至于企业无法在他们的生产环境中选择 DIY(Kubernetes)。我不是说如果你经营一家初创公司,你就不应该选择 DIY Kubernetes,因为 Kubernetes 推出的功能非常棒。而且,说实话,如果在上一家公司我能按照自己的想法做事,我应该已经完成 DIY 了。这么说有些自负了。事实上,任何一个企业认为自己可以 DIY Kubernetes 都是相当自负的。整件事(DIY Kubernetes)是一个大工程,而且它的发展之快是我们前所未有的。

> "我认为 Kubernetes 发展太快以至于企业无法在他们的生产环境中选择 DIY(Kubernetes)。"
>
> ——Wian Vos

在开源软件中,可以说 Kubernetes 的代码提交几乎比 Linux 内核还要多。因此,我肯定会选择发行版。因为发行版为你解决了许多不安全的问题,或者可能会提供托管服务,在这里你得到的 Kubernetes 实际上不只是别人资源池中的保留命名空间,而是实实在在的 Kubernetes 服务。

Viktor Farcic:你提到了提交的数量和诸如此类的事情。对我来说,这很让人困惑,但它也代表了一个观点,即 Kubernetes 需要放慢速度,让人们真正掌握它。因为现在即便是选择 Ingress 网络也要花一个星期。

Wian Vos:你提的这点挺有意思的。就在今天早上,我还和别人就 Kubernetes Ingress 进行了一次全面的讨论!但是,是的,我认同你的说法。仅仅是选择网络插件、边缘路由器以及诸如此类的工作,就容易导致你做的选择是搬起石头砸自己的脚。

Viktor Farcic:我想这就是为什么每当有人告诉我,他要自己部署 Kubernetes 的时候,我总是会问:"为什么?"

Wian Vos:没错!你为什么宁愿 DIY Kubernetes 呢?

企业的问题

Viktor Farcic：要是你问问那些这辈子都在和 Kubernetes 打交道的人，比如 Kelsey，或者 Mike Powers，你肯定不会打算再花同样多的时间重新组装一次 Kubernetes。他们差不多会这样说："我不知道该选什么，因为就在今天早上，一个新东西出现了。"

Wian Vos：就是这样子的。它是一头大野兽。事实上，它和 20 世纪早期的 Linux 没有什么不同。如果你看看当时 Linux 有多少实际的发行版，就会觉得很奇怪。有那么多不同的风格，那么多可以做的事，所有这些都归结为两三个主流版本，就是现在的 Linux 发行版。所以，我认为 Kubernetes 将与 Linux 走一样的路。

我认为目前的生态系统是好的，因为它带来了竞争，而竞争又带来了变化。但我认为 Kubernetes 会留下来，仅仅是因为我们的数据中心正变得越来越复杂。我知道这和我之前所说的一些内容自相矛盾，但它就好像数据中心的核心，可能会在未来的 10 年或 20 年内成为主流。但生态系统的数量会减少，选择也会减少。

Spotify 并没有 DIY Kubernetes，这就引发了我的思考。因为在工程方面，Spotify 是最杰出的公司之一。如果你看到他们在做什么，他们在那里放的东西，以及他们那么少量的中断，你就知道他们的做法一定是正确的。如果像这样的公司说"我们不会 DIY Kubernetes"，那么这应该是一个信号，让其他人说："好吧，如果班上最聪明的孩子都不这么做，我应该这么做吗？"

Viktor Farcic：这不正是很多企业的通病吗？每个企业都认为自己是最聪明的那个，觉得自己与众不同。这是我经常听到的一句话："我们要自己部署，就像 10 年前推出自己的云并失败了一样，不同的是，这次的结果会有所不同！"

Wian Vos：同意。目前我的角色就是为很多企业提供如何进行 DevOps 和容器化的建议。是的，特别是在技术水平较低的人群中，有很多人做了配置的事情，给我们提了好多变更，并加快了公司的运转速度。

他们都在想，Kubernetes 这东西的做法就和实施 Puppet 或 Jenkins 一样。但你必须把 Kubernetes 当作另一种野兽来看待，否则它会跳起来咬你。我不是想吓唬你，让你别再尝试了。因为，归根结底，做这个挺有意思的，会给你很棒的体验。它帮你建立了对 Kubernetes 工作原理的深度理解，并且如果你足够明智，最终你很可能会得出一个结论，没有必要自己去做。

Viktor Farcic：好吧，假设我们已经得出结论，我们不会自己做。我们将选择一个现有的平台，然后呢？我们是否将旧数据库放在 Docker 镜像中，并将其发布到 Kubernetes？

> "DevOps 最大的问题总是持久性数据。"
>
> ——Wian Vos

Wian Vos：哦，天哪！那真是个棘手的问题。我猜你知道，首先，DevOps 最大的问题总是持久性数据，这是数据库的事情。而第二件事是传统数据库设计得并不好。一般来说大型企业中的典型数据库都非常昂贵，更别提管理它了，那就是场噩梦。所以，我想说的是，你应该先让公司摆脱这些。

Viktor Farcic：好的，我们在这个问题上观点一致。但我想进一步讨论的是，在我的印象中，在这个问题上，那些公司对于在 Kubernetes 之外再投入多少努力才能取得成功一无所知，即使是用他们自己的应用程序（他们也不知道）。

Wian Vos：不仅仅是实现，也不仅仅是构建一个 Kubernetes 集群。还有上线之后第二天和第三天的运维，你也躲不开的。

Viktor Farcic：你说得没错。

Wian Vos：重申一遍，并不是说必须把你所做的一切都带到 Kubernetes 平台上。你完全可以在 Kubernetes 之外运行数据库。问问你自己：在数据库集群上，你真的需要这么多灵活性吗？也许你需要，但不是每个人都需要。那么，你需要 Kubernetes 吗？我不知道。

Viktor Farcic：但我对这个问题很好奇，因为我不得不问自己，再过几年，Kubernetes 会成为一个选择吗？诚然，我们可以选择不加入 Kubernetes。但如果其他供应商都在 Kubernetes 上发布新版本，我们还有选择的自由吗？

Wian Vos：我认为应该有，因为如果没有了选择的空间，那么创新不存在了。要是成了那样，我们就必须为操作系统建立一个全新的生态系统，而这永远不可能发生。在整个 Kubernetes 的舞台和它周围正在发生一些有趣的事情。例如，我们收到了大量关于在裸机上运行 Kubernetes 的问题，我认为这将是未来三个月左右的下一件大事。确实啊，为什么要在 Kubernetes 上进行虚拟化呢？我不知道——你说说，为什么要在虚拟机上运行 kubelet，而你本来只需要在基本的裸机上运行它？

Viktor Farcic：我也没什么好的理由。话说回来，其他人使用虚拟机是因为他们仍然不知道自己在做什么。

Wian Vos：你说得没错。

DevOps 最大的敌人

Viktor Farcic：我将其更多地看作一种进化，一旦你真的知道自己在做什么，那么你也会摆脱虚拟机监视器——但在此之前不会。

Wian Vos：也许吧。我认为最大的问题之一是我们有整整一代的 IT 人员从来没有在虚拟机中做过其他事情。

但是如果你了解了 Kubernetes 和用它能做什么，就会发现在它上面有一个虚拟机监视器真的没有任何意义。因为 Java 虚拟机（JVM）基本上是操作系统和应用程序之间的一个虚拟化层，你是在容器中运行它。可以说这就像是一种虚拟的分离。这不是虚拟化，但你懂我的意思。然后，在这一层之下另有一个虚拟化层会导致你的东西远离 CPU 和内存。

Viktor Farcic：这也许是真的，但是无服务器呢？那是下一步要实现的吗？

Wian Vos：我认为无服务器是 DevOps 最大的敌人。

Viktor Farcic：怎么理解你这句话呢？

Wian Vos：我认为这基本上和 20 世纪 90 年代末以及之前的 70 年代的情况一样。作为一个开发人员，你不想为运维人员该做的事情烦心。正因为如此，过去的 6～7 年间，要求我们（开发人员和运维人员）一起工作。但现在有了这个新东西，其实它只是一个旧东西，你只需输入代码，设置一个路由，就可以了！基本上，它将运维人员所做的工作抽象化了，因为仍然有人必须照看这个无服务器系统。

Viktor Farcic：毕竟还是有服务器的。

Wian Vos：是的，没错。但是请记住，需要有人安装和维护它，因为当然，一个无服务器系统永远不会出问题，就像 IT 中的其他东西也永远不会出问题一样，对吧？我认为这是终结 DevOps 的范式。

这就是我认为无服务器是 DevOps 最大的敌人的原因。

Viktor Farcic：我想再谈一下原理层面，而不是具体的实现：我所困惑的是无服务器与 Kubernetes 到底有什么不同。

Wian Vos：其实没有什么不同，就是这样。我确实想区分无服务器模式和实际的无服务器平台。Kubernetes 只是一个大型的让无服务器技术实现的程序，而无服务器模式只是宣称"好吧，我是一个开发人员，我有代码，把它扔进系统，就干完活了"。我认为真正的无服务器平台从平台即服务时代就已经出现了。如果你有一个实现良好的平台即服务，那么对于应用程序开发人员来说，这是一件轻而易举的事情。

我认为从 DevOps 的阴影中走出来的一个范式是：站点可靠性工程。作为开发人员，拥有一个优秀的 SRE 团队，为你提供一个可以使用的平台，那真是太棒了。但那就是无服务器的吗？我不知道。在 SRE 模型中，你仍然需要一个 SRE 工程师来帮助你将代码集成到平台中。现在，如果我们抽象出来足够多的功能给开发人员，就不再需要那个工程师了。然后，嘿，变，一个无服务器的平台——你不再需要担心服务器了。但别忘了还有服务器在那里，在它们背后是一个 SRE 团队，他们实际上在管理这些东西并在上面进行创新。

所以，对于开发人员来说，这就变成了无服务器的。不过，随之而来的是，开发人员和工程师之间再次失去互动，我认为这将再次阻碍创新，因为没有人会因为彼此不交流而变得更好。

Viktor：没错。当你刚开始说 DevOps 灭亡时我很困惑。但现在我同意了。

Wian Vos：不论如何，DevOps 就是应用程序开发人员和构建平台的工程师之间的交流。我曾经写过一篇这样的博客文章，得到了一些非常糟糕的反馈。所以，我再澄清一下。我不是说仅仅交流就行了，但我认为这是一个非常重要的组成部分。

DevOps 工程师的角色

Viktor Farcic：但是如果 DevOps 的一个重要组成部分是开发人员和运维人员之间的交流，那么 DevOps 工程师的角色到底是什么？当我查看职位描述时，我认为 DevOps 工程师的职位是目前最重要的。

Wian Vos：基本上，这只是为了让招聘更迷惑人。

Viktor Farcic：还有 DevOps 部门！

Wian Vos：想象一下，比如说，你和我打算开一家公司。我们需要一个 DevOps 团队，因为我们迫切希望推出这个超棒的应用程序。然而，从我们的角度看，可以招聘 5 个人。所以，当组建一个 DevOps 团队时，我们面临的问题是"招聘谁？"以及"招聘的目的是什么？"

我们要招聘 DevOps 工程师吗？不。在这个团队中，我们需要最好的应用程序开发人员、最好的测试人员，也许还需要一个优秀的基础设施人员和前端/后端开发人员。我希望 DevOps 团队中的每个人都有特定的角色，彼此紧密配合成为一个团队。

当 DevOps 成为软件公司的一个营销术语时，招聘也加入了这一潮流。Red Hat 正在建立一个 DevOps 团队，所以我们现在需要一个 DevOps 工程师，招聘人员说他们会招一个 DevOps 工程师。但正如你所说，对于市场上的很多人来说，这仍然是一个非常有吸引力的工作，因为它包含了 DevOps 这个词。在那些人看来，他们不再做工程，他们现在做 DevOps。

Viktor Farcic：从这个意义上说，我必须赞扬敏捷。你从来没见过敏捷工程师。

Wian Vos：没有，但是他们有敏捷教练，也被称为不打领带的经理。不过，平心而论，敏捷教练对事情确实有不同的看法。也就是说，敏捷是更多的指导、更多的授权，而不是推诿和追究责任。如果你观察敏捷和项目管理，你会发现敏捷是胡萝卜，而项目管理是大棒。它们是不同的方法，我可以告诉你，胡萝卜的效果总是更好一些。

Viktor Farcic：所以，你的工作是拜访公司，让他们看到隧道尽头的亮光，目的是帮助他们改进。我在想，当你参观一家公司时，你最不愿看到什么？什么是使你不能完成你想做的事情的主要障碍？

Wian Vos：我觉得一直都是人。在实现 DevOps、平台即服务功能、新的现代基础设施或新的现代应用程序方面，我遇到的最大问题以及花费最多时间和精力的事情是，在许多公司中仍然有一个由传统架构师组成的联盟。那些真正使用新技术和平台并有机会在新的平台即服务或无服务器平台（或者随便你怎么称呼它）上运行应用程序的人，如果看到了益处，就会很快转变观念。虽然有些架构师是非常优秀的，但企业中的架构师则是另外一回事，尤其是在政府部门里。在政府部门里，只有那个（政府的架构）部门提出的计划才能算一个好计划，其他的计划都不算。

例如，在一个政府部门，我们在没得到架构审批的情况下构建了一个新平台，然后在接下来的 4 个月我们一直试图获得架构审批。幸运的是，项目的发起人在这家政府公司的董事会中地位很高，他有能力推动它通过架构审批。如果不是这样的话，整个平台都会被架构师们推翻。他们只会说"是啊，但是有一个小细节我们不喜欢"之类的话。这就像是："好吧，我们没想过这种方式，所以这肯定行不通。"

在另外一个政府机构我也做了同样的事。首席技术官曾经告诉我们："好吧，我只想把这个建起来。我不管你怎么做，但是尽你所能去做。你们完成之后就通知架构师，让他们来找我。"很有可能的情况是，我们会实现一个新特性，三个月后架构师会走过来说："你没有告诉我这个特性已经实现了。"是的，好吧，但是那个特性在三个月前就实现了，我们构建的平台都挺成功。我是说，如果一个开发人员对我们说"嘿，你能这样改或者那样改吗?"，那么我们可以在三周后的一两次发布中完成。但如果你必须经历整个老派的企业架构流程，那么你就迷失了，你就消失了。

Viktor Farcic：是的。我在计划方面也遇到同样的问题。

Wian Vos：顺便说一句，有好几次我被称为架构师。对我来说，一个好的架构师和其他架构师的区别在于，你设计的东西至少有 80% 都能靠你自己构建。

Viktor Farcic：这些架构师中有多少人在真正实现一些东西? 我的意思是，我遇到的大多数架构师，他们的工具是微软的 Office——他们一直在写 Word 文档——而一个成功的架构师可以写 200 多页。

Wian Vos：去年，我参加了一个由软件马戏团（Software Circus）组织的小型会议 CLOUD BUSTING，这是我们在荷兰的一个聚会小组。在那次会议上，我听到一个家伙的演讲，他举了很多例子来说明当你让传统的 IT 架构师进入你的公司时，架构灾难是如何发生的。

因为他可以写一个很棒的架构文档,把它交给真正构建的人,然后发现它行不通。尤其是在当今的软件世界里,认为你可以预见一切是非常自负的。尤其是如果你从来没有自己构建过,你不知道什么是行得通的。

> "我最喜欢的架构风格是演进型架构。我们需要进行配置,然后用三种工具对它进行为期一周的测试,之后对架构进行一次彻底的调整,看看什么是有效的。"
>
> ——Wian Vos

我最喜欢的架构风格是演进型架构。我们需要进行配置,然后用三种工具对它进行为期一周的测试,之后对架构进行一次彻底的调整,看看什么是有效的。在一周结束的时候,你可以这样说:"好吧,这个有效,但另两个不行。因此,我们得重新设计一个。但我们要如何实现呢?我们尝试 3~4 种不同的方法,实现它,然后选择最好的方法并继续创新。"

所以,我确实觉得为了不让架构流程挡你的路,让架构师加入你的团队是非常重要的。如果你正在运营一个为客户构建平台的 SRM 团队,请确保该团队中有具备架构技能的人(更重要的是有架构职责的人)并与你一起构建平台。就像一个首席工程师,他被授权与团队其他成员一起做决定。

Viktor Farcic:没错。我唯一要补充的是他们也需要感同身受。我认为,对于那些不能感受到这些决定背后的痛苦的人,不应该允许他们做决定。通常,架构师只会说:"给你,这张图能帮助你实现它。"

Wian Vos:是的,但话说回来,DevOps 最初就是这么回事。你承担你的一部分业务责任,把它交给一个团队,然后构建并运行它。所以,如果一个应用程序开发人员编写了不能运行的糟糕代码,那么在凌晨两点被叫醒的人不应该是运维人员,而是那个应用程序开发人员。因为只有如此,他们才更有动力去构建一些行得通的东西。

庆祝你的失败

Viktor Farcic:太棒了。我不想占用你太多时间,但你有什么结束语吗?

Wian Vos:我要说的是:在整个 DevOps 的讨论中没有正确或者错误的答案。便重要的是,我认为 DevOps 已经成为一种文化推动力。在我看来,让真正使用和构建平台的人选择他们认为适合自己公司的东西是非常重要的。同时,允许他们在公司内部分享他们的知识也是同等重要的。

我知道这听起来有点多愁善感。但实际上,懂得庆祝你的失败非常关键。如果你不能告诉别人你失败了,并且探索失败的原因和方式,你就错过了一个学习的机会。一旦开始庆祝自己的失败,人们就不会那么害怕失败。我认为最有创新精神的工程师也得是一个敢于创新的工程师。

Viktor Farcic:我们只需要说服管理层不要在员工失败时解雇他们。

Wian Vos:对!作为一名管理者,这是你在 DevOps 中需要做的最重要的思想转变之一。

Viktor Farcic:这不就是接受那些不可避免的事情吗?也就是说你知道你将会失败?

Wian Vos:没错,但如果你不接受失败,你的团队就会为你遮掩它,他们也将学不到任何东西。或者,即使失败的人可能学到了一些东西,其他人也什么都没学到。我想一年前 GitLab 就是那样做的——管理员 55 那件事。(译者注:GitLab 不会解雇任何造成事故的运维人员,但是会罚他看两天共计 10 小时的 Nynacat 的热播视频,感兴趣的读者可以搜一下,看看此视频。)

Viktor Farcic:没错!我无法用言语表达我对他们的尊敬。单是他们处理失败的方式就让 GitLab 在我心里成为英雄。

Wian Vos:他们说:"嘿,我们真的搞砸了。以下是我们是如何做到的。"

Viktor Farcic:是的,我记得。我在观看他们的视频,他们正在修复,就像在看一部拉丁美洲的肥皂剧。太棒了。

Wian Vos:那真是太棒了,我认为大多数公司都应该愿意这样做。但现在,我们离那还很远。

Viktor Farcic:相当远啊。至少当我拜访那些公司的时候,我觉得人们还没有被允许这样做。

Wian Vos:嗯,我必须说,在荷兰,情况正在好转。正如我之前所说,我在美国也工作过两年,在那里情况完全不同。

Viktor Farcic:我们的谈话先到此为止就好。谢谢你抽出时间。跟你聊天真的很愉快。

Wian Vos:不客气。也非常感谢你。